城市高度建成区水环境综合整治关键技术

KEY TECHNOLOGIES OF COMPREHENSIVE REGULATION OF WATER ENVIRONMENT IN HIGHLY BUILT URBAN AREAS

张 博 仝晓辉 胡 林 编著

哈爾濱工業大學出版社
HARBIN INSTITUTE OF TECHNOLOGY PRESS

内 容 简 介

本书结合深圳市宝安区前海铁石片区水环境综合整治项目、宝安区2019年全面消除黑臭水体工程的建设实践，针对城市高度建成区人口密度大、污染负荷高、硬化空间大、水系空间少、建筑物密集的特点，分8章概述了城市高度建成区水环境污染治理历程、现状及问题，分析了城市高度建成区水环境治理策略，介绍了污水处理厂、排水管网、污染源、河道在水环境治理中的作用、问题和措施，阐述了城市高度建成区污水处理厂扩容改造、深圳市石岩河"一干十支"污染治理、鹤洲旧村水环境问题整治、铁岗水库排洪河整治等城市高度建成区综合整治实践案例，并总结了以深圳市宝安区前海铁石片区水环境综合整治项目为依托工程的中交第一公路勘察设计研究院有限公司科技创新基金项目的研究成果与技术创新。

本书适合城市水环境保护行业的科研人员、设计人员、施工人员及技术管理人员学习使用，也可供高等院校相关专业的师生参考。

图书在版编目（CIP）数据

城市高度建成区水环境综合整治关键技术 / 张博，仝晓辉，胡林编著. —哈尔滨：哈尔滨工业大学出版社，2023.6

ISBN 978-7-5767-0850-9

Ⅰ. ①城… Ⅱ. ①张… ②仝… ③胡… Ⅲ. ①城市环境-水环境-环境综合整治-研究-中国 Ⅳ. ①X143

中国国家版本馆CIP数据核字（2023）第101800号

策划编辑　王桂芝
责任编辑　苗金英
出版发行　哈尔滨工业大学出版社
社　　址　哈尔滨市南岗区复华四道街10号　邮编150006
传　　真　0451-86414749
网　　址　http://hitpress. hit. edu. cn
印　　刷　哈尔滨市石桥印务有限公司
开　　本　787 mm × 1 092mm　1/16　印张 15　字数 337千字
版　　次　2023年6月第1版　2023年6月第1次印刷
书　　号　ISBN 978-7-5767-0850-9
定　　价　168.00元

本书编写组

编　　著　张　博　仝晓辉　胡　林

成　　员　单永体　尹　静　于慧卿　张梦利

马盼盼　孙冬旭　史贵君　汪银龙

吕向菲　梁　恒　方宏远　甘振东

周博宇　潘艳辉　赵　鹏　张永宜

都苏雨　郭力源　李生龙

编写单位　中交第一公路勘察设计研究院有限公司

西安中交环境工程有限公司

哈尔滨工业大学

郑州大学

前　言 Preface

党的十八大报告提出要大力推进生态文明建设。党的十九大报告又指出“建设生态文明是中华民族永续发展的千年大计”，并将“增强绿水青山就是金山银山的意识”“实行最严格的生态环境保护制度”写入《中国共产党章程》，生态文明建设及水污染治理被提到了前所未有的高度，其“思想认识程度、污染治理力度、制度出台频度、监管执法尺度、环境改善速度”前所未有。

水，是所有生命体的生存之本，同时也是城市可持续发展所依赖的重要资源。根据2015年中华人民共和国住房和城乡建设部（简称住建部或住房城乡建设部）的一次全国性排查，全国认定的黑臭水体共1 945个，32个主要城市共有535个黑臭水体。城市高度建成区由于城市基础设施建设迅速、局部污水干管未打通、污水处理规模不足等原因，水体黑臭现象尤其突出。深圳市是我国典型的快速城镇化和高度建成区城市，也是全国36个重点城市中黑臭水体数量最多的城市之一，2016年深圳市在全国17个副省级城市水质考核中倒数第一，宝安区在深圳市倒数第一。

2019年2月，《粤港澳大湾区发展规划纲要》中指出：“牢固树立和践行绿水青山就是金山银山的理念，像对待生命一样对待生态环境，实行最严格的生态环境保护制度。坚持节约优先、保护优先、自然恢复为主的方针，以建设美丽湾区为引领，着力提升生态环境质量……使大湾区天更蓝、山更绿、水更清、环境更优美。”《中共中央国务院关于支持深圳建设中国特色社会主义先行示范区的意见》中提到，深圳应做“可持续发展先锋。……打造安全高效的生产空间、舒适宜居的生活空间、碧水蓝天的生态空间，在美丽湾区建设中走在前列，为落实联合国2030

年可持续发展议程提供中国经验”。宝安区作为深圳工业发展的产业大区，在升级打造粤港澳大湾区核心引擎的过程中担负着重要的水环境治理任务——“宝安安，则深圳安；宝安清，则深圳清”，开始了一场又一场的治水攻坚战。

2018年初开始，中国交通建设股份有限公司及中交第一公路勘察设计研究院有限公司陆续承担了深圳市前海铁石片区水环境综合整治项目、宝安区2019年全面消除黑臭水体工程（前海铁石片区）、铁岗-石岩水库水质保障工程（三期）的水环境治理项目，为了更好地推动项目实施，联合了哈尔滨工业大学李圭白院士团队、郑州大学王复明院士团队完成了“城市高度建成区水环境综合整治关键技术研究”科研项目立项，进行水环境治理的技术攻关和经验总结。在此过程中，积累了一些高度建成区水环境综合整治理论、技术和实践经验，特撰写本书以期为城市高度建成区水环境综合整治相关工程提供借鉴和帮助。

本书以深圳市前海铁石片区水环境综合整治项目和宝安区2019年全面消除黑臭水体工程科研、设计、施工成果为基础，吸收已建工程相关的技术经验，同时参考了国内外近年来水环境综合治理的相关研究成果，全面阐述了城市高度建成区水环境综合整治的相关理论与实践技术，首次系统总结了“污水处理厂—排水管网—污染源—河道”的水环境综合整治技术路线。本书主要依托作者2018 ~ 2020年研究成果撰写而成，以期为后续工作的进一步深入奠定基础。

由于水环境综合整治覆盖专业多、学科专业要求高，加上作者水平有限，书中难免存在疏漏，敬请读者提出宝贵意见和建议。

作　者

2023年3月

目　录 Contents

第 1 章　绪论

第 2 章　城市高度建成区水环境治理策略

第 3 章　污水处理厂

第 4 章　排水管网

第1章 绪 论

1.1 城市高度建成区发展与水环境污染及治理历程

城市高度建成区是指城市中心区、商业区、工业区、居住区等密集建成区域，具有建筑密度高、建筑高度较高、用地利用率高、人口密度大等特征，这些区域通常都是城市的经济、文化和社会活动中心，也是城市的人口集聚区。我国的城市高度建成区发展历程可以分为以下几个阶段。

20世纪50年代至70年代，我国的城市高度建成区主要是为了解决城市人口快速增长所带来的住房问题，因此大多数高层建筑都是住宅区，如北京的东城区和西城区。

20世纪80年代至90年代，我国城市化进程加快，城市高度建成区也迅速发展。在这一时期，我国的城市高度建成区主要集中在经济发达地区，如上海、深圳、广州等城市。这些城市高度建成区不仅有大量的高层住宅区，还有许多商业、办公、文化娱乐设施，如上海的东方明珠塔、广州的金融中心大厦等。

21世纪以来，城市高度建成区也逐渐向内陆和中西部地区扩展，例如成都、武汉、重庆等城市。

在过去几十年，我国经历了快速的城镇化进程，取得了举世瞩目的经济发展成果，根据《2021年城乡建设统计年鉴》数据，截至2021年末，全国城市建成区面积6.24万km^2，全国城市城区人口5.59亿人，分别较改革开放初期增长约8.4、7.3倍，有力推动了我国经济社会的发展和进步。

水是人类进行生产生活的重要物质资源，在我国经济建设活动中扮演着重要的角色。我国用40年时间完成了全球最大规模的城市化与工业化进程，用极其有限的水资源，完成了对城市化和工业化进程的支撑。这些用水产生的工业废水和生活污水都需要排放，但在城市高度建成区中，由于建筑密度较大，道路和排水系统的设计往往滞后于城市建设速度，导致雨水、废水等排放不能得到合理的处理，甚至直接排放到水环境中。快速增长的 GDP（国内生产总值）背景下城市配套建设需求与实际的建设进程形成鲜明的对比，远远超出了水资源的承载能力，水资源短缺、水污染问题越来越突出。

1978～1999年，我国地表水质量不断恶化，污染加重。20世纪90年代初期，湖泊富营养化问题比较突出，流经城市的河段污染十分严重。到90年代中期，各大江河均受到不同程度的污染，并呈发展趋势，工业发达的城镇附近，水域污染尤为严重，出现了很多重金属污染事件。大、中城市下游河段大肠杆菌污染明显加重。90年代末期，水体污染程度仍在加重，范围也在不断扩大，地表水有机污染普遍，湖泊富营养化问题突出。

日趋严重的河流污染问题引起了全国各地政府和公众的强烈关注，1996年第一次修正《中华人民共和国水污染防治法》，我国真正将水环境容量研究成果导向污染物排放总量控制，严格执行的总量控制制度大幅度减少了工业水污染物的排放，对遏制近年来水环境质量的恶化趋势起到了极为重要的作用。我国地表一类至三类水比例逐年增加，水质整体向好。

虽然我国在污染物总量控制方面取得了阶段性成果，但水环境质量从根本上改善仍然任重而道远。2015年1月1日，《中华人民共和国环保法》正式实施。2015年4月16日，国务院发布《水污染防治行动计划》（简称“水十条”），共涉及35个方面、238项具体措施。“水十条”作为顶层设计，以改善水环境质量为出发点和落脚点，提出全国水环境质量得到阶段性改善的主要指标，文件中明确提出当时治理城市黑臭水体的目标为“到2020年，地级及以上城市建成区黑臭水体均控制在10%以内；到2030年，全国七大重点流域水质优良比例总体达到75%以上，城市建成区黑臭水体总体得到消除”。2015年 8 月 28日，住房城乡建设部、环境保护部发布《关于印发城市黑臭水体整治工作指南的通知》（建城〔2015〕130号），进一步扎实推进城市黑臭水体治理工作，巩固近年来治理成果，加快改善城市水环境质量，当时的要求为：“2017年底前：地级及以上城市建成区应实现河面无大面积漂浮物，河岸无垃圾，无违法排污口；直辖市、省会城市、计划单列市建成区基本消除黑臭水体。2020年底前：地级及以上城市建成区黑臭水体均控制在10%以内。2030年：城市建成区黑臭水体总体得到消除。”2018年9月30日，住房城乡建设部、生态环境部联合印发了《城市黑臭水体治理攻坚战实施方案》。党的十九大更是将“增强绿水青山就是金山银山的意识”和“实行最严格的生态环境保护制度”写入《中国共产党章程》，我国水环境治理思想认识程度之深前所未有，污染治理力度之大前所未有，制度出台频度之高前所未有，监管执法尺度之严前所未有，全国展开了前所未有的水环境污染治理攻坚战。

1.2 城市高度建成区水环境污染现状及问题

城市高度建成区水环境污染问题具有其特有的复杂性和多元性，污染现状及问题主要表现在以下几个方面。

（1）污染负荷高。高密度的人口聚居、高速度的城市发展、高强度的城市生活与工业生产带来高通量的污染负荷。

（2）设施建设滞后。城市高度建成区的经济飞速发展，但城市配套设施建设落后，水环境基础设施的规划与建设均滞后于城市发展的需求，导致污水收集与处理的能力不足，部分污水未经处理而直接排放。

（3）管网建设混乱。政府规划建设管网、工厂/居民自建管网同时存在，管网建设混乱，加之长期疏于维护管理，管网功能性和结构性缺陷问题严重，导致污水实际收集效能低下，大大降低了污水处理设施的实际减污效果。

（4）面源污染严重。城市高度建成区建筑物密集、硬化空间大、水系空间少，面源污染雨水径流排放缺乏合理有效的组织和管理，城中村及大量“小、散、乱”企业和作坊以及餐饮产生大量面源污染排入河道，造成河道水体污染。

（5）点源污染严重。城乡接合部和城中村的生活污染问题未引起足够的重视，缺乏有效的管理和处置而成为分散式污染源，导致大量污水直排入河道，一些雨源性河流甚至变为纯粹的排污河。

（6）内源污染严重。随着城市进程的加快，河道两岸建筑密集，城市高度建成区尤其是城中村，两岸居民区和工业区密集，大量生活污水和工业废水直排或偷排至河道，河道底泥污染累积时间长、污染成分复杂，是导致河道反复黑臭的重要原因。

（7）河道空间侵占，暗涵污染严重。随着城市化进程加快，城市河道空间不断被侵占、挤压，河道众多段落覆盖成暗涵，大量污水直排到暗涵内，暗涵长期处于黑暗、密闭的空间，极易产生厌氧发臭，淤泥沉积，最终变成藏污纳垢的隐蔽区。这些暗涵如果直接排入自然水体会污染下游河流，如果末端截流接入污水处理厂，清污混流，会导致污水处理厂进水浓度下降，且雨天会有大量溢流污染，这在我国南方多雨地区普遍存在。据排查统计，深圳市共有暗渠暗涵570个、366 km，如果不加以整治，河流长制久清将无法得到保障。

（8）水体生态功能退化严重。一方面，河床和堤岸硬化以及梯级闸坝拦截阻断了水生和陆生生态系统的联系，导致水体生态功能严重退化甚至丧失；另一方面，宽水面、大水深的传统型城市河道整治和水景观建设方式，导致水体流动性差、生态基流严重不足，水体自净能力大幅减弱，同时导致局部水域易产生污染累积，加重水体内源污染。

1.3　深圳市宝安区水环境污染情况及难点

“十三五”之初，深圳市是我国典型的快速城镇化城市，也是我国36个重点城市中黑臭水体数量最多的城市之一，有黑臭水体159个，小微黑臭水体1 467个。2016年深圳市在全国17个副省级城市水质考核中倒数第一，宝安区在深圳市倒数第一，全市159条黑臭水体中，宝安就有66条，占比最大。

水环境治理是一项民生工程。城市水环境现状和老百姓的期望之间尚有差距，如何巩固已经取得的治理成果，保障黑臭不反弹，实现长制久清，是水环境治理面临的一大难题。

本书将分析我国城市高度建成区水环境治理的共性问题，以深圳市宝安区作为典型案例，阐述城市高度建成区水环境综合整治总体方案和关键技术，把深圳市宝安区的水环境治理经验分享给大家，以期为其他城市的高度建成区水环境治理工作提供参考。

按照城市水体污染径流迁移路径梳理深圳市宝安区水环境污染及治理问题，可将其问题归纳为污水处理厂、排水管网、污染源、河道4个方面。

1.3.1　污水处理厂

（1）三水（雨水、污水、补水）入污。污水厂原本是处理污水的，现在处理的是经过大比例稀释以后的污水，河水、地下水、山泉水等和污水混在一起，一起进入了污水处理厂，这不仅挤占了污水管网的收集能力，也挤占了污水处理厂的处理能力，还浪费了地方政府大量的污水处理费用。

（2）污水处理厂收集管网一直处于高位运行，旱季不能腾空，雨季溢流严重。已建污水处理厂处理规模不能满足全区污水产生量，另一方面雨污合流导致进水浓度降低，影响污水处理厂处理能力。

（3）污水处理厂进厂污染物浓度普遍偏低，整体污水系统运行效果不明显。

（4）处理规模不足，出水水质标准均偏低。

1.3.2 排水管网

（1）管网覆盖不全。

（2）部分区域为合流制，混接、乱排现象严重。分流制、合流制排水体制共存，不少分流制地区的雨污水混错接严重，未能形成完善的雨污分流排水系统，尤其是污水接入雨水管，造成没有控制的合流制污水雨天溢流，旱天直接排放入河，导致水污染。

（3）已建管网存在大量“断头管”“盲肠管”“僵尸管”。部分污水主干管未实施或改造；污水支管网系统存在缺口；污水管径与规划不符；污水管径上、下游不匹配。

（4）现有管网淤积严重，部分管网存在破损。

（5）地下管网复杂，施工空间有限。城市高度建成区内密布高压、燃气等多种管线，在顶管、箱涵、拖拉管等各项地下穿越施工过程中，施工难度大，如图1.1所示；高度建成区可实施雨污分流、正本清源的空间有限。

（6）排水小区雨污混流，未达到雨污分流，尚未实现真正的正本清源。

图 1.1　城市高度建成区地下管线种类繁多、产权交错、探明困难

1.3.3　污染源

重点面源污染严重。片区内多个老屋旧村、集贸市场、垃圾转运站、小吃街、菜市场、汽修厂等路面污水径流。

1.3.4　河道

（1）河道被侵占、雨污混流，污水直排。如图1.2所示。

图 1.2　城市河道被侵占

（2）水体黑臭现象严重。河道内鱼虾绝迹，植物生态系统遭到很大破坏，流域内自然环境、水环境的生态平衡被打破；区域内水环境容量有限，河流大多短小，呈明显的雨源型河流特征，缺乏生态基流，河流基本上没有自净纳污能力，水环境容量极其有限；河流廊道缺乏连续性，两岸绿地斑块破碎化现象严重，生物通廊被道路截断；河道渠化，驳岸硬化，导致河流水生态系统被割裂，生态斑块被孤立，对生物物种和整个生态环境构成了严重的威胁。

（3）河道箱涵偷排漏排严重。如图1.3所示。

图 1.3　河道箱涵偷排漏排严重

（4）河道排口管网底数不清、资料老旧。建成区管道里程长、建设老旧、资料缺乏、错综复杂，内部沉积物障碍多，管网高水位，阻塞严重，在摸排过程需要先进的探测仪器设备，专业要求高，需人工配合。

除此之外，城市高度建成区不仅面临着复杂的水环境问题，更面临着施工的诸多难题。

（1）老城区普遍存在建筑密集、公园绿地面积较少、房屋老化、配套设施缺乏、空间有限的特点。大部分住宅小区和城中村道路及巷道作业空间狭小，仅能满足小型机械或人工进场施工，大型机械无法进入，且多靠近旧建筑物、危房，施工难度较大。

（2）老旧小区原始基础资料缺失，地下管道错综复杂，管线资料因年代久远，可能会不齐全，小区地下易出现不明管线或者不明结构物体，极易出现勘测误差。

（3）建成区管道里程长、建设老旧、资料缺乏，排水系统管道淤堵破损及混接现象普遍存在，管涵经常会出现变形、错位、破裂，造成渗漏，污染地下水，因此雨污分流管网施工前，应对管网系统进行全面梳理判断，理清管道内部走向、管径、接入接出点和渗漏点，查明污水管线的分布位置、埋深、走向、规格、材质、连接关系等属性。

（4）城市主干道交通拥堵、人流密集，施工对周边环境影响较大，施工过程中的干扰因素多。在进行雨污水管线施工过程中，会占用部分市政道路，易出现交通拥堵及事故，对市政道路会造成压力，交通疏解难度大，应尽快施工，缩短工期。

1.4 深圳市宝安区水环境污染治理历程

《深圳市治水提质工作计划（2015—2020年）》在2015年12月提出当时的工作目标："一年初见成效、三年消除黑涝、五年基本达标、八年让碧水和蓝天共同成为深圳亮丽的城市名片。"为坚决打赢水污染治理攻坚战，落实中央环保督察整改要求，宝安区按照上级水污染治理工作部署，结合全区实际，自2017年开始实施EPC治水。在2019年底前海铁石片区37条河流、213个小微水体明渠实现全面消除黑臭，2020年底基本消除劣Ⅴ类，2021年底稳定达到地表水Ⅴ类，"水清岸绿、鱼翔浅底、鸥鹭齐飞"的美景重回人们的视野。前海铁石片区治水历程经历了如下三个阶段。

1.4.1 消除黑臭水体阶段

2016年至2019年底，全国水环境治理拉开大幕，河道水质考核指标为不黑不臭。

1. 基本要求

根据深圳市水务局要求，2018年8月前全区18条黑臭水体年底前完成截污工程，力争基本消除黑臭；2019年6月底前，全区64条河流全面消除黑臭即全区排水渠涵、小湖塘库基本消除黑臭；2019年底全区64条河流全面实现"长制久清"，即全区排水渠涵、小湖塘库全面消除黑臭。宝安区水务局要求2019年11月30日前，前海铁石片区内30条河流、136

个小微水体全面消除黑臭，石岩河、应人石河、九围河3条河流达到地表水Ⅴ类。因此宝安区采用“地方政府+央企大兵团作战”模式，提出“治水七策”指导施工项目，即建管纳污、正本清源、初雨气流、多源补水、生态修复、排水管理、监管执法。

2. 工程内容

治水初级阶段（2018年以前），在开展河道综合整治时，由于河道暗渠部分复杂，采用“大截排”的设计思路，共建设了46座截污箱涵，无意间将暗涵设置成非法排污通道，为后期工程治理埋下了隐患。2018年初围绕国考省考断面水质达标和黑臭水体消除目标，按照“治水七策”技术路线指导工程实施。通过建管纳污，加快河道截污工程、完成入河排污口整治；正本清源小区通过建设地埋管，将小区污水接入市政污水管道。但水环境项目部分子项设计理念并未达到后期目标要求，造成工程内容不断增加。

随着治水工作不断推进，污水入河现象依然严重，因此在技术路线上重新定义正本清源概念，从源头治理污水，形成雨污水管网2套系统；对于面源污染，通过初雨弃流，将城市初级雨水收集至调蓄池集中处置；多源补水、活水提质，通过建设补水系统，将污水处理厂处理达标的一级A和一级B再生水补给河道，增加河道水动力，并于2018年底实现前海铁石片区20条河道“零补水”局面；生态修复，通过控制污泥污染、设置曝气曝氧设备、生态浮岛、水下森林等措施对河岸线进行生态恢复，同时构建水生态系统，恢复河流自净能力；河道应急工程，通过建设截污管、挂壁管，优先保障河道水质，满足国家水质考核目标；通过建立健全排水、排污体系，对住户进行排水条例宣传，同时开展流域监管执法。2018年底全部河流达到不黑不臭标准，7条河流通过第三方评估及群众满意度评价，基本达到“长制久清”。

2018年11月深圳市发布《小微黑臭水体整治工作指南（试行）》，将小微水体定义为“不在深圳市310条河流、161座水库名录内的明渠（沟）、坑塘等水体，其中明渠（沟）主要包括明渠化排洪（污）渠、小汊流、小支涌，塘坑主要包括景观湖、养殖塘、风水塘等”。小微黑臭水体指标达到城市黑臭水体标准。后来区委区政府又提出“巴掌大的地方都不能有黑臭水体”的奋斗目标。

基于2019年为深圳市治水提质工程的决胜年、交卷年，没有退路，且技术路线调整，涉及工程内容不断增加，原来已实施的项目无法满足考核目标，因此区委区政府在水环境综合整治工程基础上，于2018年11月23日在原有片区范围重新立项了3个片区黑臭水体治理工程，通过“四个全覆盖”达到黑臭水体治理目标，同时由中国交通建设股份有限公司为片区兜底，实施任务更加艰巨。

为加快推进全面消除黑臭水体，2019年初深圳市发布《2019年全面消除黑臭水体技术指引》，通过技术与工程措施结合达到目标要求。一是查缺补漏，厘清排水，实现正本清源小区全覆盖；二是干支同步，系统推进，实现雨污分流管网全覆盖；三是因地制宜，一河一策，实现黑臭水体治理全覆盖；四是逐本溯源，多措并举，实现暗涵汊流整治全覆盖；五是提质增效，扩建拓能，实现污水处理提标拓能全覆盖；六是加强排查，动态监管，实现“散乱污”监管全覆盖；七是加强监管，规范管理，实现面源污染防治全覆盖；八是建设智慧水务系统，实现智慧流域管控体系全覆盖；九是提升治水提质成效，实现部分一级支流消灭劣Ⅴ类；十是统筹调度，科学补水，实现生态补水全覆盖。

宝安区为配合国家城市黑臭水体整治环境保护专项行动制定了《宝安区迎接2019年国家黑臭水体整治专项督查工作方案》，形成工作专班进行督导。此阶段为全域范围反复溯源排查整治、消除总口时期。首先从技术着手，优先梳理整个片区雨污水大系统及规划总图，通过系统网络图分析哪些地方存在缺失管网；通过运营管养单位了解片区内哪些段落存在系统高水位、淤堵、塌陷、错接；通过雨后内涝点分析哪些地方有瓶颈管、断头管。然后按照整理后的系统图采用“脚步丈量法+科学溯源技术”去现场逐一溯源复核，发现问题及时反馈设计修正方案。最后通过河道排口水质反复检验工程治理情况。

2019年按照河流制定“一河一图”“一河一策”，经过上下众志成城，全力攻坚，黑臭水体污染防治取得转折性胜利，片区30条河流基本达到地表Ⅴ类水标准，部分河道水质为劣Ⅴ类水。

1.4.2 稳定达到地表Ⅴ类水阶段

2020年是工程推进年，需再次进行查漏补缺，保障河流水质稳定达到地表Ⅴ类水，其中入库支流水质达到地表Ⅳ类水，入海河流达到地表Ⅴ类水。

1. 基本要求

溯源工作不可能一步到位、一次排查清楚，所以完成概算批复小区内容后仍然存在污水入河问题，因此参照国家及省市要求，宝安区污染防治攻坚指挥部发布了2020年1号令，确定2020年宝安区水污染治理总目标为：完成治水投资82亿元，全面推行排水管理进小区，实现茅洲河国考共和村断面稳定达Ⅴ类、其他河流达Ⅴ类、13条入库河流达Ⅳ类、320个小微黑臭水体“长制久清”。对标“先行示范区”的定位和省、市下达的污染防治目标任务，为进一步消除劣Ⅴ类水体，下发《关于全区决战决胜污染防治攻坚战的命令》，考核目标为茅洲河国考共和村断面稳定达到Ⅴ类，10 条一级支流和21 条入海河流达到Ⅴ类，13 条入库河流达到Ⅳ类，62 个黑臭水体和 320个小微黑臭水体“长制久清”，各污水处理厂站进水 BOD 浓度均达到 100 mg/L，全区平均浓度达到 115 mg/L。

为进一步贯彻落实全区污染防治攻坚战，打赢污染防治攻坚三年行动收官之战，确保实现2020年环境质量改善目标，宝安区人民政府与中国交通建设股份有限公司签订目标责任书，要求2020年11月30日前，前海铁石区内26条河流、142个小微水体全面消除黑臭（不黑不臭），实现“长制久清”，机场外排渠、西乡河、新圳河、新涌、西乡大道分流渠、共乐涌、固戍涌、南昌涌、铁岗水库排洪渠、双界河10条入海河流水质达到Ⅴ类水；石岩河、王家庄河、上屋河、白坑窝水、麻布水、长坑水、九围河、料坑水、鸡啼径水、塘头河、黄麻布河、牛成村水（宝安段）、塘坳水（宝安支流）等13条入库支流水质达到地表水Ⅳ类。

2. 工程内容

（1）纵深推进小微黑臭水体排查整治。进行暗涵、小湖塘库、河湖、排洪渠，以及湖塘、明渠化排污沟、小汊流等各类小微水体整治，开展全口排查、追本溯源，实现源头纳污、全程分流，确保一个不漏。

建立暗涵支汊流水质监测分析机制，在暗涵支汊流末端设置检查井，开展常态化监测，综合分析晴、雨天水质变化情况，研判溯源纳污成效，督促施工单位对整治不彻底的暗涵支汊流进一步深入溯源纳污。

（2）全面开展正本清源小区查漏补缺。开展零直排小区和零直排区创建工作，进行老旧城中村正本清源改造，对未完成正本清源改造或过去按截流方式完成正本清源改造的项目进行重新整治，实现正本清源全覆盖。

（3）完善全域范围雨污分流管网系统。对老旧管网进行改造和清淤疏浚，除重点面源污染区和初小雨通过调蓄弃流外，保证其他雨水不能进入污水系统。

全面梳理排查雨污分流管网系统，打通断头管，补齐缺失管，改建瓶颈管，完善接驳管，全面补齐雨污分流缺失管网，查清淤积、堵塞、变形、破损等功能性和结构性缺陷，改造修复破损严重、缺陷多、使用年限长、材质落后的老旧排水管网。

（4）加快构建河湖库生态修复系统，补水完善工程。完善补水泵站、管网、补水口的控制、调节、维护系统，制定科学合理的运营维护、水量调度分配方案，确保补水系统常态化、稳定运行，逐步实现从明渠补水向暗渠、支汊流补水延伸；充分挖掘水资源，发挥水库收集、涵养雨水的能力，提高非饮用水库、生态库净化补水能力，打造以再生水补水为主、湖库补水为辅的多源补水系统。开展湿地建设，初雨调蓄池及污水资源化处理站建设。

1.4.3 “三全达标”阶段

该阶段从2021年初开始，除了持续推进“治水八策”落实，还采取了污水处理提质增效、污水处理系统全密闭排查整治、污水零直排区创建、完善河流常态补水调度等措施。该阶段“一揽子”措施落实后，河道水体氨氮浓度稳定保持在2 mg/L以下，稳定达到地表水Ⅴ类水质标准，同时，污水处理厂进厂污染物浓度大幅上升。

1. 基本要求

（1）最大限度减少外水、雨水进入污水管，保障雨天相关污水处理厂进厂污染物浓度对比晴天不出现大幅下降及雨晴天处理量比值保持在正常范围内，要求：2021年，浪心泵站进水BOD浓度全年均值达到110 mg/L，机场南污水处理站进水BOD浓度全年均值达到105 mg/L，固戍污水厂（二次扩容）进水BOD浓度全年均值达到110 mg/L。

（2）对全区各排水小区及周边市政道路的老旧污水管网系统进行密闭性排查，要求：2021年，5月底前完成排查工作，8月底前完成问题整治。

（3）要求以实现“全域雨污分流”为目标，以完善雨污分流制排水系统为基础，以专业化排水管理为依托，以纠正违法排水(污)行为为抓手，深入推进排水小区雨污分流再排查再评估和查漏补缺，全面实现小区立管、地面管雨污分流，要求：正本清源改造成效合格率达到95%以上，年底基本完成污水零直排小区创建，污水零直排区面积不小于建成区的90%。

2. 工程内容

（1）污水处理提质增效。深入排查外水（给水厂尾水、清洁基流等）、雨水、山洪水接入污水管问题点。分门别类采取不同工程措施对问题点进行整改：对错接、乱接的雨水管实施改造，剥离清洁基流，修复破损管道和检查井，修复河道水位以下管涵和排口密封设施，减少地下水、河湖水入渗和倒灌，整治截流总口，严查施工降水及自来水厂废水排入污水系统等。

（2）污水处理系统全密闭排查整治。对老旧污水管网进行排查：

①化粪池，检查是否存在错接、破损、渗漏问题。

②污水检查井，检查是否为砖砌，是否存在破损、渗漏问题。

③污水管，尤其是小区老旧庭院管和老旧市政支管，检查是否存在破损、错接、淤堵问题。

④污水立管，检查是否存在破损、错接、渗漏问题。

⑤经营性预处理设施，如隔油池、沉砂池、毛发收集器等，检查是否按规定配备，是否有效运行，是否存在淤堵、错接问题。优先采用非开挖修复技术，确实无法修复的可进行翻建。

（3）全面开展污水零直排区创建。持续开展老旧管网清疏及修复改造，全面整治市政排水系统雨污混接、淤积堵塞、变形破损问题，实现全域全程雨污分流。

（4）进一步完善河流常态补水调度。结合污水厂再生水量、补水泵站能力、补水管网分布以及补水点数量等情况，综合制定现阶段补水调度方案，保障每条河都有常态化、稳定的生态补水；制定在补水系统停运维护、补水管破损、补水水质异常等突发情况下，补水系统的应急调度方案；入海河流水闸落实“涨关退开”，增强水体交换。

第2章　城市高度建成区水环境治理策略

2.1　治理目标

城市水环境治理是一个长期的过程，在不同的发展阶段重点目标也会有所不同。2015年4月，国务院印发了《水污染防治行动计划》，提出了“到2020年，长江、黄河、珠江、松花江、淮河、海河、辽河等七大重点流域水质优良（达到或优于Ⅲ类）比例总体达到70%以上，地级及以上城市建成区黑臭水体均控制在10%以内……到2030年，全国七大重点流域水质优良比例总体达到75%以上，城市建成区黑臭水体总体得到消除”的水环境治理主要指标，城市高度建成区广东省深圳市宝安区也出台了相关规划，进一步明确了各自的目标定位。

2.1.1　国家治理目标

《“十三五”生态环境保护规划》提出，到2020年，生态环境质量总体改善，主要污染物排放总量大幅减少。水环境保护主要指标见表2.1。

表2.1　水环境保护主要指标

指　　标		2020 年	属性
水环境质量	地表水质量达到或好于Ⅲ类水体比例	> 70%	约束性
	地表水质量劣Ⅴ类水体比例	< 5%	约束性
	重要江河湖泊水功能区水质达标率	> 80%	预期性
	地下水质量极差比例	15% 左右	预期性
	近岸海域水质优良（一、二类）比例	70% 左右	预期性

《水污染防治行动计划》提出，到2020年，地级及以上城市建成区黑臭水体均控制在10%以内；到2030年，城市建成区黑臭水体总体得到消除。

2.1.2　深圳市治理目标

1.《深圳市人居环境保护与建设“十三五”规划》

到2020年，城市环境质量显著改善，打造与率先全面建成小康社会以及建设现代化国际化创新型城市相适应的生态环境；主要污染物排放总量控制在国家、广东省规定的指标内；生态系统稳定性、多样性增强，自然生态安全得到保障；环境基础设施配套完善，环境风险得到有效管控，实现生态环境治理体系与治理能力现代化；生态文明制度体系健全，率先建成美丽中国典范城市和国家绿色发展示范城市。

（1）生态环境质量显著改善。大幅提高公众生态环境质量获得感。集中式饮用水源地水质达标率保持100%，建成区黑臭水体全部消除，跨界河流水质达标率达到100%。

（2）实现生态环境治理体系和治理能力现代化。基本实现全市污水全收集、全处理，城市污水集中处理率达到98%。

2.《深圳市打好污染防治攻坚战三年行动方案（2018—2020年）》

到2020年，完成国家和省下达的总量减排任务，主要污染物排放总量大幅减少，全市生态环境质量显著改善，生态环境治理能力和质量状况走在全国最前列。水环境质量方面：2018年年底前，深圳河、观澜河、龙岗河、坪山河水质达到地表水Ⅴ类；2019年年底前，全面消除黑臭水体；2020年年底前，茅洲河水质达到地表水Ⅴ类。主要污染物排放总量方面：2020年化学需氧量、氨氮、二氧化硫和氮氧化物比2015年分别减排24.8%、22%、16%和2%，挥发性有机物排放总量比2015年减少3.33万 t。

3.《深圳市宝安区生态文明建设规划（2016—2025）》

（1）一个目标：建成彰显“滨海特色、岭南风情”的国家生态文明建设示范区。

（2）两大定位：珠三角绿色低碳发展示范区主战场，粤港澳大湾区生态文明建设新样板。

（3）四项原则：立足全局、统筹协调；对标国际、绿色示范；重点突破、探索创新；党政推动，全民参与。

（4）六大领域：生态空间，生态经济，生态环境，生态人居，生态制度，生态文化。

（5）八大保障：组织保障，资金保障，技术保障，宣传保障，考核保障，评估保障，监督保障，机制保障。

（6）六大领域内容：从生态空间、生态经济、生态环境、生态生活、生态制度、生态文化等六大领域构建了涵盖41项建设指标的宝安区生态文明建设体系。

（7）生态环境：聚焦全区生态环境保护热点难点，通过系统实施治水、蓝天、静音、护土“四大工程”，以智慧化管理手段为支撑，重点解决黑臭水体、$PM_{2.5}$控制、噪声扰民等突出环境问题，实现全面提升生态环境质量、显著提高公众对环境质量满意水平的目标。

2.1.3 宝安区治理目标

1. 水环境治理目标

根据《水污染防治行动计划》中的政策要求，宝安区水环境主要治理目标为：2018年12月底前完成黑臭水体治理工作。

2. 水质改善目标

（1）到2020年入海(湾)河流基本消除劣于Ⅴ类的水体。

（2）2020年6月30日，各河涌完成黑臭水治理目标前提下，河涌中心城区段达到景观水体标准，基本消除劣Ⅴ类水体。

黑臭水体治理达标水质指标见表2.2；地表水Ⅴ类水质指标标准限值见表2.3。

表2.2　黑臭水体治理达标水质指标

水质指标	全流域
透明度 /cm	＞25
溶解氧 /(mg · L^{-1})	＞2
氧化还原电位 /mV	＞50
氨氮 /(mg · L^{-1})	＜8.0

表2.3　地表水V类水质指标标准限值

序号	标准值	V类
1	水温 /℃	人为造成的环境水温变化应限制在: 周平均最大温升 1 周平均最大温降 2
2	pH（无量纲）	6 ~ 9
3	溶解氧 /(mg · L^{-1})	2
4	高锰酸盐指数 /(mg · L^{-1})	15
5	化学需氧量（COD）/(mg · L^{-1})	40
6	五日生成需氧化量（BOD_5）/(mg · L^{-1})	10
7	氨氮（NH_3–N）/(mg · L^{-1})	2.0
8	总磷（以 P 计）/(mg · L^{-1})	0.4（湖、库 0.2）
9	总氮（湖、库，以 N 计）/(mg · L^{-1})	2.0
10	铜 /(mg · L^{-1})	1.0
11	锌 /(mg · L^{-1})	2.0
12	氟化物 /(mg · L^{-1})	1.5
13	硒 /(mg · L^{-1})	0.02
14	砷 /(mg · L^{-1})	0.1
15	汞 /(mg · L^{-1})	0.001
16	镉 /(mg · L^{-1})	0.01
17	铬（六价）/(mg · L^{-1})	0.1
18	铅 /(mg · L^{-1})	0.1
19	氰化物 /(mg · L^{-1})	0.2
20	挥发酚 /(mg · L^{-1})	0.1
21	石油类 /(mg · L^{-1})	1.0
22	阴离子表面活性剂 /(mg · L^{-1})	0.3
23	硫化物 /(mg · L^{-1})	1.0
24	粪大肠菌群 /(个 · L^{-1})	40 000

3. 防洪排涝治理目标

（1）河道堤防防洪排涝治理目标为：符合《深圳市防洪潮规划修编及河道整治规划（2014—2020）》《深圳市水务发展“十三五”规划》《宝安区水务发展“十三五”规划》等相关规定。

（2）排水防涝治理目标为：新建雨水管渠、泵站及附属设施，一般地区设计重现期为3年，中心城区为5年，特别重要地区为10年或10年以上；城市内涝防治设计重现期为50年。

2.2 规划设计与技术标准

城市高度建成区水环境综合整治是一项综合性的、复杂的系统工程，其治理策略应在满足《深圳市城市总体规划（2010—2020年）》《深圳市城市污水系统布局规划修编（2011—2020年）》《深圳市排水管网规划—珠江口流域》《宝安区排水管网普查资料》《深圳市排水（雨水）防涝综合规划》《宝安区污水系统专项规划修编》《深圳市污水管网建设规划（2015—2020年）中期评估报告》等工程相关规划文件的基础上，按照现行的《中华人民共和国环境保护法》《中华人民共和国水污染防治法》《中华人民共和国水法》《水污染防治行动计划》《广东省珠江三角洲水质保护条例》《广东省东江水系水质保护条例》《广东省环境保护厅关于印发南粤水更清行动计划（2013—2020年）的通知》《深圳市国民经济和社会发展第十三个五年规划纲要》《深圳市人居环境委关于印发鹏城水更清行动计划（2013—2020年）的通知》《深圳市城市黑臭水体治理攻坚实施方案》《关于促进广东省经济社会与生态环境保护协调发展的指导意见》《城市黑臭水体整治——排水口、管道及检查井治理技术指南（试行）》《城镇排水管道维护安全技术规程》《城镇排水管渠与泵站运行、维护及安全技术规程》《城镇排水管道检测与评估技术规程》《城镇公共排水管道非开挖修复技术规程》《城镇公共排水管道检测与评估技术规程》《广东省排水管道非开挖修复工程预算定额（2016）》《城市排水防涝设施普查数据采集与管理技术导则（试行）》《城市工程地球物理探测规范》《市政工程勘察规范》《水利水电工程物探规程》《爆炸性气体环境用电气设备》《城市排水工程规划规范》，以及《室外排水设计标准》（GB 50014—2021）、《室外给水设计标准》（GB 50013—2018）、《污水综合排放标准》（GB 8978—2002）、《污水排入城镇下水道水质标准》（GB/T 31962—2015）、《城镇污水处理厂污染物排放标准》(GB 18918—2002)、《城市防洪工程设计规范》（GB/T 50805—2012）、《给水排水工程构筑物结构设计规范》（GB 50069—2002）、《海绵城市专项规划编制暂行规定》（建规〔2016〕50号）、《海绵城市技术标准》（DBJ 04/T344—2017）、《海绵城市工程建设标准设计图集》（DBJ 04—40—2017）、《海绵城市建设技术指南——低影响开发雨水系统构建（试行）》（建城函〔2014〕275号）、《城市排水工程规划规范》（GB 50318—2017）、《国家湿地公园建设规范》（LY/T 1755—2008）、《低影响开发雨水综合利用技术规范》（SZDB/Z 145—2015）等技术标准实施。

2.3 总体技术路线

针对城市河道水体反复黑臭、底泥淤积严重、两岸偷排漏排、城市管网错接漏接、污水处理厂溢流等突出问题，水环境作为自然生态系统的重要组成部分，其治理早已不是污水处理厂等点源排放或河道清淤美化的单项治理问题，而需要系统思维，从全局和战略的高度进行顶层设计和谋划，作为系统工程进行综合整治。

2019年4月29日，住房和城乡建设部、生态环境部、国家发展和改革委员会联合印发了《城镇污水处理提质增效三年行动方案（2019—2021年）》，明确提出加快补齐城镇污水收集和处理设施短板，尽快实现污水管网全覆盖、全收集、全处理的总体要求。2020年7月28日，国家发展和改革委员会与住房和城乡建设部联合印发《城镇生活污水处理设施补短板强弱项实施方案》，要求提升城镇生活污水收集处理能力，加大生活污水收集管网配套建设和改造力度，促进污水资源化利用，推进污泥无害化资源化处理处置。

黑臭水体治理，表象在水里、根子在岸上、核心在管网。因此，其治理要从污染源、管网、污水厂到河道，均要在一个系统思维之上进行治理，否则，即使污水处理厂的污水处理做到了完全达标，而污染源控制、污水雨水收集管道不到位，反映在河流的水质和感官也是不理想的。尤其是在人口密集的城市高度建成区及水环境污染负荷高的地区，此种现象更易被放大。只有污染源、管网、污水厂、河道治理都尽量做到90分时，整个系统才能达到理想效果。

因此，要秉承系统治水理念，针对深圳宝安区水环境问题，按照水环境污染物转移路径从源头、过程、末端系统梳理各环节问题，按照“厂、网、源、河”一体化治理理念，全面落实源头污染控制、管网效能提升、污水处理经济高效、河湖水体容量恢复等关键节点措施，一河一策，实现全覆盖、全收集、全处理目标，巩固提升水环境质量。

2.3.1 污水处理厂—排水管网—污染源—河道

1. 污水处理厂：确保污水处理厂全覆盖

（1）生活污水或工业废水不在现有污水处理厂收水范围，对环境造成污染的，新建污水处理厂予以处理。

（2）现有污水处理厂处理规模或出水水质不达标的，开展现有城市污水处理厂提标改造。

2. 排水管网：确保雨污分流管网全覆盖

（1）城市建成区范围内尚未敷设市政排水管网的，新建雨污分流管网，形成一套完整的排水系统。

（2）敷设的排水管网为合流制的，进行雨污分流改造，使雨污各行其道，雨水入河，污水排入污水处理厂。

（3）已建城区排水管网混接、破损和错接，导致排水管网实际截流效率不高的，进行老旧管网改造，打通“断头管”、盘活“僵尸管”。

（4）各种排水管道出现异物侵入、堵塞的，进行管网清淤、疏浚，提高污水收集率。

（5）区内污水泵站建设年代较为久远，机泵陈旧老化、出水管损坏严重的，结合现场踏勘和泵站实际运行情况，进行污水泵站改造，消除安全隐患，保障泵站正常运行。

3. 污染源：确保污染源整治全覆盖

（1）对建筑小区进行正本清源改造。从源头开始梳理排水系统，将源头产生的污水实施雨污分流、污水截留等措施，彻底消除正本清源漏失小区、城中村空白点，解决雨污混接、错接乱接等问题。

（2）全面整治垃圾屋、农贸市场、汽配洗车店、餐饮街等重点污染面源。餐饮经营商户经营面积在200 m^2以上或经营座位在200座以上的必须设置隔油池，经营面积在200 m^2（含）以下或经营座位在200座（含）以下的可选择加装油水分离器或者设置隔油池，汽修洗车行业经营户按规范设置沉砂池，并建议自行加装油水分离器。

（3）初期雨水面源污染治理。在排水小区雨水出口增设环保雨水口、在沿河雨水口广泛建设弃流井或调蓄池等措施。

（4）排口溯源。对所有河道段的平面位置、高程、埋深、淤积厚度、排口及暗渠内空气情况进行测量（或监测），并对排口进行溯源（至少追索到一个检修井），采用闭路电视，对暗渠段进行全面的探查，对其现状信息进行全面摸底排查，准确掌握各条暗渠河道的内部情况，为下一步开展综合治理工作提供技术依据。

4. 河道：确保黑臭水体治理全覆盖

（1）河道疏浚工程。河道内的水体污染后，部分污染物日积月累，通过沉降作用或随颗粒物吸附作用进入水体底泥中。在酸性、还原条件下，污染物和氨氮从底泥中释放，厌氧发酵产生的甲烷及氮气导致底泥上浮也是水体黑臭的重要原因之一。为解决河道流域范围内河道淤塞严重、河水乌黑、散发恶臭的问题，采取机械、人工相结合进行环保清淤，消除河道内源污染。底泥用泥浆罐车密闭外运进行无害化处理。

（2）暗涵及支汊流整治。将暗渠及支汊流纳入河道综合整治实施范围，针对暗渠化河段的污水错接乱排突出、复明率低、开口通风不够等现象，实施开孔清淤消除内源污染，对接入暗涵的排水口进行归并，对于结构不符合要求的箱涵进行加固，对有建设条件的暗涵段设置初雨弃流调蓄装置，彻底解决箱涵内部污水横流、污水不入河等问题。

（3）生态修复工程。通过纳米曝气设备，主动增氧而逐渐提升河道的生态功能；通过实施浮动湿地，构建水生态功能区，在去除水体污染物质的同时可以美化环境；通过碳素纤维生物膜配合浮动湿地使用，营造河道水生物膜处理环境，形成好氧厌氧生态环境，高效去除水体中污染物质。

（4）泵闸改造及修复。由于水闸防洪、过流能力基本能满足规范标准要求，但抗渗、结构安全、金属结构安全复核不能满足规范要求，并且当外海有潮水顶托，围内水难以排出，水动力不足，影响水环境治理效果，需要重建水闸，或对水动力不足的水闸增设一体化强排泵站，消除洪涝安全隐患，保障水闸正常运行。

（5）河道补水工程。特别在旱季，区内河道基本无来水，造成河道生态破坏，这些河道应通过补水及水质改善相关工程提升河道水环境。

（6）生态绿化工程。通过亲水空间的打造、完善滨水设施、合理布设滨水交通、植物配置及其他人性化设计美化河道景观，整合自然与社会等各方面的要求，从而促进城市、河道、景观的可持续发展，使城市河道景观具有丰富城市景观、改善城市环境的作用。

（7）小微水体、小湖库塘整治。将小微水体、小湖库塘整治纳入河道综合整治实施范围。

对于第一类小微水体（明渠，主要包括明沟、水库入库支流等），处理思路如下：对于断面较小（断面尺寸中宽、高均小于3.0 m）的明渠，将沟渠改造为排水管道，或采用清淤的方式处理，并对雨涵沿途的雨水、污水排水口进行归并；对于断面较大（断面尺寸中宽或高大于3.0 m）的明渠，由于改造为管道难度较大，对于该类沟渠需加强河道淤泥及固体废弃物等内源清理的整治工作；对于有建设条件的沟渠，在合适的河段建设初雨弃流及调蓄措施。

对于第二类小微水体（暗涵，主要包括箱涵、道路排水边沟等）处理思路为：对于断面较小（断面尺寸小于1.0 m）的暗涵，拟将该类暗涵改造为管道，尽量减轻排水管道淤积的现象；对于断面较小（断面尺寸小于1.0 m）的暗涵，采用对暗涵开孔、清淤，并对沿途的雨水、污水排水口进行归并的处理措施；对于有建设条件的暗涵，在合适的河段建设初雨弃流及调蓄措施。

对于存在黑臭现象的小湖库塘，主要整治思路如下：建设垂直流人工湿地，改善小湖库塘生态环境；建设浮动湿地，改善小湖库塘生态环境；建设水下森林、设置碳素纤维生物膜、纳米曝气设备等生态修复措施，改善小湖库塘生态环境；加强周边正本清源建设，消除小湖库塘黑臭污染源。

2.3.2 一河一策

水是生态系统的控制要素，河湖既是生态空间的重要组成部分，又是水资源存在的重要空间。“策”通常是指计算、计策，又指策问、对策、计算和主意等。“一河一策”的着眼点就是要解决复杂水问题、保护河湖水生态，“一河一策”，可以理解为是加强水环境综合整治中的存在问题摸排、解决方案拟订、工作计划制订和治理措施确定等各方面工作，遵循治河先治污的治水规律，结合每一条河的水污染特点，精准治污。对生态良好的河湖，重点是预防和保护；对生态恶化的河湖，重点是源头控制、水陆统筹、联防联控；对城市的河湖，要侧重加大治理和修复力度，全面消除黑臭水体，连通城市水系，打造市民休闲游玩好去处；对城市高度建成区的河湖，要全面截污、全面清淤、全面补水，使河湖从明渠达标到明暗渠全河段达标，从干流达标到干支汊流全流域达标，从晴天达标到晴雨天全天候达标。宝安区“治水八策”示意图如图2.1所示。

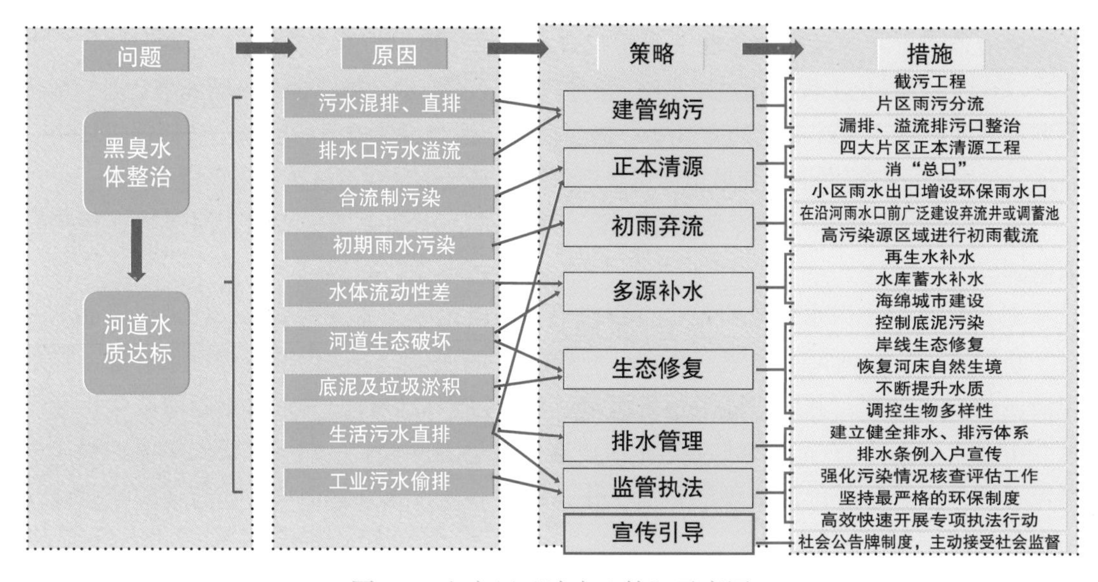

图 2.1　宝安区“治水八策”示意图

1. 建管纳污，打通分流脉络

以流域为单元，以河流黑臭水体、重点流域为重点，强化源头控制，加速排污口整治、雨污分流管网建设，将每家每户的污水全部截入污水管网，确保污水不入河。

（1）加快雨污分流管网建设，确保污水纳管处理。现有雨污合流管改造成污水管，新建雨水管，全面补齐管网缺口，实现排水管线连网成片。

（2）实施沿河截污，确保污水不入河。

（3）盘活存量管网，打通所有“断头管”。以水质净化厂为中心，全面完成“最后一公里”管道接驳。

（4）加强管网巡查，整治溢流和新增排污口。组织河道巡查单位、管网运营单位加强河道及周边管网巡查力度，建立巡查台账，落实责任。

2. 正本清源，消除雨污混流

强化源头控制，坚持“雨污分流、污废分离、废水明管化、雨水明渠化”的基本原则，实施雨污管网进村入户，提高雨污分流水平，实现源头排水彻底分流。

（1）排查小区楼栋排水管网设置和接驳情况。以“每栋楼实现雨污分流”为目标，将原有雨水合流管网改造成污水管，新建天面雨水立管和地面雨水管渠。

（2）完善排水小区与市政雨污分流管网的接驳，避免错接乱接，造成雨污混流。对于未列入城市更新计划或5年内未实施的，进行雨污分流或外围截污。

（3）全面深入实施消除总口截污工作，封堵暗渠，防止非法排污。

3. 初雨弃流，提高城市水体洁净度

实施污染初雨弃流处理和利用，为雨水排水系统设置初雨水弃流或调蓄装置，将有机物、悬浮物浓度较高的初期地表化学径流弃流入市政污水管网系统，提高城市水体洁净度。

（1）在排水小区雨水出口增设环保雨水口，在雨水排水系统前端有效控制初期雨水污染。

（2）在沿河雨水口广泛建设弃流井或调蓄池，在雨水系统末端控制或利用初期雨水。

（3）对小区垃圾房、集市、菜市场、洗车场等高污染源区域室内截流沟排水应接入市政污水管网，对处于室外的截流沟，采取设置调蓄池等有效措施确保雨水不进入截流沟内。

（4）科学采用可选性海绵设施运用于管网建设及改造工程中，如绿色屋顶、透水铺装、下沉式绿地、雨水花园等，通过下渗、草皮的截流削减径流水量，净化化学径流水质，缓解初期径流化学污染。

4. 多源补水，确保河流全面补水

通过城市再生水、城市雨洪水、湖库塘水、清洁地表水补给实现四大片区河流多源补水，增强水体流动性和水动力交换，进一步改善河流水质。

（1）开展污水处理厂提标改造，建立再生水补水系统。

（2）水库雨季蓄水、旱季补水。

（3）清污分流，实现清洁基流补水。

（4）加快海绵城市建设，提高雨水回用率。

5. 生态修复，推动绿色可持续发展

在实现全面截污的基础上，因河施策削减内源污染，恢复河床与护岸的自然生态，合理干预和构建水生食物链网，调控生物多样性，逐步增强河流的自净能力，恢复河流生态平衡。

（1）控制底泥污染。加强河道清淤，恢复河道的自然属性和本来面貌。

（2）岸线形态修复。通过降低滩地的高程，修改堤线，撤去河岸硬质护坡，改造直立挡墙设计，给河流更多的空间。

（3）恢复河床自然生境。对传统工程结构进行生态景观设计，恢复重建生物能够生存的多孔隙空间，充分利用河汊生态特性，大大提升河漫滩湿地的污染物拦截能力，降低水流流速，提升水质净化能力，确保生境连续性。

（4）不断提升水质。包括曝气复氧、人工湿地、生态浮岛、生态滤床等技术，逐步提升水质，为生物多样性恢复提供条件。

（5）调控生物多样性。选取适应性强并具有净化水质功效的水生植物，多层次种植挺水植物、湿生植物、耐旱植物等，通过植物根圈为底栖和水生生物构建多重生境，逐步恢复生物多样性。

6. 排水管理，健全排污许可新体系

全面开展小区排水纳管审核并核发排水许可证，建立长效管理台账机制及定期复查机制；“以证促治”，确保生活污水预处理达标。

（1）建立排水许可管理体系。全面开展排水小区的排水许可，“以证促治”，督促全区商铺、工地等项目做好雨污分流，确保生活污水预处理达标，申请办理排水许可证后排入污水管网。

（2）建立健全排污许可新体系。强化证后监管和专项执法，督促企业依证排污、按证排污。

7. 监管执法，建立长效机制保障执法权威

规范强化固定污染源监管，坚持实施“全面监管、巡办分离、智慧管控”，实行“四个一”制度，严厉打击各类违法排污、排水行为，巩固治水成果。

（1）强化污染情况核查评估工作。引入第三方评估机构；倒逼企业进行设施升级改造；每月开展河流水质异常分析工作，加强科技监管，组织专业化核查和溯源追踪，查找源头，对症下药。

（2）坚持最严格的环保制度。对废水拉运企业、规模以上餐饮企业、汽车4S店等行业实施“环保主任”制度全覆盖，促使污染源企业进一步提高环保意识。

（3）高效快速开展专项执法行动。以加强流域等工业污染源监管执法为重点，以严厉打击工业污染源非法排污为核心开展综合执法大行动，对非法排污行为形成威慑。

8. 宣传引导，形成治水新格局

开展多层次、全方位宣传，弘扬水环境保护观念，宣传水环境保护知识；充分发挥街道、社区基层组织作用，采取多种形式，推动治水工作进社区、进学校、进企业，营造全社会关心治水、参与治水、监督治水的良好氛围，形成社会共治、全民参与的治水新格局。

第3章　污水处理厂

3.1 污水处理厂在城市污水处理中的作用

污水处理是指从污染源排出的污（废）水，因含污染物总量或浓度较高，达不到排放标准要求或不适应环境容量要求，从而降低水环境质量和功能目标时，必须经过人工强化处理。

城市中从住宅、工厂和各种公共建筑排出的各种污、废水，如果没有进行处理直接排入水体，会使水体受到污染，破坏原有的水体功能，引发水体黑臭等一系列水环境问题，甚至影响河湖附近人们的正常生活。污水处理厂作为解决城市水污染问题最基本而有效的途径，在城市高度建成区水环境综合整治中发挥着至关重要的作用。

3.1.1 进行污水处理，降低污染物浓度

污水处理厂可以将收水范围内收集的污（废）水进行净化处理，利用物理作用分离污水中的非溶解性物质，利用微生物的新陈代谢功能，将污水中呈溶解或胶体状态的有机物分解氧化为稳定的无机物质，利用化学反应作用来处理或回收污水的溶解物质或胶体物质，降低COD、BOD_5、SS、氨氮等污染物浓度，从而降低水中污染物对环境的污染。

3.1.2 出水排放，改善河湖下游水环境质量

虽然河流具有一定的自净能力，但是伴随着人类活动的增加，污染物的污染速度远远超过了河流的自净能力，这种情况下，通过污水处理厂的作用，将污水处理后达标排放，可以有效地减轻河流的负担，减少城市污水对河道的污染，保护和改善下游水环境。

3.1.3 出水回用，发挥生态补水功能

河湖水系是水资源的载体，是生态环境的重要组成部分。在国内外水环境综合整治项目中生态补水是重要的工程手段，利用污水处理厂的再生水，补充到河道以维持河道水量，提高水体的流动性，加大河湖水环境容量及自净能力，改善河道的生态环境和功能，在减轻水环境污染、进一步提升水生态环境方面发挥重要作用。

3.2 存在的问题

随着我国城市污水处理厂数量和规模的不断上升，我国城镇生活污水的处理效率也得到了很大提升，截至2020年1月底，全国共有10 113个污水处理厂取得了排污许可证，这些污水处理厂为我国的城市环保工作做出了基础的保障，改善了我国城市的生态环境，但是在我国城市污水处理厂中也还是存在着一定的问题，只有真正解决了这些问题，才能进一步提高我国城市污水的处理技术和处理水平。

3.2.1 厂网匹配性问题

近些年，由于我国的水污染问题逐渐凸显，各地纷纷新建污水处理厂，取得了很好的成效，但同时也存在着个别污水处理厂虽早已建成，但因管网迟迟未建成而无法正式投入使用的情况，导致“有厂无管、厂管分离”，未经收集处理的生活污水直接排入自然水体，导致水环境质量逐年下降。

3.2.2 污水厂超负荷运行问题

污水处理厂设计没有区分雨季和旱季规模，对地下水渗入量和雨水量考虑不足，导致规模弹性不足，或区域雨污分流不彻底，加上污水设备没有定期检修或更换，污水处理厂超负荷运行，污水处理能力下降，导致排口出现溢流污染问题，对受纳水体造成不利影响。

3.2.3 进水浓度偏低问题

合流污水中大量雨水的混入和城市管网系统中雨污分流不完全，会导致雨天时部分雨水进入污水收集系统，并最终进入污水处理厂，雨天平均进水水质明显低于晴天的平均进水水质，使污水处理厂进水浓度偏低，会对污水处理厂的运行造成一定的低浓度冲击负荷，使得微生物可降解的碳源减少、污泥活性降低和生物除磷效率下降，影响污水处理效果。

3.2.4 污水处理不达标问题

选择的污水处理工艺不合理、污水处理技术存在较多缺陷、污水处理厂分布不合理、污水厂超负荷运行、污水厂进水浓度与设计进水浓度差异、运营管理不善等，会导致污水处理效率下降，无法满足当前的污水处理要求，排水水质达不到相应的排放标准。

3.2.5 高排放标准问题

随着碳达峰、碳中和任务目标的提出和《水污染防治行动计划》的实施，为提高城市水环境质量，各地纷纷出台了更为严格的地方水污染物排放标准，在高排放标准的政策要求下，污水处理厂亟须升级改造、提质增效，与此同时，也出现了工艺技术提升、改扩建占地等问题。

3.3 方案及措施

对于污水厂在发展历程中发生的厂网匹配性问题、超负荷运行问题、进水浓度偏低问题、污水处理不达标问题和高排放标准问题等，城市高度建成区目前主要采取以下方案及措施来解决。

3.3.1 完善配套污水管网，实现管网与污水厂的无缝衔接

管网的作用主要是承担城市污水的收集和输送。目前我国城市管网建设程度不同，输送能力也不相同，如果将其定义为“污水收集率”，则各城市现有污水收集率和规划污水收集率均不相同。宝安区各污水处理厂的处理量小于设计规模，其主要原因就是管网与污水处理厂的匹配性问题，当需要保证该处理厂具有一定处理能力时，必须有相应规模的配套污水管网同步建成。针对污水管网不健全、污水处理厂闲置、污水厂网不匹配、片区污水直排的问题，目前主要采取的措施为加大人力、资金投入和建设力度，建设与污水处理厂相配套的污水管网及相关设施，使污水管网与污水处理厂能够相通相连、同步运行，提高城市片区集中污水收集率，彻底解决城市片区的污水收纳、集中处理问题。

3.3.2 调整优化污水厂系统布局，合理确定污水厂规模

污水处理厂科学合理的规划布局是城市建设的关键环节。随着城市的快速扩张，人口聚集，部分污水处理厂及污水处理规模未能及时跟上发展的步伐，这就需要针对污水、废水排放不在现有污水处理厂收水范围的情况，新建污水处理厂。新建污水处理厂应遵循集中与分散相结合的原则，不仅要全面考虑建设运行成本、环境影响、污水资源的综合利用等诸多因素，还要综合分析现有污水管网的收集能力及规划污水管网建设的可行性、近期一次性投资的难度以及水系规划情况、城市建设区布局情况等条件。

污水处理厂的水量确定主要与下列因素有关。

1. 城市人口

城市人口包括常住人口和流动人口。通常是根据城市总体规划近、远期及远景人口预测来确定的。当城市总体规划编制年限较早，尚未修编或正在修编中，需核实现有人口并进行合理的分析和预测。同时，确定人口时，要特别注意旅游城市在旅游旺季出现人口涌入的特点及其对城市水量变化系统的影响。

2. 城市性质及经济水平

由于城市所在地域、自然条件、经济发达程度、人民生活习惯及住房条件的不同，城市居民用水标准的不同，因而城市污水量也会有所改变。

3. 工业废水量

由于城市发展的进程中，工业类型与工业比重也会变化，因而，工业废水量及水质量也不相同。工业废水经工厂内自行处理，优先考虑纳入城市污水收集系统，与城市生活污水合并处理。因此工业废水量是污水厂确定处理规模的重要依据，必须对其废水量进行充分调查研究，合理确定工业废水量。

4. 污水管网完善程度

污水管网完善程度对污水处理厂提标改造规模确定十分重要。当改造流域范围内处理污水量确定后，必须乘以污水收集率才能得到排入污水处理厂的实际污水量，所以，当需要保证该处理厂具有一定处理能力时，必须有相应规模的配套污水管网同步建成。

5. 规划年限

规划年限是合理确定污水处理厂近、远期处理规模的重要因素。应与城市总体规划期限相一致。根据《城市排水工程规划规范》（GB 50318—2017）对规划年限条文的说明，城市一般为20年，建制镇一般为15～20年。规划年限分期，原则上应与城市总体规划和排水专项规划相一致。一般近期按3～5年，远期按8～10年考虑。

综上所述，将各相关因素进行全面的有机的综合分析后，便可合理地确定处理水量。

需要注意的是，《室外排水设计标准》（GB 50014—2021）对污水设计流量有如下规定：

（1）污水系统设计中应确定旱季设计流量和雨季设计流量。

（2）分流制污水系统的旱季设计流量计算公式为

$$Q_{dr} = KQ_d + K'Q_m + Q_u$$

式中 Q_{dr}——旱季设计流量，L/s；

K——综合生活污水量变化系数；

Q_d——设计综合生活污水量，L/s；

K'——工业废水量变化系数；

Q_m——设计工业废水量，L/s；

Q_u——入渗地下水量，L/s，在地下水位较高地区，应予以考虑。

（3）分流制污水系统的雨水设计流量应在旱季设计流量基础上，根据调查资料增加截流雨水量。

因此，针对现有污水处理厂设计规模对地下水渗入量和雨水量考虑不足、弹性不足的问题，应该根据近几年的排水设施实际情况考虑截流雨水量，根据地下水位情况和管渠性质经测算后研究确定入渗地下水量，然后提出污水处理厂近、远期规划，合理确定各地区污水分区及污水处理规模。

3.3.3 雨污分流改造，合理确定接纳初期雨水的规模

雨水、污水是排水系统输送处理的目标对象。排水系统的体制按污水不同排出方式划分。分流制和合流制是它的两种基本的体制。雨污于不同管渠系统排出是分流制，雨污水同管渠排出是合流制。根据宝安经验，在城市高度建成区，污水处理厂推荐进行雨污分流改造，使雨水与污水完全分流，雨水入河，污水排入污水处理厂，同时对初期雨水进行

收集处理，减轻污水处理厂负担，减少雨水面源污染，改善河湖水环境质量。

部分地区污水处理经验借鉴见表3.1。

表3.1 部分地区污水处理经验借鉴

亚洲城市	污水处理量 /(万 $m^3 \cdot d^{-1}$)			收集率	降雨基本特征	年降雨量 /mm	排水体制
	雨季规模	旱季规模	雨季 / 旱季规模				
韩国首尔	581	316	1.84	100%	降雨相对集中在5 ~ 9月	1 429	85% 为合流制，15% 为分流制
日本东京	778.2	587	1.33	99.7%	降雨相对集中在6 ~ 10月	1 600	人口密集区域以合流制为主，人口稀疏区域以分流制为主
中国香港	320.6	235.8	1.36	93%	降雨相对集中在4 ~ 9月	2 400	排水管道为分流制，雨水直接排海
新加坡	297	163	1.82	100%	降雨相对集中在11 ~次年1月	2 400	排水管道为分流制，雨水收集回收

降雨历时初期阶段形成的径流雨水即为初期雨水，初期雨水中含有大量经冲刷作用融入其中的累积在地面及屋面的污染物质，这些污染物质最终经初期雨水溢流而进入水体。初期雨水中所含污染物量是整个雨期径流中浓度最大的，其大小不是固定的，受汇流区域大小、不透水区比例、距上一次降雨时间以及重现期大小等多个因素的影响。现阶段对初期雨水的分析理论尚不成熟，由于集流环境的差别，对初期雨水与洁净雨水的界定标准有不同理解，导致初期雨水的水量衡量标准也有不同，目前主要的分析方式有以下3种。

1. 以水质划分

在一个集流区域的总排出口安装监测设备，实时掌握排出口雨水的污染物浓度，以一个明确的污染浓度界限划分初期雨水与后续雨水。由于雨水的污染物浓度值总体来说是呈下降态势的，将前期污染物浓度值高的雨水视为初期雨水进行收集，对后期污染物浓度值低的雨水直接排放。此理论从现象出发，技术理论上最为可靠，但监控设备经济投入大，推广运用难度高。

2. 以时间划分

即认为降雨历时前X min的降雨所形成的径流为初期雨水，富含大量的污染物。文献中初期雨水定义为5 min、10 min、15 min、20 min的都有，但都没有给出划分的理由，也没有任何理论依据。如《化工建设项目环境保护工程设计标准》(GB/T 50483—2019)中规定，初期污染雨水，宜取一次降雨初期15~30 min雨量。这种理论的不足在于忽视了产流汇流的原理，在相同时间内暴雨和小雨产生的径流量差别很大，对地表的冲刷程度也不一样，所以这种分析方法的理论意义是有限的。

3. 以降雨量划分

即认为降雨量前*Y* mm的降雨所形成的径流为初期雨水，富含大量的污染物。众多文献中都给出了初期雨水的定义值，有9 mm和12.5 mm等。国家标准《建筑与小区雨水控制及利用工程技术规范》(GB 50400—2016)规定，初期径流弃流量应按下垫面实测收集雨水的CODCr、SS、色度等污染物浓度确定。当无资料时，屋面弃流径流厚度可采用2~3 mm，地面弃流可采用3~5 mm。北京市地方规范《雨水控制与利用工程设计规范》(DB 11/685—2013)规定，一般屋面的初期径流厚度取1~3 mm，小区路面取2~5 mm，市政路面取7~15 mm。《石油化工给水排水系统设计规范》(SH/T 3015—2019)规定，一次初期雨水总量宜按污染区面积与15~30 mm降水深度的乘积计算。众多文献和规范给出了设计值，但未说明定义的理由和依据。以降雨量划分的分析方法可以与地表产流汇流原理结合，既具有理论意义，也具有实际运用价值。

在污水处理厂设计时，应根据实际情况，合理确定污水处理厂接纳初雨的规模。

3.3.4 确定不达标指标，查明超标原因分别进行处理

污水处理是一个涉及物理、化学、生物作用的复杂的处理过程，由于污水处理厂存在重建设轻运维等问题，同时受到原水浊度、pH、水量波动、原水温度和水质污染等因素的影响，在污水处理过程中，常常会遇到各种各样的问题，比如污泥膨胀、浮泥、活性微生物死亡等现象导致COD、氨氮、总磷等的指标不达标。

污水处理厂超标的典型原因及处理措施如下。

1. 有机物超标

影响有机物处理效果的因素如下。

（1）营养物质。

一般污水中的氮磷等营养物质都能够满足微生物需要，但工业废水所占比例较大时，应注意核算碳、氮、磷的比例是否满足100:5:1。如果污水中缺氮，可以采取投加铵盐的方法；如果污水中缺磷，可以采取投加磷酸盐的方法。

（2）pH。

城市污水pH一般为6.5 ~ 7.5，如果污水处理厂进水pH突然大幅度变化，就需要投加酸或碱来调节pH，酸通常采用盐酸或硫酸，碱通常采用石灰或消石灰。

（3）油类。

当污水中石油类或动植物油含量较高时，会影响污水处理效果，降低活性污泥沉降性能，严重时可能引起污泥膨胀，导致出水悬浮物超标。对油类物质含量较高的进水，需要在预处理段增加隔油装置，并定期清除浮油。

（4）温度。

温度会影响活性污泥中微生物的活性及二沉池的分离性能，通常对于温度高的进水，需要采取降温措施；在冬季温度较低时，需要采取加热调温措施。

2. 氨氮超标

导致出水氨氮超标的原因涉及许多方面，首先应该核算其污泥负荷、回流比、水力停留时间、碳氮比及硝化速率，污泥负荷一般在0.05～0.15 $kgBOD_5$/（kgMLVSS·d），负荷越低，硝化进行得越充分，回流比通常控制在50%～100%，水力停留时间应在8 h以上，BOD_5/TKN大于4，硝化速率典型值为0.02 gNH_3–N/（gMLVSS·d）；然后对溶解氧、温度、pH进行监测，通过调整曝气强度使曝气池溶解氧保持在2 mg/L以上，通过增加温度调节措施使冬季污水温度不低于5 ℃，通过药剂投加控制生物硝化系统的混合液pH尽量大于7.0。

3. 总氮超标

由于生物硝化是生物反硝化的前提，因而脱氮系统也应该采用低负荷，并采用高污泥龄；参照运行良好的污水处理厂，污泥回流比可控制在50%以下，混合液回流比一般控制在300%～500%，缺氧区溶解氧控制在0.5 mg/L以下，混合液pH控制在6.0～9.0，温度一般不低于5 ℃，反硝化速率典型值为0.06～0.07 gNO_3–N/（gMLVSS·d）。

4. 总磷超标

温度对除磷效果的影响不像生物脱氮过程的影响那么明显，试验表明，生物除磷的温度宜大于10 ℃，因此当总磷超标时，应该主要考虑pH、溶解氧、污泥龄、碳磷比等因素。当pH在6.5～8.0、厌氧区溶解氧在0.2 mg/L以下、好氧区溶解氧在2 mg/L以上、污泥龄在3.5～7 d、COD/TP大于15时，聚磷微生物的含磷量和吸磷率基本保持稳定。

5. 悬浮物超标

出水中的悬浮物是否达标，主要取决于生物系统污泥的质量是否良好、二沉池的沉淀效果以及污水处理厂的工艺控制是否恰当，所以当悬浮物超标时，可以检查生物池中污泥质量，通过调整回流比、曝气时间等措施使污泥达到良好的沉降性能，检修设备、清理淤积的沉淀物，保证污水系统尤其是二沉池的沉淀效果，检测进水中是否含有会使活性污泥中毒的有毒物质，并进行处理。

3.3.5 污水处理厂提标改造，工艺技术提质增效

“水十条”强调，现有城镇污水处理设施，要因地制宜进行改造，2020年底前达到相应排放标准或再生利用要求。敏感区域（重点湖泊、重点水库、近岸海域汇水区域）城镇污水处理设施应全面达到一级A排放标准。建成区水体水质达不到地表水Ⅳ类标准的城市，新建城镇污水处理设施要执行一级A排放标准。目前，北京、天津、浙江、湖南、江苏太湖流域、安徽巢湖流域、四川岷沱江流域、河北大清河流域、河北子牙河流域、昆明、陕西黄河流域等陆续发布水污染排放标准，对总氮、总磷提出了越来越高的去除要

求。近年来，我国城镇污水处理厂水污染物排放标准日益严格，甚至趋于地表Ⅳ类标准。部分污水处理厂高排放标准要求见表3.2。

表3.2　部分污水处理厂高排放标准要求

单位：mg/L

地区	标准	COD	BOD_5	氨氮	总氮	总磷
国家	一级 A	50	10	5（8）	15	0.5
	一级 B	60	20	8（15）	20	1
	二级标准	100	30	25（30）	—	3
	三级标准	120	60	—	—	5
地表水环境质量标准	Ⅰ类	15	3	0.15	0.2	0.02
	Ⅱ类	15	3	0.5	0.5	0.1
	Ⅲ类	20	4	1	1	0.2
	Ⅳ类	30	6	1.5	1.5	0.3
	Ⅴ类	40	10	2	2	0.4
北京	A 标准	20	4	1（1.5）	10	0.2
	B 标准	30	6	1.5（2.5）	15	0.3
天津	A 标准	30	6	1.5（3）	10	0.3
	B 标准	40	10	2（3.5）	15	0.4
	C 标准	50	10	5（8）	15	0.5
湖南	一级标准	30	—	1.5（3）	10	0.3
	二级标准	40	—	3（5）	15	0.5
浙江	新建	30	—	1.5（3）	10（12）	0.3
	现有	40	—	2（4）	12（15）	0.3
陕西黄河流域	A 标准	30	6	1.5（3）	15	0.3
	B 标准	50	10	5（8）	15	0.5
广东茅洲河	—	30	—	1.5	—	0.5
河北大清河流域	核心控制区	20	4	1（1.5）	10	0.2
	重点控制区	30	6	1.5（2.5）	15	0.3
	一般控制区	40	10	2（3.5）	15	0.4
河北子牙河流域	重点控制区	40	10	2（3.5）	15	0.4
	一般控制区	50	10	5（8）	15	0.5
河北黑龙港及运东流域	重点控制区	40	10	2（3.5）	15	0.4
	一般控制区	50	10	5（8）	15	0.5
安徽巢湖流域	Ⅰ类别	40	—	2（3）	10（12）	0.3
	Ⅱ类别	50	—	5	15	0.5
安徽淮河流域	Ⅰ类别	40	—	2（3）	12	0.3
	Ⅱ类别	50	—	5（8）	15	0.5
四川岷江、沱江流域	—	30	6	1.5（3）	10	0.3
江苏太湖流域	—	50	—	5（8）	15	0.5

续表3.2

地区	标准	COD	BOD_5	氨氮	总氮	总磷
昆明（二次征求意见稿）	A级	20	4	1（1.5）	5（10）	0.05
	B级	30	6	1.5（3）	10（15）	0.3
	C级	40	10	3（5）	15	0.4
	D级	40	10	5（8）	15	0.5
	E级	70	30	—	—	2

注：括号外数值为水温＞12 ℃时的控制指标，括号内数值为水温≤12 ℃时的控制指标。

因此，现有污水处理厂处理规模或出水水质不达标的，需要开展现有城市污水处理厂提标改造，对工艺技术进行提质增效，提升污染物的削减效率和排水水质。

污水处理厂的提标改造主要考虑以下几个方面。

（1）考虑环境保护的需求。在环境承受能力范围内，尽可能将污水全部送到污水厂进行截留处理，给居民营造一个良好的生活、工作环境。

（2）考虑经济性。在增加污水处理水量的同时，污水管网的敷设需要更加完善，污水设备的运行负荷以及相应的管理费用也需要增加，甚至在原来的基础上增加二期甚至三期处理工艺，很大程度上增加了工程的造价。

（3）考虑可实施性。污水厂的提标改造应适应城市的总体规划设计，城市管网的改造会间接地影响到交通和居民的生活，而且在增加污水处理水量的同时可能会需要扩建水厂，建立远期用地的扩充，涉及拆迁以及跟规划部门协商，都是需要考虑的因素。

污水处理厂提标改造是一个综合性极强的系统工程，涉及的学科多，相关部门多，其中任何一个环节不合理都会给工程改造带来影响和造成不同程度的损失。污水处理厂提标改造，直接关系到建设费用和运行费用的多少、处理效果的好坏、占地面积的大小、管理上的方便与否等关键问题。因此，在进行污水处理厂提标改造时，必须做好方案的比较，以确定最佳方案。

根据表3.2，污水处理厂提标改造应该关注COD、氨氮、总氮、总磷等指标，提质增效工艺技术需要考虑相应的处理工艺。污水处理厂提标改造案例如图3.1所示。

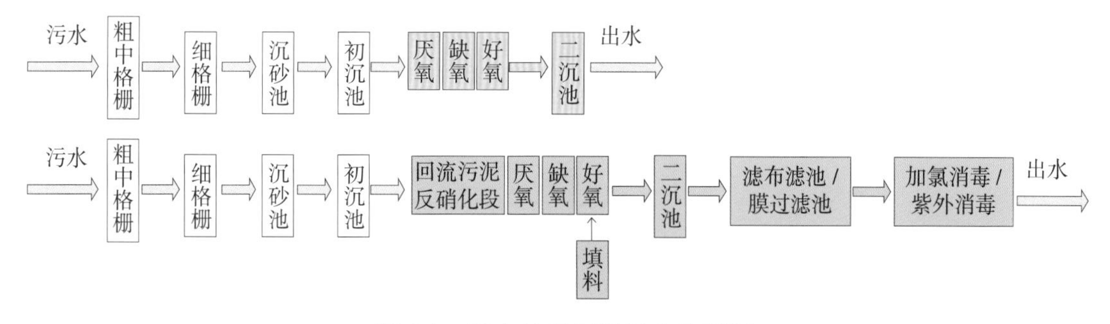

图 3.1 污水处理厂提标改造案例

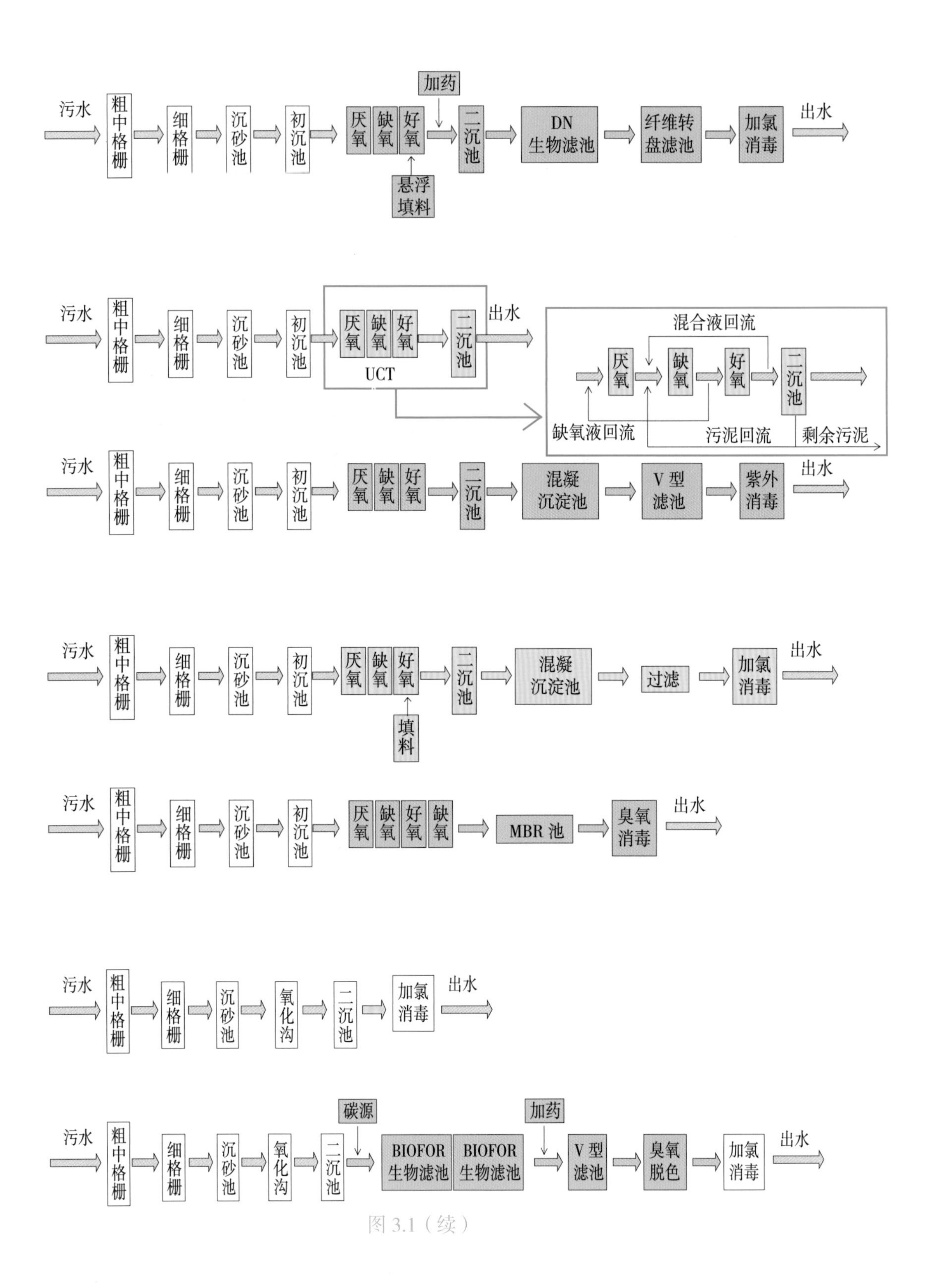

污水
粗中格栅
细格栅
沉砂池
初沉池
加药
厌氧
缺氧
好氧
悬浮填料
二沉池
DN生物滤池
纤维转盘滤池
加氯消毒
出水
污水
粗中格栅
细格栅
沉砂池
初沉池
厌氧
缺氧
好氧
二沉池
UCT
出水
混合液回流
厌氧
缺氧
好氧
二沉池
缺氧液回流
污泥回流
剩余污泥
污水
粗中格栅
细格栅
沉砂池
初沉池
厌氧
缺氧
好氧
二沉池
混凝沉淀池
V型滤池
紫外消毒
出水
污水
粗中格栅
细格栅
沉砂池
初沉池
厌氧
缺氧
好氧
填料
二沉池
混凝沉淀池
过滤
加氯消毒
出水
污水
粗中格栅
细格栅
沉砂池
初沉池
厌氧
缺氧
好氧
缺氧
MBR池
臭氧消毒
出水
污水
粗中格栅
细格栅
沉砂池
氧化沟
二沉池
加氯消毒
出水
污水
粗中格栅
细格栅
沉砂池
氧化沟
二沉池
碳源
BIOFOR生物滤池
BIOFOR生物滤池
加药
V型滤池
臭氧脱色
加氯消毒
出水

图 3.1（续）

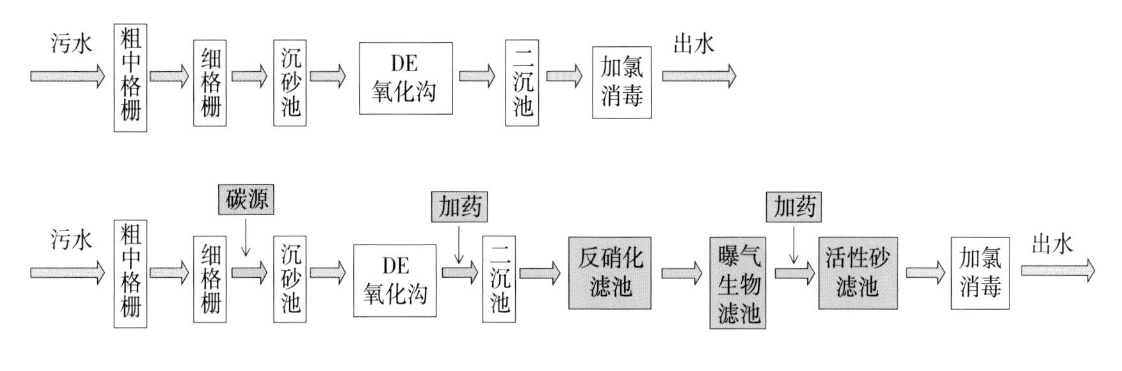

图3.1（续）

由这些案例可以看出，为了使污水处理厂达到新的高排放标准要求，污水厂提标改造主要是利用现有的构筑物，对二级生化处理工艺和深度处理工艺进行改造升级。

以下为国内污水处理厂典型工艺的提标改造方案，通过参数调整、运行优化及池型改造等措施，深度挖掘二级生化池处理潜能，全面提升氮、磷等污染物的去除效果，实现出水的稳定达标。

1. 传统A2/O工艺

为了提高传统A2/O工艺对氮、磷的去除效果，可以采取以下方法。

（1）部分原水跳过初沉池，直接进入厌氧反应池，以提高反应池进水中的碳源，充分消耗回流污泥中的硝态氮，改善除磷效果，同时也可以保证缺氧池中反硝化菌对碳源的需求，保证脱氮效果。

（2）对原有生物池进行改造，改变传统A2/O工艺的进水方式，采用多点进水，对进水碳源进行合理分配，增加对回流污泥反硝化的处理设施，改善聚磷菌厌氧释放磷的环境，提高缺氧段水力停留时间，提高反硝化效率。为了保证好氧段处理效果，可以考虑在好氧池内投加填料，增加活性污泥浓度，保证硝化过程微生物的增殖。

（3）增加污水处理深度，采用生物转盘、膜过滤、纤维转盘滤池或生物滤池等深度处理工艺，进一步去除污水中的污染物。

（4）增加除臭设施和加药除磷设备，进一步降低磷的出水浓度，改善污水处理厂大气环境质量。

2. 氧化沟工艺

为了提高氧化沟工艺对总氮和有机物的去除效果，可以采取以下方法。

（1）生物段回流污泥曝气再生及缺氧曝气，提高活性污泥活性，减少氧化沟外沟充氧量，使其形成缺氧环境，促进反硝化菌的增殖，提高总氮的处理能力。

（2）改造为氧化沟和MBBR相结合的工艺，将比重接近水的悬浮填料投加到氧化沟中作为微生物的活性载体，依靠好氧段的曝气和水流的提升作用而处于流化状态，当微生物附着在载体上，漂浮的载体随着混合液的回旋翻转作用而自由移动，从而达到污水提质增效的目的。

3. SBR、CASS工艺

SBR、CASS工艺在空间上属于完全混合式反应器，在时间上属于推流式反应器，具有很好的处理效果。为进一步提高其排放标准，可以在原有工艺的基础上，增加厌氧、缺氧段，或者向反应池投加填料，提高生物量，或者改造曝气系统，提高充氧率，或者增加化学除磷设施，提高除磷效果，或者增加深度处理设施，采用过滤工艺或混凝沉淀工艺进一步降低出水中污染物浓度。

对于有地表Ⅳ类水补水要求的A2/O工艺可以采用以下措施提质增效。

（1）A2/O-MBR及其改进工艺。

A2/O工艺脱氮效率很难进一步提高，为此，Adam等一批学者提出了将A2/O与MBR相结合的污水处理方式，不仅出水水质效果好，而且实现了水力停留时间与污泥停留时间相互独立，很好地解决了传统活性污泥法同步脱氮除磷污泥龄不同的矛盾。为提高A2/O工艺的脱氮能力，可将其改造为倒置A2/O-MBR和A2/O-A-MBR等组合工艺，张健君等人对倒置A2/O-MBR中试表明该系统具有高效的生物处理效果，董良飞等开展了A2/O-A-MBR工艺处理低碳园城市污水的中试研究，经过60天的调试运行，出水基本达到地表Ⅳ类水要求。

（2）A2/O-MBR+膜分离工艺。

在A2/O-MBR组合工艺的基础上，进一步增加膜分离单元作为再生回用的三级处理单元，可以实现污水资源化高效利用，根据深度处理膜单元自身的特点，可以将生化处理单元出水处理至地表Ⅳ类水或以上标准。

（3）A2/O-MBR+人工湿地工艺。

对于氮磷等部分指标偶尔超标的A2/O-MBR工艺，可后续采用潜流式人工湿地，发挥植物根系吸收和富氧作用、基质填料截流及微生物的分解作用，进一步去除氮磷等营养物质，有效保障A2/O-MBR工艺出水达到地表Ⅳ类水标准限值。

第4章 排水管网

4.1 排水管网在城市污水处理中的作用

城市地下管线按照权属单位不同，可分为给水、排水（雨水、污水、雨污合流）、燃气、电力、通信（电信、移动、联通、有线电视等）、热力等市政公用管线以及铁路、民航、军用等专用管线，是城市基础设施的重要组成部分，担负着输送能量、传输物资、传递信息的重要任务，是整个城市赖以生存和发展的物质基础，是城市名副其实的生命线。城市排水管网是提高污水处理效率、提升水环境质量的关键，也是城市水污染防治和城市排渍防涝的骨干工程，对消除和减少城市道路积水、合流制管道溢流等内涝灾害，改善城市水环境发挥着十分重要的作用。

（1）城市排水管网具有保护和改善水环境、消除污水危害的作用。随着现代工业的迅速发展和城市人口的集中，污水量日益增加，成分也日趋复杂。截至2020年末，我国城市污水排放量已达571.36亿m^3，是世界上污水排放量最大的国家，污水治理工作依旧面临严峻挑战。通过城市排水管网进行污水的收集和雨水的排除，可以避免污水直排河湖或土壤引发环境问题。

（2）城市排水管网对保障人民健康具有深远的意义。通常，污水污染对人类健康的危害有两种方式，一种是污染后水中因含有致病微生物而引起传染病的蔓延，例如霍乱病；另一种是被污染的水中含有毒物质，从而引起人们急性或慢性中毒，甚至引起癌症或其他各种“公害病”。因此，完善的排水管网对于预防和控制各种传染病具有重要作用。

（3）城市排水管网对污水处理厂的正常运行具有不可忽视的作用。如果城市排水管网系统建设滞后或局部地段堵塞、淤积、通水不畅，污水处理厂将达不到设计规模甚至没有污水进行处理；如果城市排水管网未实现雨污分流或截流雨水量过多，将导致污水处理厂超负荷运行，影响出水水质。因此，只有做到城市排水管网全覆盖，城市高度建成区彻底雨污分流，才能更好地保证污水处理厂的稳定运行、出水达标。

4.2 存在的问题

宝安区排水体制为雨污分流制、截流式合流制与直流式合流制3种类型并存。小部分新建城区（如宝安新城区、机场区域、福永新城区等）以分流制为主，大部分区域为截流式合流制或直接入水体。截至2015年，宝安区已建市政排水管网1 665 km，社区排水管网3 784.4 km。宝安区雨水管网统计表见表4.1。

表4.1 宝安区雨水管网统计表

单位：km

街道	新安	西乡	福永	沙井	松岗	石岩	小计
市政雨水管网长度	247	363	260	381	272	142	1 665
社区排水管网长度	435.5	1 268.7	347	800.1	681.2	251.9	3 784.4

在开发建设早、房屋密集的住宅、商业、行政办公区，因早期建设的局限性，基本只建有一套排水管网，污水管一出户就直接和雨水收集系统连在一起。新建设的市政工程、工业园区和住宅小区中一般都按规划建设了雨水、污水两套排水管网，在局部区域实现了雨、污分流。

近年来，宝安区水务部门对全区主要河流逐步实施截污干管工程，在河流两侧设置了截污干管，排至附近的污水处理厂，防止河流两岸产生的生活污水通过合流管道直接排河，保障了河流的水质和景观，形成了河流两岸一定范围内的截流式合流制的排水形式。

由于历史原因，宝安区排水管网错接、混接现象严重，分流制、合流制、混流制管网“鱼龙混杂”，老旧管网结构性、功能性缺陷并存，勘查修复难度大。

综上，城市高度建成区排水管网存在以下问题。

（1）尚有未敷设市政排水管网。

区内排水管网建设长期缺乏，导致管网普及率低、管道排水能力低，当暴雨来袭时低洼地大面积积水，雨污水横流，造成环境污染。

（2）已建排水管网存在合流制。

区内排水管网存在合流制，导致部分区域雨污混合污水从溢流井流出，直接排进水体从而造成水体污染。

（3）既有排水管网混接、破损和错接，导致排水管网实际截流效率不高。

既有排水管道破损、渗漏、堵塞、设施损坏现象严重，如污水管道错接排入市政雨水管道、化粪池排出管直接接入市政雨水系统，导致污水通过错接的管道排入河流，加重河水水质污染。

（4）排水管道出现异物侵入、堵塞。

由于排水管道使用时间久远，会有异物侵入，造成堵塞现象，致使管道排水不畅，制约了排水管网输送雨污水的能力。

（5）机泵陈旧老化、出水管损坏严重。

宝安区内大部分污水泵站建设年代较为久远，随着城市建设快速发展，大型工厂不断增加，人民生活水平日益提高，工业污水和生活废水的排放量越来越多，这些建成已久的泵站在日常运行中，不断维修，虽然有定期维修和养护，但机泵陈旧老化，很多问题急需解决，主要为：机电设备服役时间较长，有些建设年代较为久远的污水泵站，其配套电机封闭性差，噪声超标，能耗高等。

4.3 方案及措施

我国城市污水处理率虽然较高，但污水集中收集率普遍较低，因此急需提高污水集中处理率，并且在快速城镇化发展过程中，由于形成了多种与真正意义上的分流制、合流制不同的排水系统，必须全面排查污水管网、雨污合流制管网等设施功能及运行状况、错接、混接、漏接和用户接入情况等，摸清污水管网，厘清污水收集设施问题，推进城市污水管网全覆盖。对进水情况出现明显异常的污水处理厂，开展片区管网系统化整治，补齐城市污水管网短板，有效提升管网收集效能。

4.3.1 消除污水管网空白区

城市高度建成区范围内尚未敷设市政排水管网的，加快补齐城市污水收集短板，以流域为单元，以河流黑臭水体、重点流域为重点，新建雨污分流管网，将每家每户的污水全部截入污水管网，形成一套完整的排水系统，确保污水不入河，全面补齐管网缺口，实现排水管线连网成片，尽快实现污水管网全覆盖、全收集、全处理。

4.3.2 雨污分流管网改造

1. 排水体制的分类

目前我国城市排水管网可分为3种形式，分别是合流制排水系统、分流制排水系统、新型排水系统。大部分的城市地下排水管网都是新城区采用分流制，老城区分流制与合流制并存。分流制是指将雨水和污水分开，各用一条管道输送，雨水通过雨水管网直接排到河道，污水则通过污水管网收集后，送到污水处理厂进行处理，避免污水直接进入河道造成污染。在晴天雨天均可解决污水入河的问题；暴雨期间，雨水直接通过雨水管入河，雨水的收集利用和集中管理排放，可降低水量对污水处理厂的冲击，保证污水处理厂的处理效率；污水流量和强度较为稳定、变化小，降低对污水处理厂影响，污水处理设施规模相对较小。随着生态文明建设的推进及黑臭水体整治日渐得到重视，越来越多的城市建设者选择分流制排水体制，要求新城区必须采取分流制，老城区合流制逐步改造为分流制。尽早实现城市雨污分流改造，不仅对提高城市水资源质量作用巨大，同时也可减轻污水处理厂雨季工作负荷，避免大量污水溢出，污染水资源。

（1）合流制排水系统。

其目标是将雨污水同时以同管渠输送至城市污水处理厂，主要有直排式、截流式、全处理式3种类型。

①直排式。直排式是指混合污水不经处理就近排入受纳水体，它是最早出现的合流制排水系统，会对受纳水体造成严重污染，现在几乎不再使用该种方式。

②截流式。合流制系统旱季时只输送污水；而管渠在降雨期间因增加雨水流量变大，此时雨水量会达污水量的几十倍，在管道内占主导地位。所有污水在降雨和晴天时都会被输送到城市污水处理厂处理，然后将处理后的水排入水体。然而，截流式合流制系统有一个致命的缺点，那就是遇到降雨天气，雨水径流随着雨量的增加而增加，雨污混合污水大于截流干管的承载能力之后，就会有未经处理的雨污混合污水从溢流井流出，直接排进水体从而造成水体污染。从经济上来说，截流式合流制的造价相对较低；从管理上来

说，由于降雨情况无法确定，污水处理厂和泵站管理相对复杂；从环境影响来说，雨水资源排出得不到有效利用，而直接排入水体的溢流污水又会对水体造成较为严重的污染。截流式合流制排水系统示意图如图4.1所示。

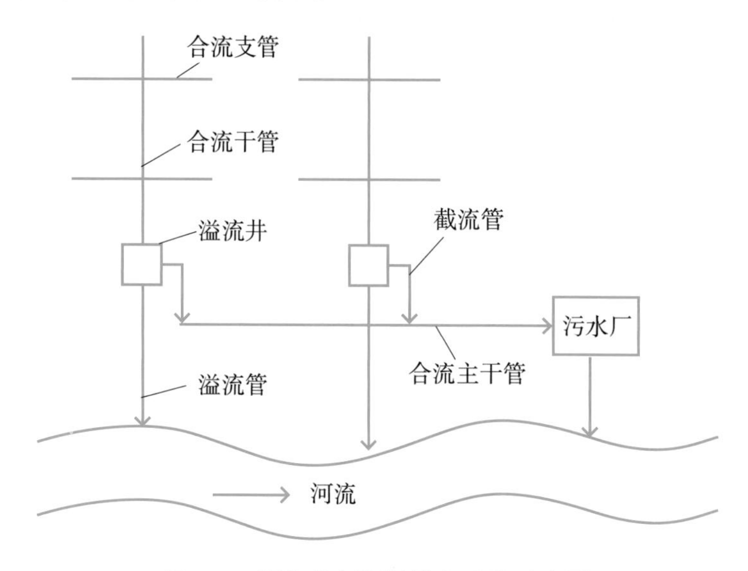

图 4.1　截流式合流制排水系统示意图

③全处理式。用同一套排水管道系统将雨污水收集并全部送入污水厂加以处理并最终排放至收纳水体的排水系统称为全处理式合流制排水系统。从环境角度而言，该排水体制环境效益好；从经济角度而言，忽略了环境的自净能力，完全依赖工程措施，造价太高。因此，该种排水系统仅适用于降水少且经济发达地区，普及度低。全处理式合流制排水系统示意图如图4.2所示。

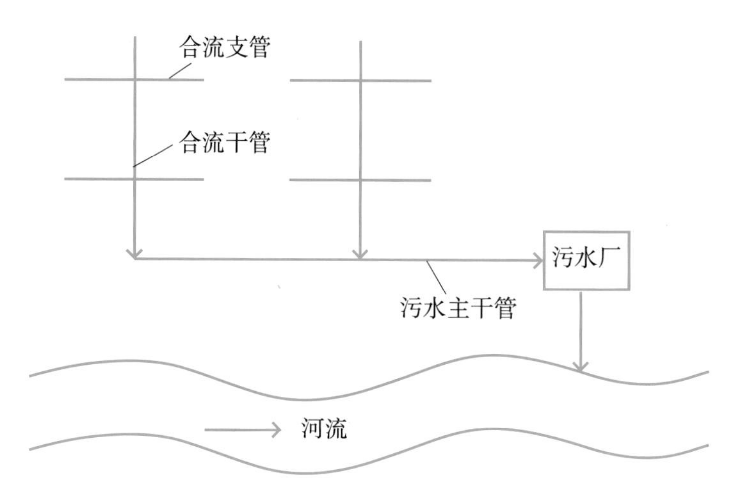

图 4.2　全处理式合流制排水系统示意图

（2）分流制排水系统。

分流制排水系统是采用两个或两个以上相互独立的管渠排除生活污水工业废水和雨水的排水系统，主要有完全分流制、不完全分流制和截流式分流制排水系统3种形式。

①完全分流制排水系统。完全分流制排水系统是采用相互独立的管道系统分别排除污水和雨水的系统。其中污水管道收集污水并将其输送至污水厂加以处理再排放到受纳水体自然环境中去；雨水管道系统收集雨水然后将其就近排入水体。就管理而言，管理较为简单，是因为雨水和污水由两套独立的系统输送互不干涉；就环境而言，未经处理就排放的雨水会造成城市降雨径流污染问题。该系统使用普及率较高，但是对水环境极其敏感地区并不适用。完全分流制排水系统示意图如图4.3所示。

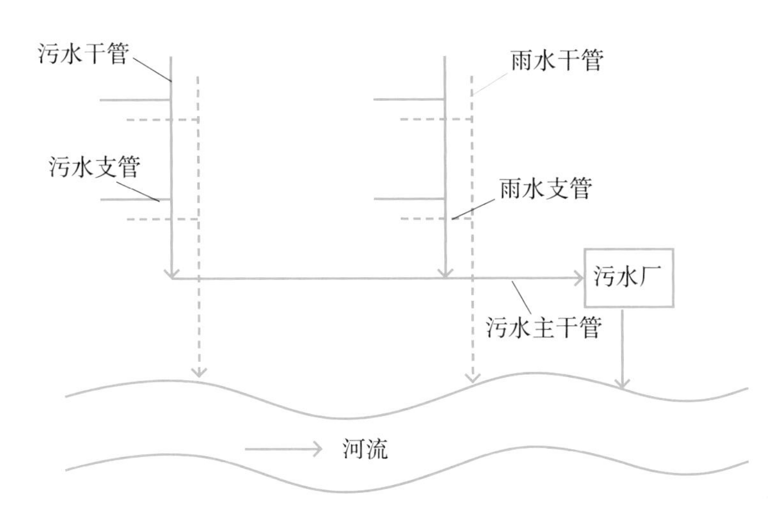

图 4.3　完全分流制排水系统示意图

②不完全分流制排水系统。不完全分流制排水系统是只有污水排水系统，没有完整的雨水排水的系统。在该系统中污水排水系统将生产生活污水输送到污水厂加以处理并排放到自然环境中去。与此同时，雨水则通过地表漫流进入明渠后排入受纳水体。就经济角度而言，该种排水体制因初期不建设雨水排水系统，初期投资低；就环境角度而言，可以避免溢流污染；就技术角度而言，随着社会的发展和资金的投入，人们可以对雨水排水系统慢慢加以完善，从而形成完全分流制排水系统。

③截流式分流制排水系统。截流式分流制排水系统是排水体制的发展趋势，它采用两套及以上独立管道系统，分别收集雨水和污水并加以排除，可以实现初期雨水径流处理的分流制排水系统。雨季时，通过截流管，初期雨水被截留并送至污水厂处理排放，通过溢流措施中后期雨水被就近排放至环境中去。旱季时，被误接入雨水管的生活污水可以通过截流井输送至附近的污水管。就环境角度而言，该系统可以解决初期雨水径流污染

问题，也保障了收纳水体免受误接入雨水管的污水的污染，使城市水环境得以保护。就经济角度而言，该系统适用于水环境敏感区和新建区，其造价相对较高，且管理维护有一定的难度。截流式分流制排水系统示意图如图4.4所示。

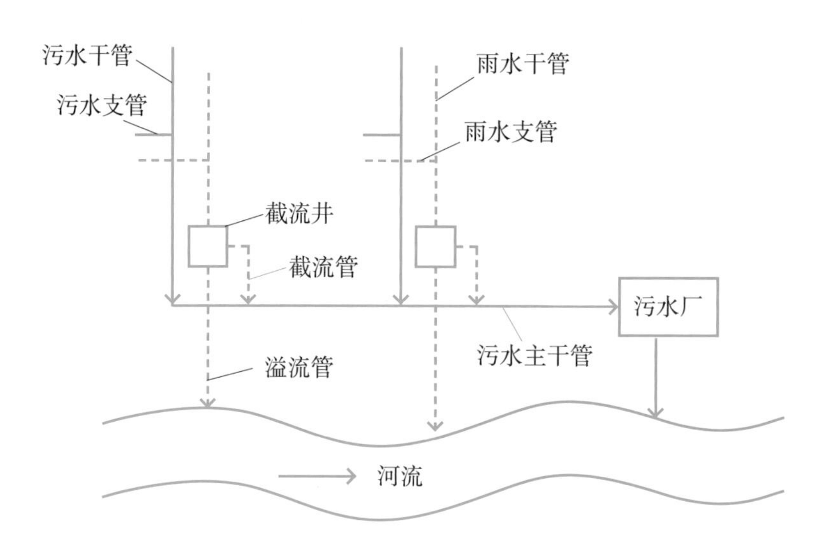

图 4.4　截流式分流制排水系统示意图

（3）新型排水系统。

城镇排水系统管理的理念转变到对环保、安全、节能和可持续性综合考虑阶段。新型排水系统以增加收集调蓄设施为手段实现对雨水的收集和利用，并通过改变地表渗透性的方式减少降雨径流量。它强调的是雨水源头的削减消纳以及对雨水的净化和利用。在更为严格的排水系统标准的要求下，我们要发展和创新排水系统的设计管理手段，引入排水系统水力模型，降低排水系统造价，提高系统性能。

当前新型排水系统主要有以下几种。

①合建分流式城镇排水系统。双层排水管道上层为用于输送雨水的管道，下层为污水管道，除用于输送污水和检查井截流而来的路面散排污水外，还用于道路冲洗水和初雨水等的输送。

②雨水最佳管理措施（Best Management Practices，BMPs）。BMPs被定义为“包括工程、非工程措施，任何能够减少或预防水资源污染的方法、措施或操作程序”。BMPs的关注点在于包括集水区规划、非结构性措施和结构性措施在内的设施建设。总而言之，BMPs的基本思路是雨水的“末端处理”和就地滞留及分散处理。BMPs技术体系如图4.5所示。

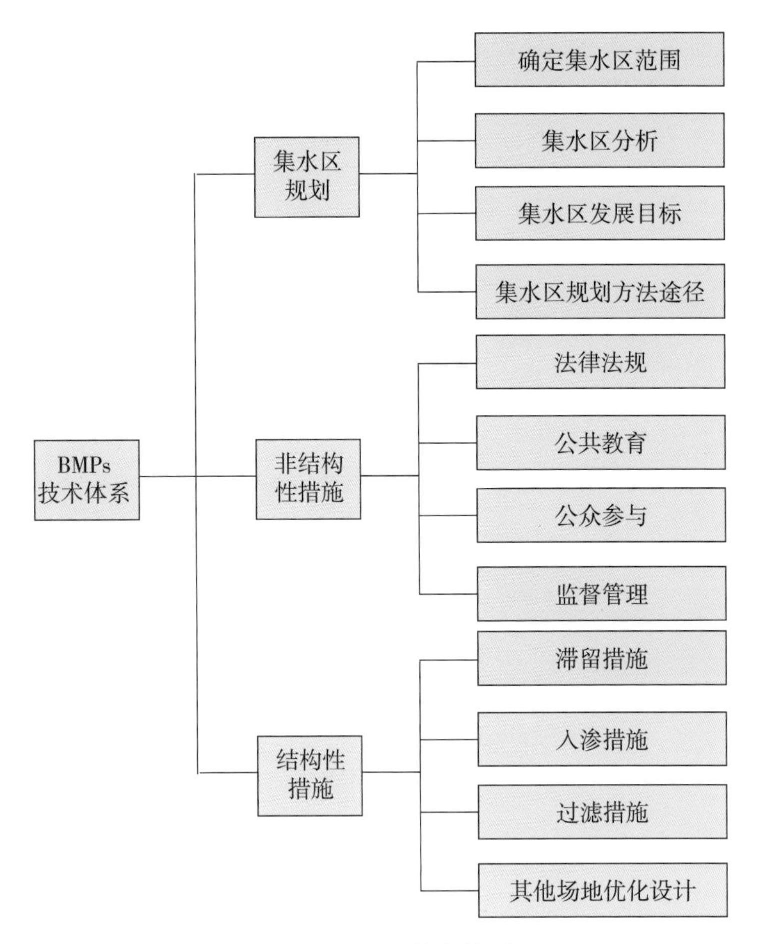

图 4.5 BMPs 技术体系

③低影响开发（Low Impact Development，LID）。LID也称为低影响设计（Low Impact Design），20世纪90年代初，人们将城市“空间限制”问题和“与自然景观融合”相结合，提出低影响开发（LID）理念。阻止雨水径流生成、缓解雨水径流影响是LID雨水管理的基本任务。LID增加雨水渗透量，减少城镇化等对生态环境、气候等的影响，以“源头控制”代替“末端处理”。人们可以通过建设一些包括下凹式绿地、绿色屋顶和植草沟等分散化的处理措施，来提高开发区域地面的渗透性，模拟自然水文功能。

④可持续城市排水系统（Sustainable Urban Drainage Systems，SUDS）。SUDS是20世纪90年代为解决传统的排水系统的环境破坏、水体污染和洪涝灾害问题，兼顾社会因素而发展起来的。与传统技术相比，SUDS处理地表水排放的方法更加可持续。它是通过运用一系列控制手段和管理措施，模仿场地开发之前的自然水文过程。为达到协调环境、保护和改善水质、资源和社区需求关系的目的，SUDS综合考虑水质、流量及环境舒适度三因素，同时兼顾维持良性水循环和生态环境改善的目的，对雨水进行就近处

理、关注点源和面源污染并坚持源头管理，通过这些措施进行分级削减和控制。可持续城市排水系统示意图如图4.6所示。

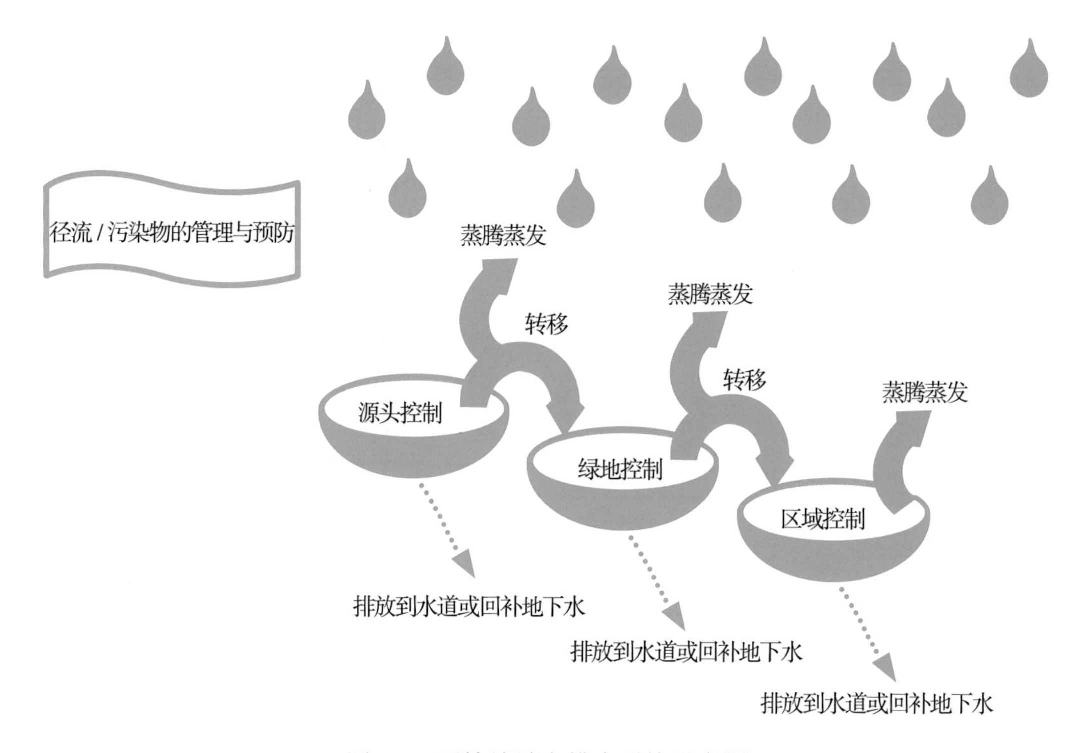

图 4.6 可持续城市排水系统示意图

⑤水敏感性城市设计（Water Sensitive Urban Design，WSUD）。水敏感性城市设计通过增加利用雨水资源，减少洪峰流量和径流量及削减径流污染的方式减少对自然水循环的负面影响，同时考虑景观和生态价值。以水循环为核心，统筹考虑给水、污水、雨水及中水管理。WSUD的理念主要包括减少径流量和峰值流量、整合雨水处理手段、改善水体水质、保护自然水系统和增加成本效益等方面。在工程实践中，WSUD采用最大化雨洪滞蓄水库（池）和透水性地面等方式进行水量控制措施；采用建设人工湿地、房顶雨水储集罐和生态排水草沟等装置的方式进行水质处理。

城市高度建成区排水体制的选择是管网改造的首要问题，影响排水系统的设计标准、施工方法、维护和管理模式的选择，对排水管网意义深远，同时也影响排水工程的建设投资和运行管理费用。

2. 城市高度建成区排水体制的选择

（1）保留雨污合流制管网改造建设。

具体为老旧区域保留合流制管网（合流管网截留式改造），新建区域分流制建设。

将合流制改为分流制往往因投资大、施工困难等原因而较难在短期内做到，因此目前旧合流制排水管渠的改造多采用保留合流制，修建合流管渠截留干管，即改造成截留式合流制排水管渠系统。具体做法是在临河岸边建造一条截流干管，同时在合流干管与截流干管相交前或相交处设置溢流井，并在截留干管下游设置污水厂。晴天和初雨时所有污水都排送至污水厂，经处理后排入水体，随着降雨量的增加，雨水径流也增加，当混合污水的流量超过截流干管的输水能力后，就有部分混合污水经溢流井溢出，直接排入水体，但仍有部分混合污水未经处理直接排放，这些混合污水不仅含有部分旱流污水，而且夹带有晴天沉积在管底的污物，成为水体的污染源而使水体遭受污染。

（2）雨污彻底分流制改造建设。

雨污彻底分流制改造建设具体为新、旧区域均彻底分流式改造，进行老旧管网改造和雨污分流管网建设。将合流制改为分流制可以完全杜绝溢流混合污水对水体的污染，因而是一个比较彻底的改造方法。这种方法由于雨、污水分流，需处理的污水量将相对减少，污水在成分上的变化也相对较小，所以污水厂的运转管理较易控制。通常，在具备下列条件时，可考虑将合流制改造为分流制。

①住房内部有完善的卫生设备，便于将生活污水与雨水分流。

②工厂内部可清浊分流，便于将符合要求的生产污水接入城市污水管道系统，将生产废水接入城市雨水管渠系统，或可将其循环使用。

③城市街道的横断面有足够的位置，允许设置由于改造成分流制而增建的污水管道，并且不会对城市的交通造成过大的影响。

一般来说，住房内部的卫生设备目前已日趋完善，将生活污水与雨水分流比较易于做到；但工厂内的清浊分流，因已建车间内工艺设备的平面位置与竖向布置比较固定而不太容易做到；至于城市街道横断面的大小，则往往由于旧城市（区）的街道比较窄，加之年代已久，地下管线较多，交通也较为频繁，常使改建工程的施工极为困难。将合流制系统改为分流制，需要在改造的过程中加入新的管道。但由于城区地下管网的系统已初具规模，排水管道、燃气管道、电线电缆等都深埋于地下，这样就很难在已有管道的基础上找出足够的空间进行新管道的铺设，而且分流体系改造工程量大，工期长。要想系统地对雨污合流体系进行改造，就要求规划及相关部门对所在城区已有的排水系统进行全面的分析和调查，出具详细的规划要点与改造方案。但由于城市的不断发展，城区面积的不断扩大以及城市排水管网的混乱，要想切实地将各个排水系统进行统一的改造，将会是一个相当漫长的过程，而且工程量也非常大。即使规划部门有了合理、有效的规划，由于排水管网系统的覆盖范围广、密集程度高，雨污合流体系的改造过程将会相当漫长。此外，分流体系的改造资金投入过大。由于排水管道深埋地下，在改造过程中肯定会涉及对地上建筑物、道路拆除并重新建设的现象，从而间接影响到交通设施与市民的生活，也无形中加大了改造工程的资金投入，市政与财政部门能否筹措到数额巨大的改造资金也将是一个未知数。

（3）方案经济性对比分析。

排水体制的选择一直是城市建设最重要的问题之一，通常情况下，排水体制的选择不仅要满足环境保护的需要，还要考虑经济性和可实施性。现分述各体制的利弊。

考虑环境保护的需求，合流制如果能将污废水和雨水全部送往污水处理厂处理，这样的效果是最好的，但由于降雨一般是短历时的，雨水量可能会在瞬间达到很高，这就要求输送的合流管道尺寸非常高，而降雨并不是天天都有，旱季时，那么大的管道输送污水有些浪费，而且要求污水处理厂的规模也相应增大，相对来说太不经济。就算是现在最适用的截留式合流制也不能把所有的雨水完全送至污水处理厂，而且在汛期，还会有部分污水溢流造成水体环境的污染。分流制能够将污废水全部送至污水处理厂处理，但初期雨水往往有较高的污染物，如果未加处理就排入水体，同样会造成环境的污染。

考虑经济性，根据经验，合流制的排水管线总价要比分流制低，但合流制的后期设施要求高，相对来说这部分费用要高些。但总体来说，合流制造价相对比较低。但在不完全分流制的建设中，只考虑了污水排水系统，所以其初期投资比完全分流制和合流制都要低。

考虑可实施性，在一些老城区区域，一般道路比较狭窄，地下管线比较密集，合流制比较好实施，而且管线少，施工周期短，易于维护管理。而在一些新区规划中，一般采用分流制比较能适合发展的需要。

总之，在排水体制的选择上，不能太片面和单一，应结合城市发展的需要和排水特点综合确定符合城市的排水体制。以深圳为代表的经济较发达的城市高度建成区推荐采用雨污彻底分流制改造，提升系统污染收集效能、排水效能。

3. 城市道路市政雨污分流管网施工

城市道路雨污分流改造，主要结合相关规划及现有管道进行新建或改造管网，在充分利用现有管道的基础上，形成完整的市政道路雨污水收集系统，对内涝点和路面积水的路段雨水管道进行改扩建。现有管道过流能力不足的，进行扩大重建管道；错节混接的管道，通过新建管道实现分流。新建管道有两种方案：一是将合流制管道作为雨水管道，新建一条污水管道，同时对现有合流管道进行水力计算，复核能否满足雨水排水要求，若无法满足，则优先考虑将合流管作为污水管道使用；二是将现有合流管道作为污水管道，新建一条雨水管道。通过新建雨污管网，并对现有管网进行清淤修复处理，实现整个雨污分流排水系统的完善。

4. 市政雨污分流管网快速施工

目前，市政排水管网工程多在城市道路的两侧进行施工，施工场地不仅过于靠近建筑物，而且过往人员和车辆较多，尤其是城市高度建成区建筑密集、交通拥堵、人流密集，在进行雨污水管线施工过程中，会占用部分市政道路，易出现交通拥堵及事故，对市政道路会造成压力，施工对周边环境影响较大，工程进展过程中的变化因素多，干扰因素多，正常的施工周期会严重影响人们的出行。为减少施工对周边居民环境的影响，降低人们出行的困扰，进行有效的交通疏解，并采取先进技术手段加快施工速度就显得尤为重要。

在交通疏解方面，施工作业中应科学合理组织施工，合理地安排车辆进出，坚持“交通大于施工”的原则，尽量缩短对道路的占用时间。居民小区路段采取专人专职管理，做好疏导工作。进行场地布置时，充分考虑车辆出入口及交通行驶路线对城市交通的影响，并按要求设置必要的交通指示设施，同时增设必要的临时交通管理设施，保证交通有序运行，并指定专人负责交通疏解的指挥工作。合理安排运土车辆的进出，避开交通繁忙时段，减小交通压力。合理安排施工工作顺序，调控施工材料准备的进出时间，尽量安排施工材料进出车辆在道路车辆通行较少的时候进出，在施工场地内安排材料存放场，增加材料的存放量，减少材料进出的车次。

在管网快速施工方面，目前，在国内外鲜有学者针对高度城市化地区管网快速施工技术进行相关研究，针对项目施工工期短等特点，很有必要对快速施工的工艺或者结构进行探索。

4.3.3　老旧管网改造

老旧管网改造技术路线如图4.7所示。

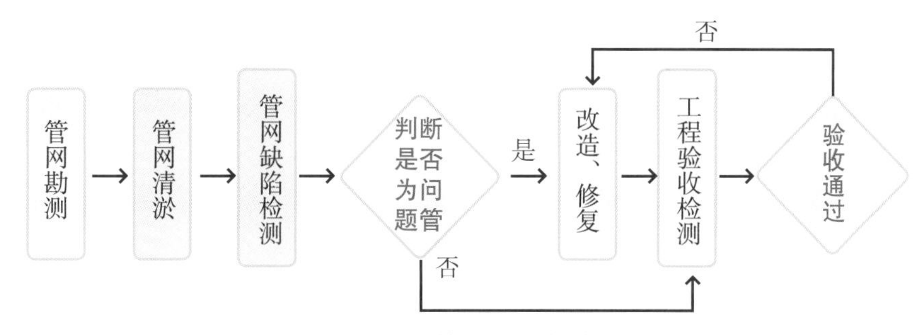

图 4.7　老旧管网改造技术路线

1. 管网勘测

为掌握原有地下管线布置情况，物探作业时主要使用管线探测仪及雷达探测仪。物探设备选型及适用范围见表4.2；管线现场勘测如图4.8所示。

表4.2　物探设备选型及适用范围

序号	设备类型	适用范围
1	管线探测仪	用于地下管线探测（电缆线、通信线、电力线等）
2	雷达探测仪	用于地下管线探测（水泥管、铁管等）

(a) 管线探测仪与雷达探测仪

(b) 管线探测现场

(c) 雷达探测仪管线探测

(d) 管线现场标识

图 4.8　管线现场勘测

管线探测仪及雷达探测仪能够在不破坏地面覆土的情况下，快速准确地探测出金属管道的位置、走向，而对非金属管识别效果不好，且存在埋深越大探测误差越大等问题。

为避免对原有管线造成破坏，应在对现有排水管渠、给水管、电力管、电信管及燃气管等进行全面摸排时，采取相应的保护措施，控制管线不发生位移、沉降。

2. 管网清淤

进行管网清淤，保证管道内达到管网缺陷检测的条件。

3. 管网缺陷检测

（1）检测目的。

管网缺陷包括功能性缺陷和结构性缺陷两种，检测目的为判定排水管道中结构性缺陷和功能性缺陷的类型、位置、数量和状况。结构性缺陷主要包括脱节、破裂、胶圈脱落、错位、异物侵入等，是导致地下水入渗管道和污水外渗的主要原因；功能性缺陷主要包括管道内淤泥和建筑泥浆沉积等，不及时清除会影响水体水质和管道排放功能。

（2）主要检测技术。

常用管道及检查井缺陷检测技术包括：闭路电视（简称 CCTV）检测技术、声呐检测技术、电子潜望镜（简称 QV）检测技术以及传统的反光镜检测技术、人工目视观测技术等。

①排水管道闭路电视检测（CCTV 检测）。管道内窥电视检测系统，在国外称管道 CCTV（Closed Circuit Television）检测，此方法于20世纪 90 年代中期引进国内用于管道内部状况及排水管道健康检测，它是国际上目前用于管道状况检测最为先进和有效的手段。排水管道 CCTV 系统组成如图4.9所示；CCTV 检测设备如图4.10所示。

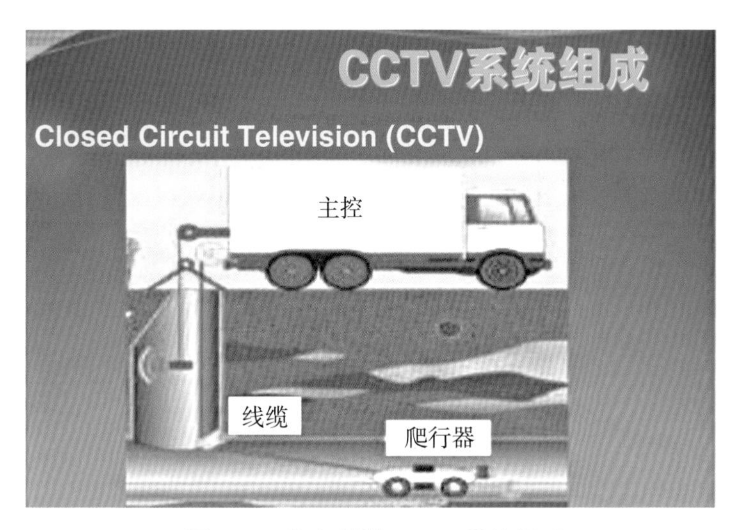

图 4.9 排水管道 CCTV 系统组成

图 4.10 CCTV 检测设备

CCTV 检测仪装备有先进的摄像头、爬行器及灯光系统，完全由带遥控操纵杆的监视器控制，操作简单，移动方便，可以进行影像处理、记录摄像头的旋转和定位，具有高质量的图像记录和文字编辑功能。其主要工作部分为一部四轮驱动的摄像小车和一台计算机。根据不同管径，可以选用不同型号的CCTV。通过它能够将管道中的情况一览无余。在项目中对管内情况实在无法得知的时候，便采用此设备对管段进行检查。

通过对工程范围内的排水管道进行 CCTV 检测，可有效地查明排水管道内部功能性及结构性状况，如内部沉积、结垢、障碍物、树根、积水、封堵、浮渣等情况，同时与管道相连的各个窨井、检查口也能尽收眼底。对于在施工过程中发现的窨井盖、收水口、收水井是否完好，也能用CCTV 拍摄视频资料作为执行后期养护、检修、更换窨井盖的依据。

②排水管道潜望镜检测（QV 检测）。管道潜望镜又称 QV（Quick View），是将潜望镜的伸缩镜头置于窨井内，利用电子摄像高倍变焦的技术，加上高质量的聚光、闪光灯配合，进行管道内窥检测，其最大检测距离可达 50 m。其优点是携带方便、操作简单，主要用于观察管道是否存在严重的堵塞、错口、渗漏等问题，能迅速得知管道的主要问题，对于管道里面有疑点、看不清楚的缺陷需要采用闭路电视深入管道内部进行检测。但是，管道潜望镜不能代替闭路电视解决管道检测的全部问题。QV 检测图如图4.11所示。

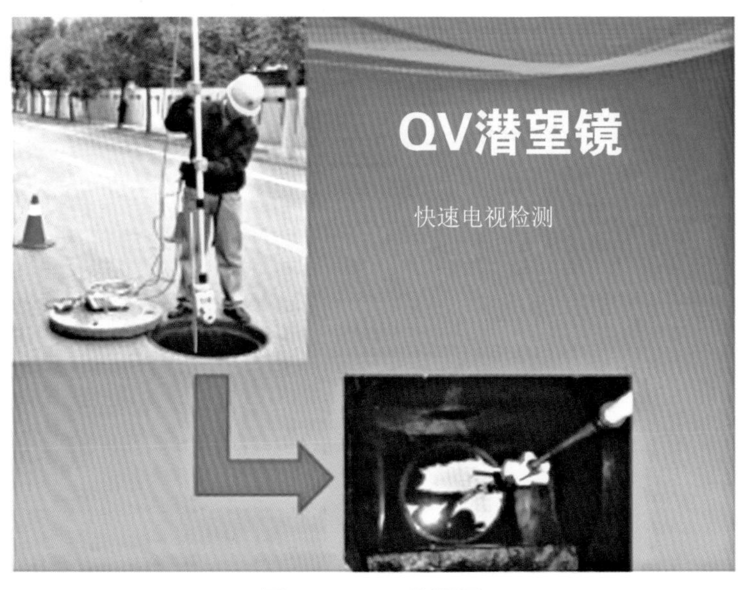

图 4.11　QV 检测图

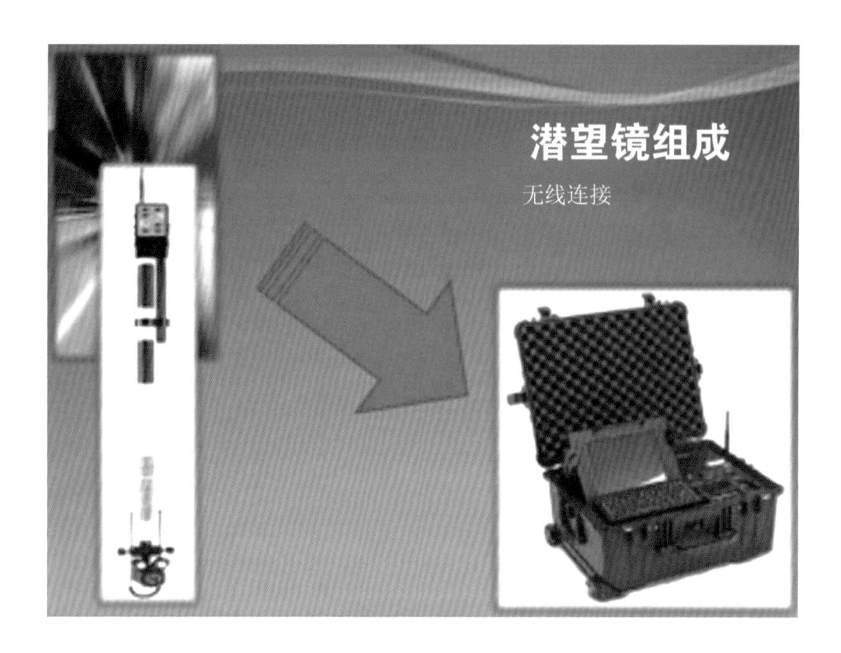
潜望镜组成
无线连接

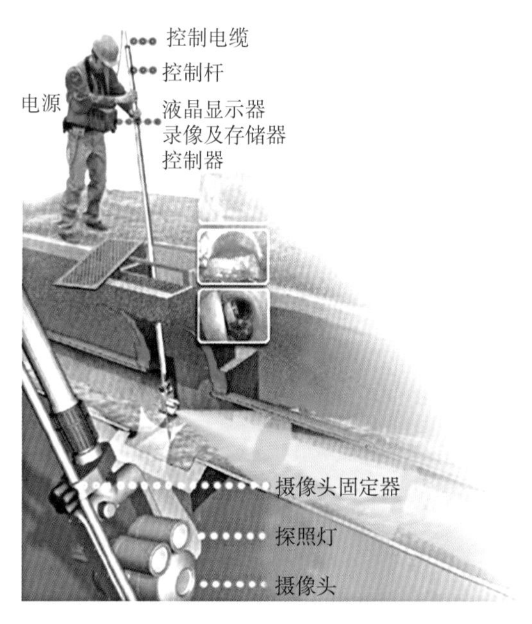
控制电缆
控制杆
电源
液晶显示器
录像及存储器
控制器
摄像头固定器
探照灯
摄像头

潜望镜组成
有线连接

图 4.11（续）

③声呐检测。声呐检测原理示意图如图4.12所示。声呐检测是利用水和其他物质对声波的吸收能力不同，主动向水中发射声波，通过接收水下物体的反射回波发现目标，目标距离可通过反射脉冲和回波到达的时间差进行测算，经计算机处理后，形成管道的横断面图，可直观了解管道内壁及沉积的状况。声呐检测的必要条件是管道内应有足够的水深，300 mm的水深是设备淹没在水下的最低要求。声呐系统组成如图4.13所示；声呐检测现场如图4.14所示。

声呐检测的优势在于可不断流进行检测，不足之处在于其仅能检测水面以下的管道状况，不能检测管道的裂缝等细节的结构性问题，故声呐轮廓图不应作为结构性缺陷的最终评判依据。

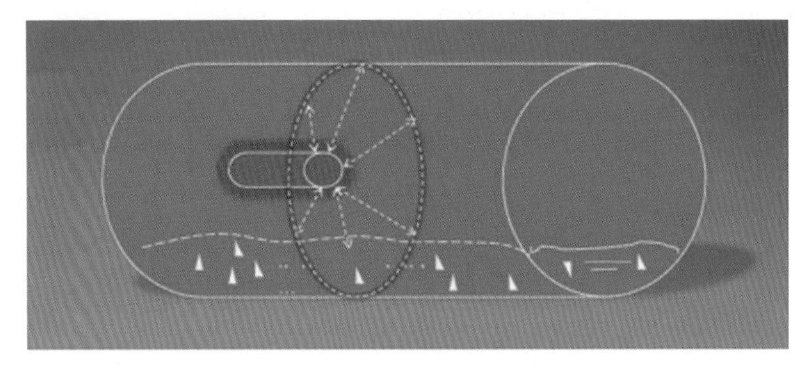

图 4.12　声呐检测原理示意图

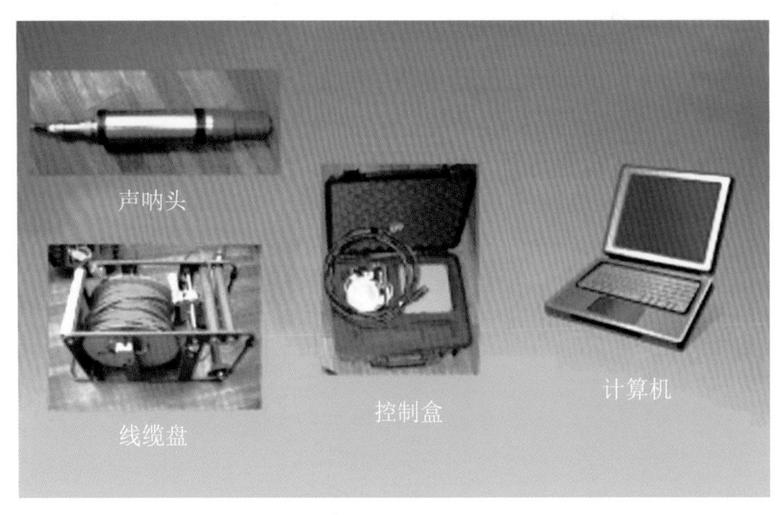

图 4.13　声呐系统组成

图 4.14　声呐检测现场

4. 判断是否为问题管

根据排水管道缺陷判断是否为问题管。排水管道的缺陷分为功能性缺陷和结构性缺陷，功能性检查主要是检查管道的畅通情况，结构性检查主要是检查管道构造的完好程度。

（1）结构性缺陷。

结构性缺陷是指影响结构强度和使用寿命的缺陷，包括破裂、变形、腐蚀、错口、起伏、脱节、接口材料脱落、支管暗接、异物侵入、渗漏等。结构性缺陷可以通过维修得到改善。

（2）功能性缺陷。

功能性缺陷是指影响排水功能的缺陷。功能性缺陷可以通过养护疏通得到改善，包括沉积、结垢、障碍物、残墙、坝根、树根、浮渣等。

根据排水管网调绘的分布图，先利用CCTV、QV等内窥检测手段，找出管网内部存在的结构性缺陷和功能性缺陷，通过对结构性缺陷和功能性缺陷分类、整理，对排水管网内部隐患进行初步评估，然后针对结构性缺陷严重（达Ⅲ级或Ⅳ级）的管段在地表上用探地雷达进行检测，查明管道埋设区域的隐伏空洞、土体松散区、渗漏区的规模、成因等情况，并对其危害程度做出评价。

5.管网改造及修复

管网改造主要针对问题管功能性缺陷采取如下措施。

（1）新建缺失类管道。

（2）瓶颈类管道原位翻建或异位新建。

（3）破损类管道局部改造、翻建。

（4）混流类管道新建接驳管。

管槽的开挖需要进行工程施工围挡，根据准确的测量结果切割地面，拆破原有的混凝土路面。开挖时要进行试探性挖掘，采用机械设备基坑开挖与人工基坑开挖相互配合的方式。当巷道宽度小于1.0 m时，采用人工开挖严格分层进行，均匀对称开挖，严禁超挖，基坑开挖周围严禁堆载；当巷道宽度为1.0 ~ 2.0 m时，采用小型挖掘机进行明挖作业，机械开挖时槽底应预留200~300 mm土层，由人工开挖至设计高程、整平，禁止超挖或偏挖；当巷道宽度大于2.0 m时，采用中型挖掘机进行作业，施工工艺选择放坡开挖和钢板桩支护开挖。基坑开挖深度从设计标高达到200 mm时，改为人工基坑开挖，保证不超挖、不欠挖，控制基坑开挖底部的砂振动，要求沟槽底部平整，坡度符合要求，且对其他管线的安全无影响。

巷道施工开挖时应尽量缩减开挖的范围，采取分段开挖、支护的方法，一般分段不超过120 m，根据开挖深度等，做好开挖断面等支护工作，严密监测围护顶部水平位移和顶部竖向位移，开挖沟槽深层水平位移、地下水位、开挖周边地表竖向位移以及建筑物变形和管线位移。基坑开挖要与支护协同施工。沟槽支护的选取应结合周围地面建筑物、地下构筑物、管线及道路交通情况，同时考虑施工操作的可行性及造价经济的合理性进行选取。

在开挖沟槽过程中如遇局部超挖问题时应当采取换填10~20 mm天然极配砂石料的处理措施。沟底埋有不易清除的块石等坚硬物件或地基岩石、半岩石、砾石时，应铲除标高以下0.2 ~ 0.3 m，超挖的部分可用沙土或原土分层夯实。其密度不能低于天然地基密度。槽底有地下水或地基土壤含水量较大时可用天然配沙石回填。在施工的时候，需要借助罗盘和水平仪等仪器来检查中心线和标高，确保整体的施工能够保持在一个合理的范围内。管槽开挖完成后，及时进行地基承载力检测，承载力达不到要求的，经设计单位同意后进行换填等处理。

为尽量减少施工对小区居民生活造成的影响，新增的污水管或截污管应尽量选在绿化带中，绿化带中无条件实施时敷设在道路下，不拆迁房屋，施工会对路面破拆产生噪声、粉尘影响居民生活和出行，应做好安民告示、交通疏解、安全防护措施，开挖时尽量采取一次开挖、集中埋管方式，减少反复开挖对居民生活造成影响。同时施工时保持半幅道路通畅或临时增加保通路，保证小区交通正常运行。

管网修复主要针对排水管网结构性缺陷进行修复。

1. 排水管结构性缺陷修复措施

对于管道破裂、变形、下沉、错口等2 ~ 4级结构性缺陷导致排水管道淤塞、排水不畅甚至排水溢流至路面、河涌的情况，采取管道修复接入下游畅通管段的措施，提高管道强度。

（1）检查井修复技术。

对检查井渗漏采用化学灌浆方法进行止水堵漏。施工前先对检查井清洗干净，找到渗漏位置，堵漏并安装灌浆嘴进行注浆，然后拆除注浆嘴，粘贴密封带，防水砂浆抹面。

（2）管道修复技术。

拉入式紫外光原位固化修复技术施工时间一般为 3～5 h，固化完成后管道可立即投入使用，因此对于缺陷点位于路口、交通干道等影响交通的位置、结构性缺陷等级大于等于 3 级的管道采用拉入式紫外光原位固化修复技术，结构性缺陷等级等于 2 级的管道采用 CIPP 翻转法内衬修复，破损纵向深度小于等于 3 m的采用局部树脂固化法修复。

（3）管道修复顺序。

先修复下游管道，后修复上游管道。

2. 排水管结构性缺陷修复流程

CIPP 翻转法修复流程如图4.15所示；紫外光固化法修复流程如图4.16所示；翻转工作平台示意图如图4.17所示；CCTV 工作准备设备如图4.18所示。

（1）前期准备工作。

①现场安全维护。使用安全护锥或施工路牌等安全防护装备对施工现场进行封闭维护，确保施工现场安全。

②管道断水。按照管道临排方案执行管道断水工作。

③管道疏通。清除管道内的淤泥、杂物等，保证管道内干净。

④管道电视检测。对疏通前后的管道进行 CCTV 拍照录像。

⑤管道排水。将修复范围内管道的积水使用水泵排至附近的通畅管网内。

⑥修复前预处理。如管道内有大的漏水或其他结构性缺陷，修复前需做预处理，即将漏水点止水，对其他结构性缺陷进行修整。

⑦搭制翻转作业平台。在施工管段上游井正上方按照翻转压力要求，使用脚手架等

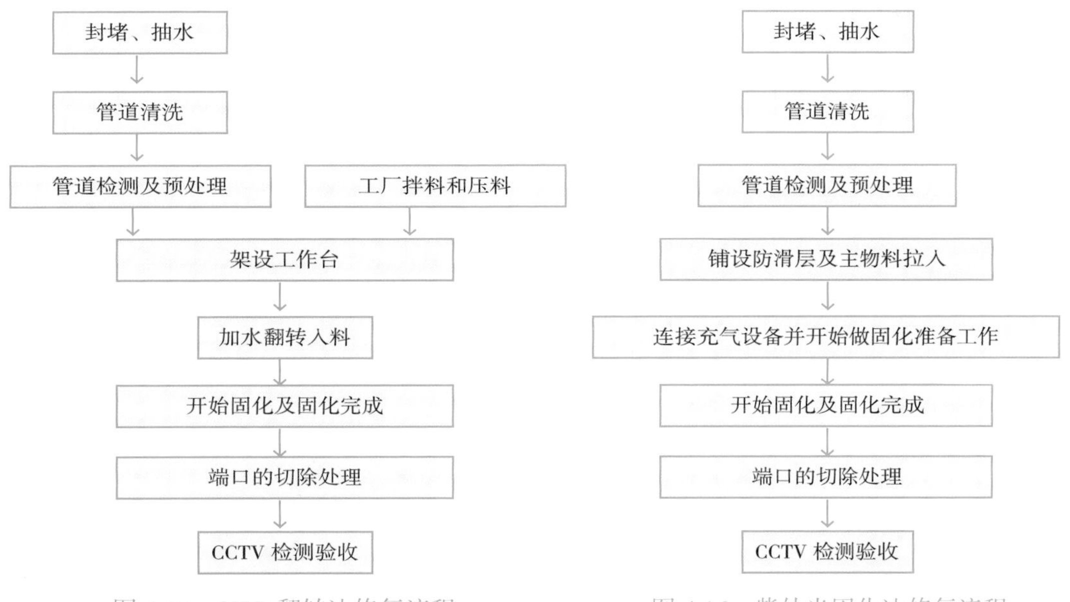

图 4.15　CIPP 翻转法修复流程

图 4.16　紫外光固化法修复流程

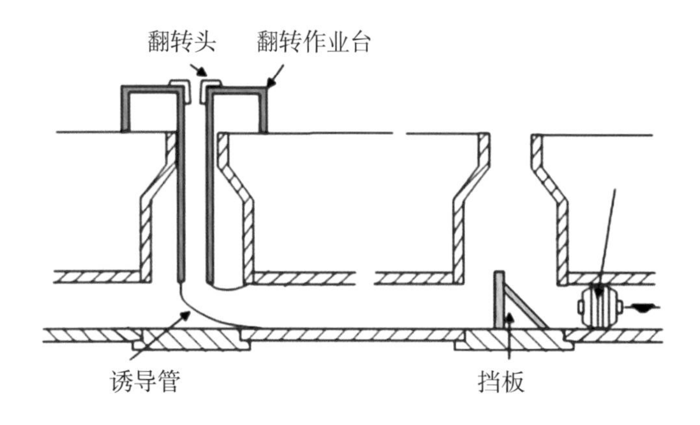

图 4.17　翻转工作平台示意图

图 4.18　CCTV 工作准备设备

搭制足够高度的翻转作业平台，平台搭制要求稳固并留有足够的作业空间，同时在管道的下游检查井内设置挡板。挡板距翻转管道管口长度为 30 ~ 40 cm。

（2）工厂压料和拌料。

按照管径及设计厚度，严格计算所需树脂和固化剂的用量，然后倒入搅拌桶内充分搅拌。搅拌完成后充入预先制作好的翻转软筒内，并通过碾压平台碾压均匀。

（3）翻转法施工。

以水翻转为例，即用水把树脂软管通过翻转送入管内。软管根据管径的不同采用不同的牵引方法：人工作业将压料后翻转软管放入翻转筒内，然后通过水压将软管压入管道内并紧贴原有管壁。在翻转软管尾部挂接热水管，使热水管跟随翻转软管进入管道内。同时在尾部设置控制绳，确保翻转匀速进行。待翻转管进入另外一端检查井内预设的挡板后，保持足够水位后停止加水，固定控制绳，完成翻转工作。施工现场如图4.19所示。

图 4.19　施工现场

（4）加热。

树脂软管翻转送入管内后，把温水泵、锅炉等连接起来，开始树脂管加热固化工作。加热示意图如图4.20所示。在温水管、温水泵、锅炉、空压机等连接后，使用循环热水对树脂管开始加热固化。加热时间为3～5 h，加热时保持始端与末端温差在15 ℃以内。加热后确保翻转管力学特性满足设计要求。

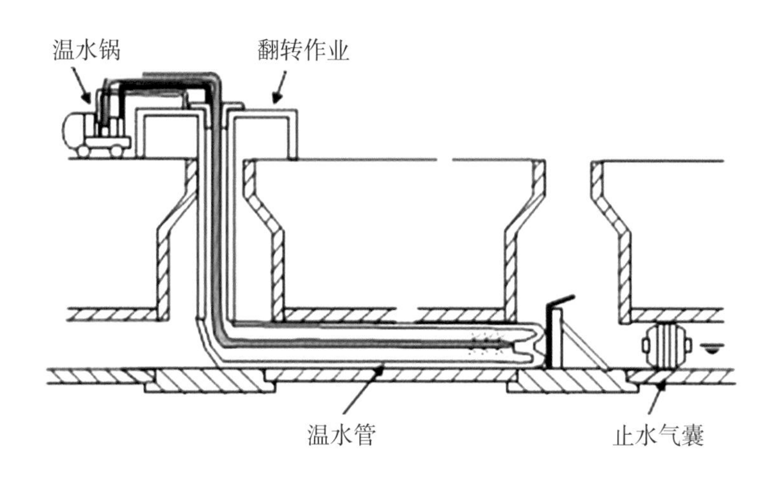

图 4.20 加热示意图

（5）扎头切除与管口处理。

扎头切除与管口处理示意图如图4.21所示。树脂内衬管加热固化完毕以后，把管的两端部用切割机切开后，在新管与原检查井和井壁接口处，敷设混凝土，使新管口与原检测井、原管口无缝接合。

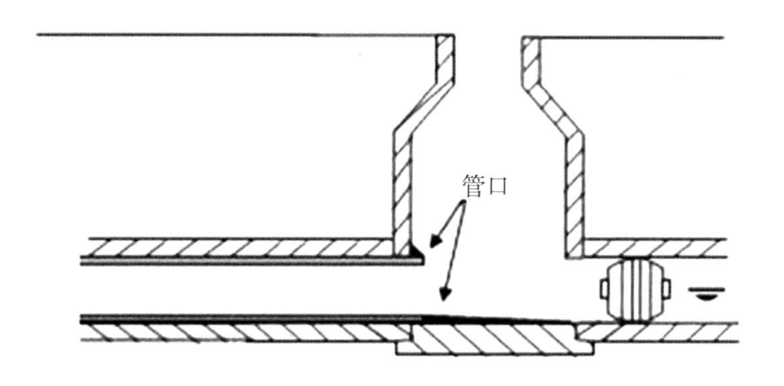

图 4.21 扎头切除与管口处理示意图

4.3.4 管网清淤

1. 管网清淤措施

排水管道往往因水量不足，污水中沉降杂质多或施工质量不良等原因发生沉淀、淤积，一旦淤积过多，将直接影响管道的通水能力，日积月累导致管道堵塞，因此定期疏通管道尤为重要。我国现阶段管道清淤手段大致可分为以下几种。

（1）推杆和转杆疏通。

推杆疏通就是用人力将竹片、钢条等工具推入管道内清除堵塞的疏通方法；转杆疏通就是采用旋转疏通杆的方式来清除管道堵塞的疏通方法，又称为软轴疏通或弹簧疏通。通沟钢条如图4.22所示；转杆疏通机如图4.23所示。

转杆疏通机按动力不同可分为手动、电动和内燃机几种，目前我国生产的只有手动和电动两种，电动疏通机在室外使用时供电比较麻烦。转杆机配有不同功能的钻头，用以疏通树根、泥沙、布条等不同堵塞物，其效果比推杆疏通更好。

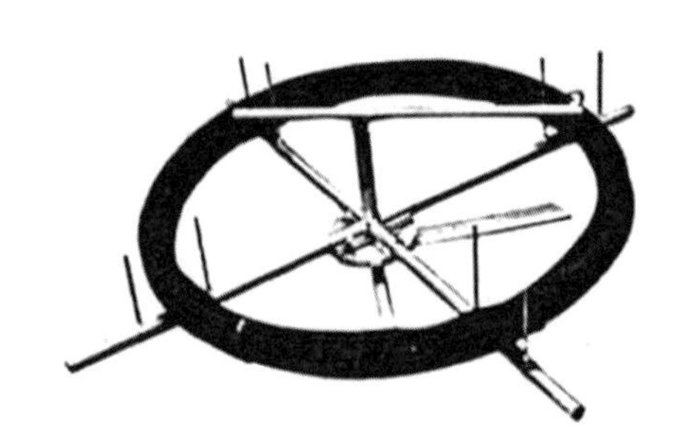

图 4.22 通沟钢条

图 4.23 转杆疏通机

（2）射水清淤。

射水清淤是指采用高压射水清通管道的疏通方法。其效率高、疏通质量好，近 20 年来在我国许多城市已逐步被采用。射水清淤在支管等小型管中效果特别好。在非满管的情况下能彻底清除管壁油垢和管道污泥。如果装上一种带旋转链条的特殊喷头，还可以清除管内固结的水泥浆。联合吸污车射水示意图如图4.24所示；可清除水泥浆的射水喷头如图4.25所示。

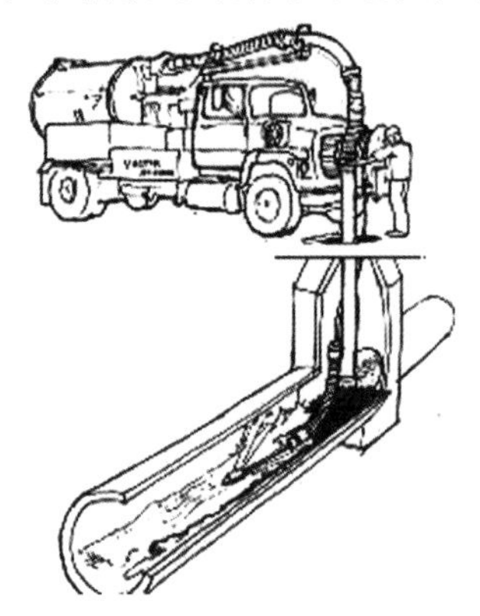

图 4.24 联合吸污车射水示意图

图 4.25 可清除水泥浆的射水喷头

（3）绞车疏通。

绞车清淤是许多城市的排水管道主要的疏通方法。其主要设备包括绞车、滑轮架和通沟牛，如图4.26所示。绞车可分为手动和机动两种。其主要原理为通过通沟牛在管道内的来回移动，将积泥清理至检查井内，然后将积泥捞出，运送至垃圾填埋场。不同的通沟牛如图4.27所示。

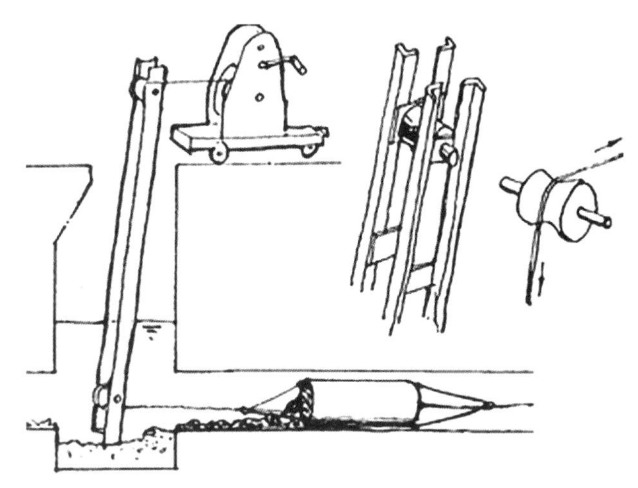

图4.26 绞车、滑轮架和通沟牛

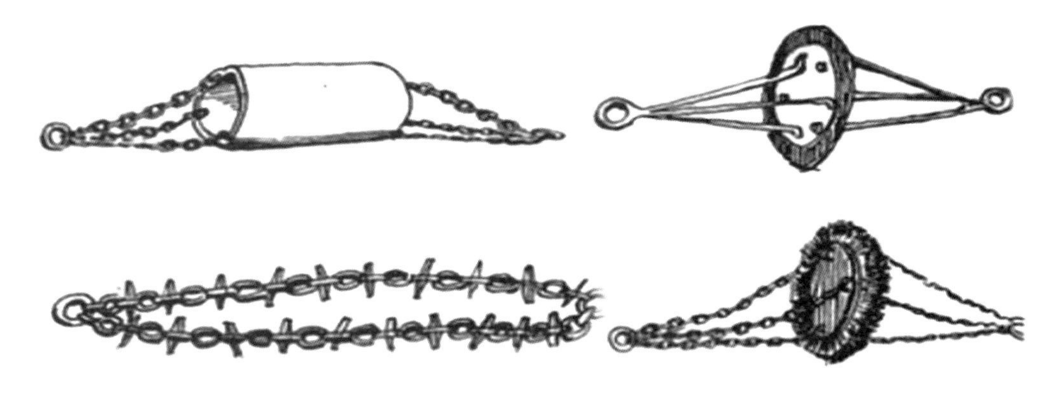

图4.27 不同的通沟牛

（4）水力清淤。

水力清淤就是采用提高管渠上下游水位差、加大流速来疏通管渠的一种方法。要求管道疏通必须达到 0.7 m/s 左右的自清流速。对于目前城市的排水管道来说，除靠近泵站的少数管道外，大部分管道内水流无法达到此流速，无法进行管道的水力清淤。因此，采取水力冲洗的方法进行水力清淤。

管道水力冲洗的施工方法：在管道上游选择合适的检查井为临时集水的冲洗井，用管塞子或橡胶气堵等堵塞下游管道口，当上游管道水位上涨到要求高程，形成足够的水头差后，快速去除管塞或气堵，释放水头差，让大量的水流利用水头压力，以较大的流速来冲洗中下游管道。

管道水力冲洗的适用条件：有充足的水量；管道具有良好的坡度；管道断面与积泥情况相互适应；管径为 ø200 ~ ø600 的管道断面，具有最佳冲洗效果。

（5）人工清淤。

人工清淤就是由作业人员直接进入管道内进行管道清理作业的方法，其主要适用于大型管道（管道直径不小于 800 mm）的疏通作业。人工疏通效果好，但存在安全隐患。

管道人力疏通的适用条件：通风良好，且上下游汇入水源无散溢性有毒气体排放。管道人力疏通的限制：人员要严格遵守井下操作规程、严禁进入管道内疏通掏挖。本方法在实际工作中应尽可能避免使用。

2. 管网清淤方法选择

对于管网清淤方法的选择需考虑各种因素，包括管径、管内的沉积深度以及沉积性质，还包括一些外部的环境因素等。

当管道内淤泥沉积物较少、管径较小时，采取水力冲洗和机械冲洗均可；采用水力冲洗，对施工场地要求低，施工成本低，但用水量大；采用机械冲洗，要求施工场地能停放施工装置，施工成本稍高，但用水量相对较少。

当管道内淤泥沉积物较多时，可以采用单独的机械冲洗、机械冲洗配合绞车疏通、竹片（玻璃钢竹片）疏通配合绞车疏通等方法。单独的机械冲洗省时省人工，但管径稍大时，清洗效果不彻底；机械冲洗配合绞车疏通，清通效果最好，省人工，但用时稍长，施工成本较高；竹片（玻璃钢竹片）疏通配合绞车清淤，清通效果较好，施工成本较低，需较多人工，且用时较长。

若管道淤塞较轻，可采取机械冲洗和竹片（玻璃钢竹片）清淤两种方法，施工成本低，见效快。

若管道淤塞较重，可采取转杆疏通的方法，但转杆疏通用时长，需较多人工，且需要管道埋深较浅。

3. 管道疏通作业流程

施工准备→现场交通协调与封道处理→管道封堵与止水→管道排水作业→管网清淤作业→污泥外运→污泥处置。

4.3.5 污水泵站改造及修复

由于前海铁石片区几个污水泵站最终流向公明污水处理厂和固戍污水处理厂，因此就公明污水处理厂干管系统图和固戍污水处理厂干管系统图进行污水泵站改造及修复方案分析。

（1）潜水排污泵、格栅除污机、闸门等主要设备的改造升级。

（2）泵池、格栅池结构修复。

（3）电气、自控设备（液位控制）的改造升级。

（4）自动化、智能化系统的升级改造。

（5）除臭系统的升级改造。

（6）泵站升级改造期间的导流设计。

（7）浪心泵站至公明污水处理厂第一段压力管的建设。

主要针对泵站存在的问题，进行升级改造，达到控制污水管网、泵站水位，防止污水溢流的作用。在管网中途泵站、水质净化厂的进水泵站、重要主次干管关键节点设置液位监测实时传输系统，节点水位信息接入河务通系统，优化厂网联合调度运行，控制运行水位不高于设计值，保障管网运行安全，避免管网、泵站高水位运行导致污水溢流。

第5章 污 染 源

5.1 污染源在城市污水处理中的作用

5.1.1 污染源解析

污染源包括居民居住小区、工业厂房生产生活污染源，老屋旧村、集贸市场、汽修街（含洗车）、食街、垃圾转运站等重点面源污染源，初期雨水面源污染，排口点源污染。

1. 建筑小区污染

（1）城市生活污染。

城市生活污染是指城市居民生活活动所产生的废水被生活废料和人们的排泄物所污染。其数量、成分和污染物浓度与居民的生活水平、生活习惯和用水量有关。生活污水的特征是水质比较稳定，有机物和氮、磷等营养物含量较高，一般不含有毒物质。由于生活污水极适于各种微生物的繁殖，因此含有大量的细菌（包括病原菌）、病毒，也常含有寄生虫卵，还含有大量的合成洗涤剂。生活污水排入水体，使水体水质恶化，水体污染严重时由于有机物的氧化分解，可导致水体中的溶解氧耗尽并腐败变黑发臭。此外，生活污水还能传播病菌、病毒和寄生虫卵，通过饮水、淘米、洗菜、游泳等途径引起水传染疾病（如伤寒、痢疾等）的发生和蔓延。

（2）工业污染。

工业污染主要来自轻工业、冶金工业、炼油工业、化学工业和原子能工业，是目前水体的主要污染源。它的特征是水量大、含污染物质多、成分复杂，有些废水还含有有毒、有害物质。各种工业废水的水质相差很大，因此处理难度大。如乳品、制革、制药、肉类加工等废水，其BOD_5值可达到1 000 mg/L以上，有的每升甚至高达数万毫克，悬浮物质量浓度也可达到每升数千毫克；有些工业废水的BOD和悬浮物质含量较低，如印染废水，但其色度却很高。工业废水成分复杂，一种废水往往含有多种成分，危害程度很大。

2. 重点面源污染

随着社会经济的发展，科学技术的进步，现代工业得到迅猛发展，人类生活水平迅速提高，但随之而来也出现了诸多的环境问题。老屋旧村、集贸市场、汽修街（含洗车）、食街、垃圾转运站等区域在降雨径流的淋浴和冲刷作用下，雨水通过排水管网排放，地表大量污染物随地表径流进入排水系统和河道，造成污染水体，严重威胁城市水环境健康发展。

3. 初期雨水污染

城市降雨初期，雨水溶解了空气中的大量酸性气体、汽车尾气、工厂废气等污染性气体，降落地面后，又由于冲刷沥青油毡屋面、沥青混凝土道路、建筑工地等，前期雨水中含有大量的有机物、病原体、重金属、油脂、悬浮固体等污染物质。初期降雨所携带的污染物几乎都集中在初期几毫米雨水中，其污染负荷远高于中后期雨水。随着城市化进程的不断加快，地面污染和空气污染随之加剧，雨水径流污染自然也愈加严重，尤其是污染物浓度最高的初期雨水径流，其污染程度通常相当于甚至超过了普通的城市生活污水的污染程度。如果受污染的雨水径流直接排入自然受纳水体，将携带污染物质进入地表水和地下水，从而形成面源污染加重城市水体污染。初期雨水径流污染与点源污染相比具有随机性、广泛性、复杂性和时空性等特点，且污染程度的大小与发生径流区域的用地性质密切相关。

4. 排口污染

排口，是指所有分布于河流、湖泊、渠、支汊、暗涵、小微水体、管道两侧及内部的口，根据水流性质的不同，可分为污水排口、雨水排口、雨污混流排口。源头管网混接、污水直排、雨水径流直排等，导致污染源直接经排口进入受纳水体，大大加剧了对河道的污染，旱天时污水直接通过雨水管网和排口排入受纳水体，或降雨时污水管道沉积物被雨水冲刷进入水体，造成瞬时污染。

5.1.2　源头治理的重要作用

源头治理是指污染进入城市水环境之前进行的控制，是城市污水治理的第一环节。因此，源头治理是从根本上解决城市水体污染的关键措施，在城市污水处理中具有至关重要的作用。

（1）对改善人居环境、提升群众幸福感具有重大意义。

源头治理涉及城市居民生产生活污染的治理，与城市居民生活生产密切相关，通过细化到旧小区、住宅楼等微小单元，避免周围充满污水，形成满眼是“净”、处处是“景”，有效改善城市居民生活生产水环境，对增加城市宜居性、提升群众幸福感具有重要意义。

（2）对保障城市污水治理长效性具有重要意义。

从源头开始梳理排水系统，将源头产生的污水实施雨污分流、污水截留等措施，避免雨污混接、错接乱接，控制污染进入城市水体，污染水环境；同时，通过重点区域污染控制，削减城市水体污染负荷，从源头上控制削减污染负荷，避免水污染存在“假治理”现象，出现“重复治理、重复黑臭”等问题，对保障城市水环境实现长效治理具有重要作用。

（3）对保障城市管网系统及末端污水处理设施建设和利用具有重要作用。

从排口开始，科学、高质量地溯源控污、建管纳污，保障把真正的污水收集起来，直接影响污水管网以及末端建设决策和工程投入。因此，源头治理对保障城市管网系统及污水处理合理有效建设和利用具有重要作用。

5.2　存在的问题

5.2.1　建筑小区排水不畅，雨污水错接、乱接问题

高度建成区大部分区域已经开展了排水系统改造建设，但是存在遗漏区域及未完善

区域内，街区内次级道路和巷道下雨污水混流情况严重，甚至还有未敷设排水管道的现象，排水管道存在废弃、排水不畅等问题。针对上述问题，需要细化治理单位，以社区、住宅小区或相对独立的排水片区为单位，对小区内雨污水系统进行彻底改造，从源头实现雨污分流，真正做到污水在哪里生产就在哪里收集。

5.2.2 初期雨水及重点面源污染严重

城市面源污染主要是由降雨径流的淋浴和冲刷作用产生的，深圳市宝安区降雨形成的重点面源污染源为老屋旧村、集贸市场、汽修街（含洗车）、食街、垃圾转运站等。雨水通过排水管网排放，径流污染初期作用十分明显。特别是在暴雨初期，由于降雨径流将地表的、沉积在下水管网的污染物，在短时间内，突发性冲刷汇入受纳水体，而引起水体污染，且重点面源污染具有突发性、高流量和重污染等特点。但是截至目前，很多区域内对面源污染治理不足，尚未开展针对面源污染的整治工作，降水期间，城中村、垃圾中转站、食街等面源污染区域地表大量污染物随地表径流进入排水系统和河道，造成水体污染，严重威胁城市水环境健康发展。

5.2.3 排口溯源不彻底、排口污染成因不清晰问题

沿河排水口有污水口、雨水口、混流口3种排水口，以雨水排口为主，排污口大小不一，由于上游有污水管网错接入雨水管网的原因，导致部分雨水口有污水排入河道，大大加剧了对河道的污染。因此，排口溯源是城市污水治理的关键，有必要摸查清楚排口的位置、形式、类型、水质、水量、周边管网等情况。但是由于城市高度建成区空间有限、管网分布密集、溯源工作风险高，在此背景下，目前的溯源工作或是溯源不彻底，没有真正找到“病根”；或是部分地区虽积极开展溯源工作，但是主要靠人工溯源，工作风险高、劳动力成本高、效率有待提升。

以下为深圳市宝安区前海铁石片区源头污染问题，在5.3节将以此为例，根据以上问题和下列情况提出对应的方案和措施。

（1）正本清源实施不彻底。

总体上深圳市宝安区前海铁石片区内雨污分流工程建设较为完善，主要市政道路下基本已实现雨、污分流。经过前海湾片区正本清源工程、铁石水源片区正本清源工程、前海铁石片区水环境整治工程等项目实施，大部分区域已完成正本清源改造，但前海铁石片区内仍存在少量遗漏区域及正本清源实施未完善区域。具体如下：

①雨污分流较为彻底，但污水管道却最终排入市政雨水管道。

②只有合流管道，化粪池排出管直接接入市政雨水系统。

③已有雨水、污水两套系统，化粪池等错排入雨水管。

④小区排水立管为合流管，收集屋顶、阳台雨水和厨卫污水。

（2）尚未开展重点面源污染整治工作。

根据对前海铁石片区内2018年水环境综合整治项目及其他由环水局、街道办等单位实施的相关水环境治理工程施工图及竣工图的梳理结果，结合现场摸排结果可知，截至目前，前海铁石片区内尚未开展针对面源污染的整治工作，降水期间，城中村、垃圾中转站、食街等面源污染区域地表大量污染物随地表径流进入排水系统和河道，严重污染水体，为全面达成宝安区黑臭水体治理目标，急需开展片区内重点污染源的整治工作。

（3）初期雨水面源污染考虑不足。

大多区域忽略了初期雨水污染的治理，将其直排，污染水体，造成城市水环境污染。部分地区已经开始关注初期雨水面源污染，但是对污染规律认识不足，盲目建设大规模末端调蓄池，大大增加了工程建设成本，但是调蓄池利用率不足，造成资源浪费；或有部分区域，设置了控制初期雨水面源污染的调蓄池，但是调蓄池利用与下游污水处理设施不匹配，影响下游污水处理设施正常运行，或造成溢流污染。

（4）沿线排水口分布不明确，且与规划不符。

①分流制污水排水口设置杂乱。此类排水口多为城市建设过程中地上建筑等随意设置排水口所致，如化粪池出户管、周边排水小区混流立管、用户私设直排口等。

②区域内错接乱排情况严重。深圳市排水系统管网建设思路的变化导致较多历史遗留问题，包括管理、设计、施工不到位造成的错接混接等，如排水小区内阳台洗衣机、厨房废水接入雨水管，工业厂区内污水接入雨水管偷排等。

③各类雨水排水口已成为面源污染入河的主要通道。城市人口规模激增，餐饮、商铺、洗车等产生的面源污染通过雨水口直接进入雨水系统，导致流域内面源污染严重。

④合流制截流溢流排水口雨季溢流污染严重。雨水和污水管道中淤积、雨季地表径流过程中面源污染等均会造成污染物在雨天通过该类排水口溢流进入地表水体，造成雨季溢流污染。

因此，亟须对河道的排水口进行统一梳理分析，复核其雨水排放价值，恢复渠涵、支流的雨水排放功能，改善河道水生态环境。

5.3 方案及措施

5.3.1 正本清源

正本清源可彻底实施雨污分流、纠正污水的错排乱接，是整个污水截排及治理的基础与关键。

1. 改造方案

根据小区的特性，正本清源小区主要包括居住小区、老屋旧村建筑小区、河道源头暗涵段小区，不同小区正本清源建设方案如下。

（1）居住小区。

居住小区类型划分及其特征见表5.1。

表5.1 居住小区类型划分及其特征

类型	小区特征	主要鉴别条件
A类	只有一套合流排水系统，有条件新建雨水立管且有条件新建一套小区排水管道的建筑与小区	①小区建筑不高于14层，且建筑外墙有足够的空间可以安装排水立管 ②路面宽度不小于2 m，地下空间足够，周边建筑安全情况允许施工
B类	只有一套合流排水系统，无条件新建雨水立管且有条件新建一套小区排水管道的建筑小区	①小区建筑高于14层，建筑外墙无空间安装排水立管；居民主观不同意立管改造 ②路面宽度不小于2 m，地下空间足够，周边建筑安全情况允许施工
C类	有雨污两套排水系统，有条件新建雨水立管的建筑与小区	小区建筑不高于14层，且建筑外墙有足够的空间可以安装排水立管
D类	有雨污两套排水系统，无条件新建雨水立管的建筑与小区	小区建筑高于14层，且建筑外墙无空间安装排水立管，居民主观不同意立管改造
E类	只有一套合流排水系统，内部无法新建一套排水管道的建筑与小区	路面宽度小于2 m；地下管线密集，无埋管空间；周边建筑安全情况不允许施工；居民主观不同意施工

针对建筑小区现状，拟定不同小区正本清源改造方案：

①A类小区。将原有建筑合流系统改为污水系统，直接入市政污水，新建建筑雨水立管及小区内部雨水系统，接入市政雨水系统，A类排水小区清源改造示意图如图5.1所示；A类排水建筑清源改造示意图如图5.2所示。

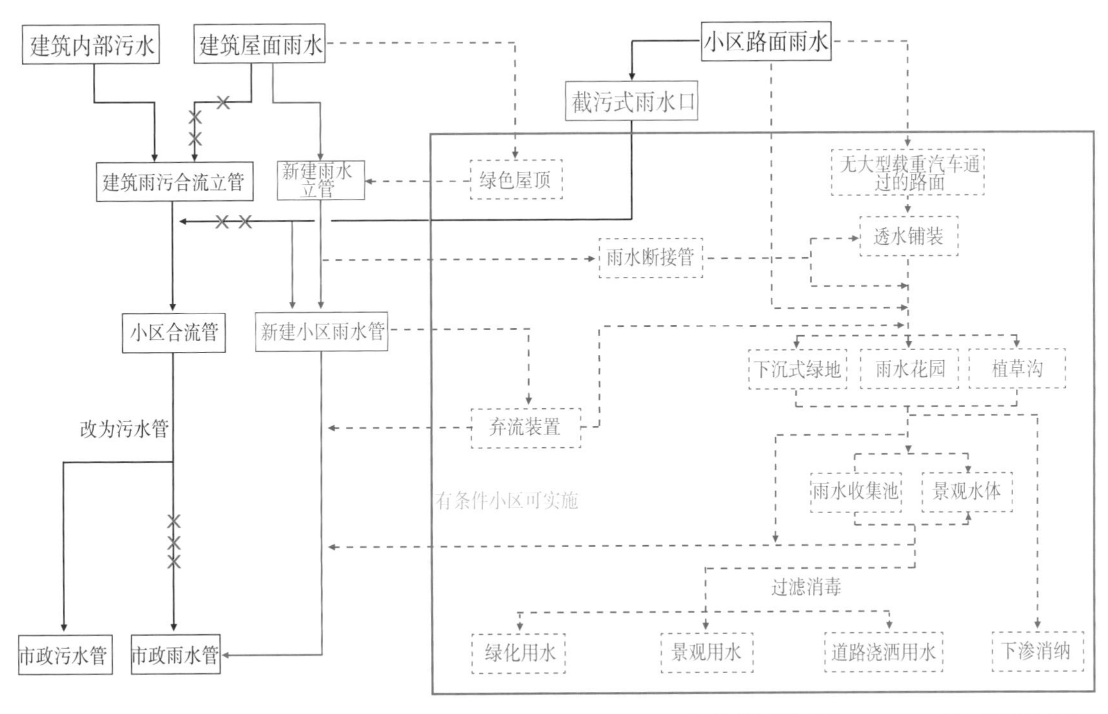

图5.1 A类排水小区清源改造示意图

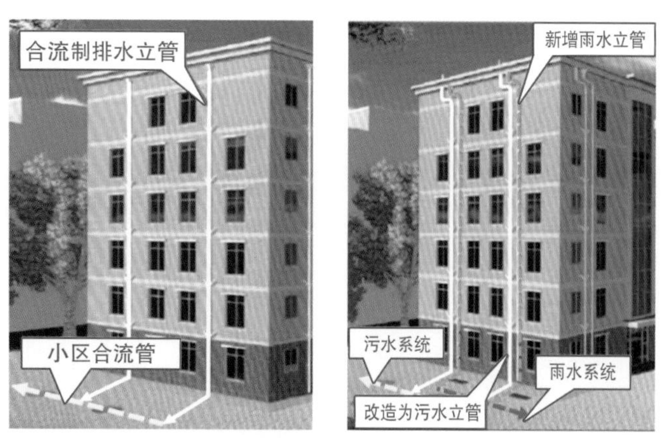

图 5.2　A 类排水建筑清源改造示意图

②B类小区。针对该类小区，小区内新建雨水系统接入市政雨水系统，原有建筑合流立管末端设溢流设施接入新建小区雨水系统内；原有小区合流系统作为污水系统。B类排水小区清源改造示意图如图5.3所示；B类排水建筑清源改造示意图如图5.4所示。

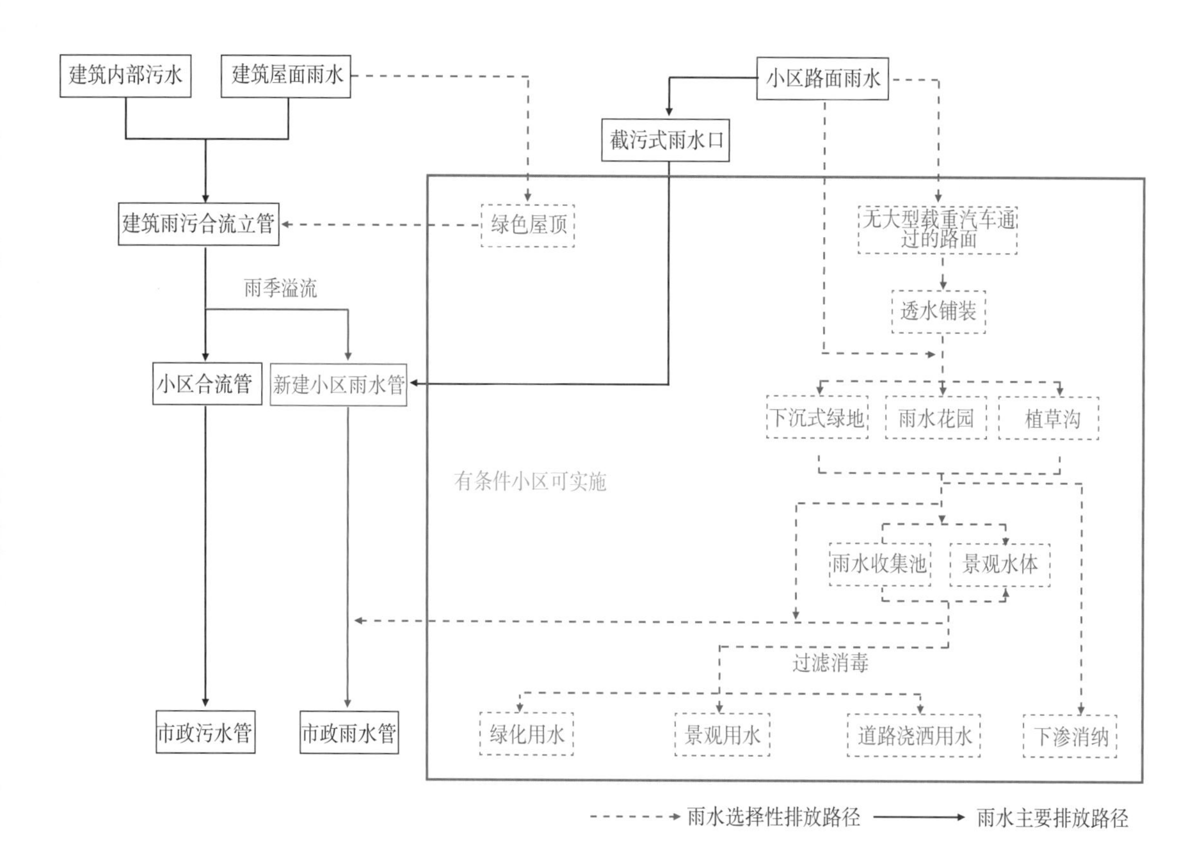

图 5.3　B 类排水小区清源改造示意图

图 5.4 B 类排水建筑清源改造示意图

③C类小区。针对该类小区，将原有合流立管接入小区现有污水系统，新建建筑雨水立管接入小区现有雨水系统。 C类排水小区清源改造示意图如图5.5所示；C类排水建筑清源改造示意图如图5.6所示。

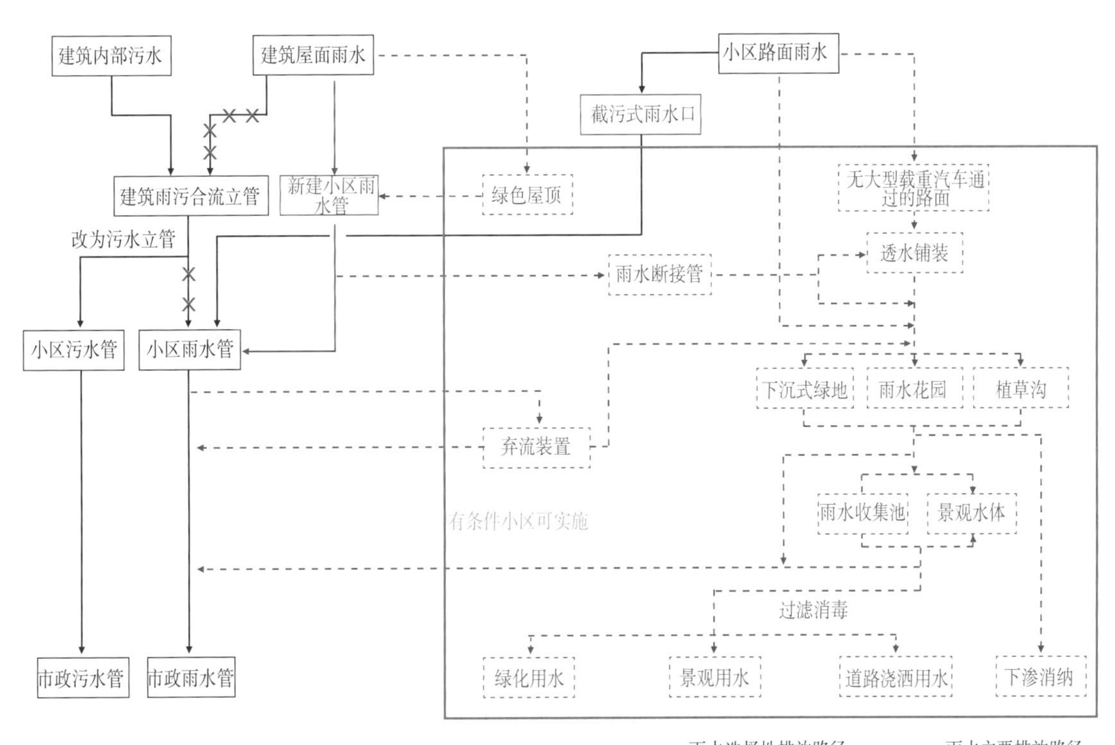

图 5.5 C 类排水小区清源改造示意图

图 5.6　C 类排水建筑清源改造示意图

④D类小区。针对该类小区，原有建筑合流立管接入小区现有污水系统，立管末端设溢流设施接入小区现有雨水系统。D类排水小区清源改造示意图如图5.7所示；D类排水建筑清源改造示意图如图5.8所示。

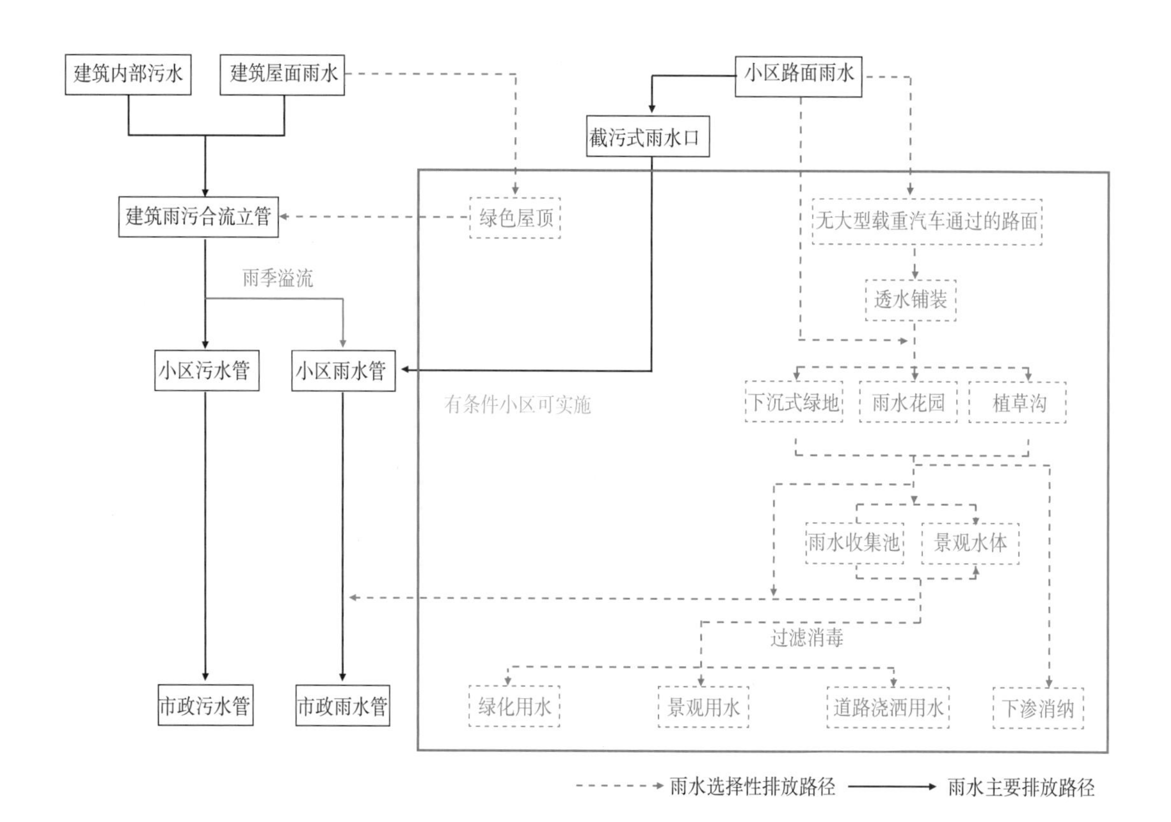

图 5.7　D 类排水小区清源改造示意图

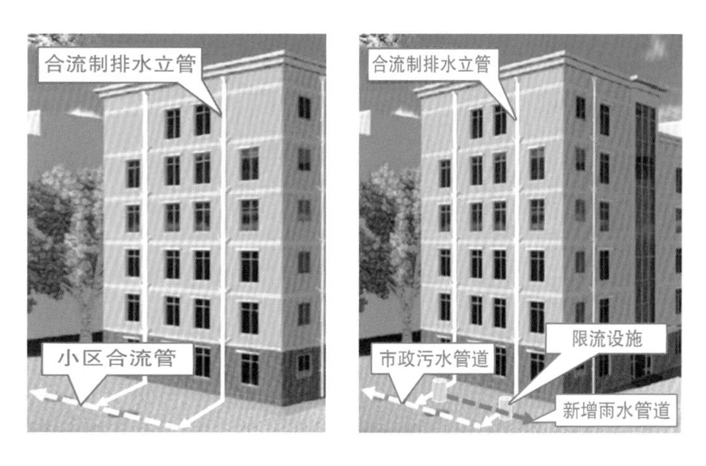

图 5.8 D 类排水建筑清源改造示意图

⑤E类小区。针对该类小区，在小区出户管接入市政管道前设置限流设施进行截污。E类排水小区清源改造示意图如图5.9所示；E类排水建筑清源改造示意图如图5.10所示。

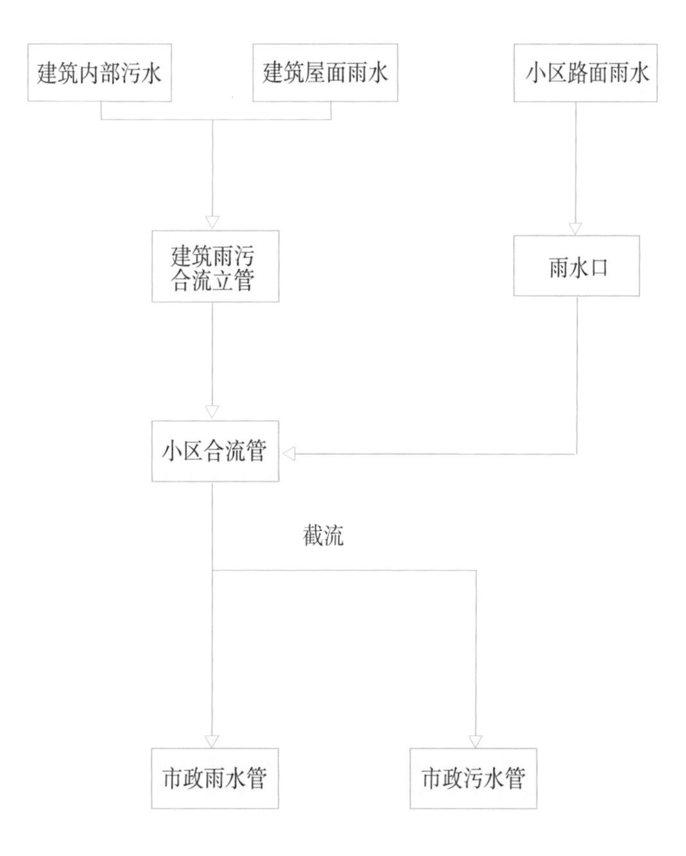

图 5.9 E 类排水小区清源改造示意图

图 5.10　E 类排水建筑清源改造示意图

（2）老屋旧村。

住宅区含老屋旧村全部按照雨污分流考虑，原则上保留原有排水系统为污水系统，新建雨水排放管渠，以盖板沟建设为主。其中巷道较为狭窄的老屋旧村保证污水百分之百收集，有条件巷道设置雨水边沟（盖板沟），无条件的则雨水散排至周边雨水口或雨水边沟中。污水治理实例如图5.11所示。

图 5.11　污水治理实例

2. 正本清源建设

（1）建筑排水立管改造。

建筑排水立管有两种形式，一是分流制，即屋面雨水通过独立的立管排出；二是合流制，即屋面雨水和室内厨房、卫生间的污水共用同一立管排出。建筑立管改造示意图如图5.12所示。建筑立管合流制，造成在雨季时大量的建筑屋面雨水进入了污水系统，且旧村区域建筑物密集，建筑在地面的投影面积已远大于路面绿化等面积，因此雨季时排入污水系统的屋面雨水量较大。

改造建设过程中，可对合流排水立管进行改造，在天面层雨水斗下方，设排水管接驳雨水斗下引管，引出外墙后，接入建筑外墙新设的雨水立管，下引到室外地面；原排水立管，在天面层下方排水立管截断处上方，引出建筑外墙伸出天面层作为通气管；原合流排水立管作污水排水管接入污水系统，新设的雨水排水立管，部分设埋地排水管就近引入雨水系统，部分直排地面通过散排进入附近的雨水口或雨水沟。

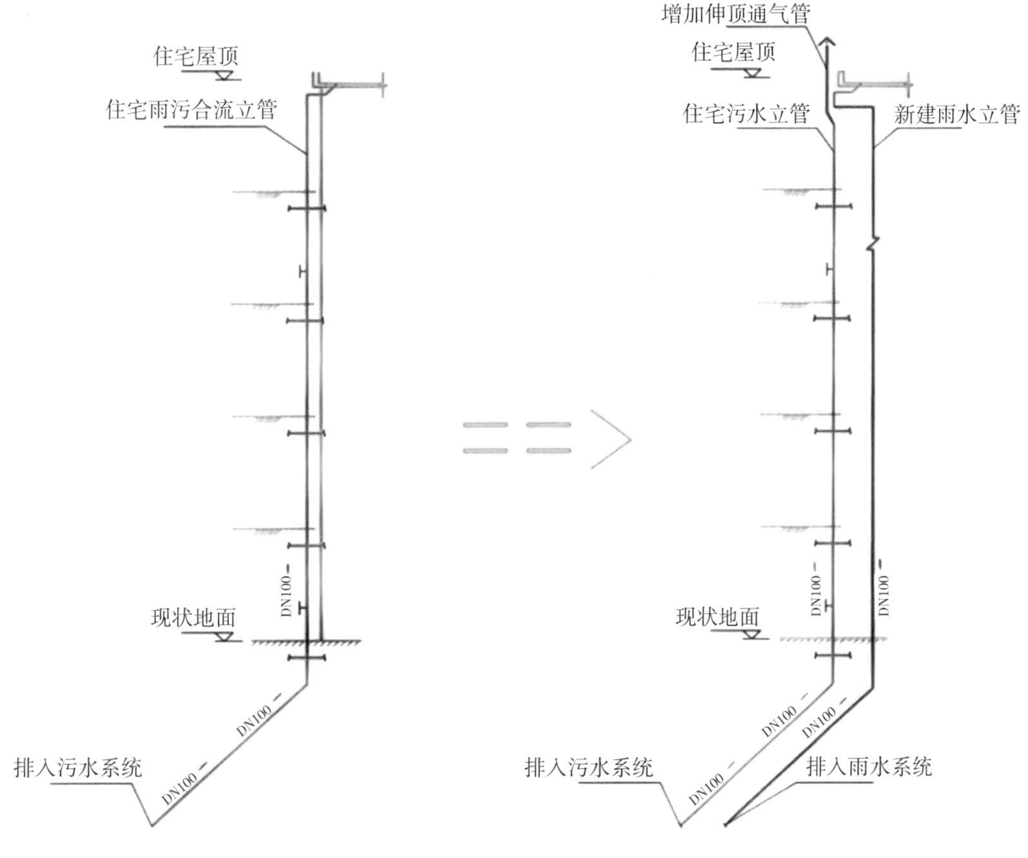

图 5.12 建筑立管改造示意图

立管改造所在建筑多为城中村及工业厂房，建筑高度为2~14层，其中大部分建筑物层数为8层及以下，作业高度相对较低。所在区域内城中村、老屋居多，房屋屋面结构复杂多变，相邻楼间距较狭窄，楼立面居民自行改造凸显结构物较多（阳台防盗网、外挑板）等诸多复杂环境。应根据现场情况，选用适宜的施工方法，如：可采用标准单人吊篮、双排扣件式钢管脚手架及移动升降机等施工机械。10层及以上层数和建筑物高度超过24.00 m的高层建筑物，雨水立管从上至下每隔15.00 m设置一个消能装置，通气管应高出屋面2.00 m，新增的立管每隔一定距离应设管卡，间距不超过2.00 m，立管每隔4.00 m设置一个伸缩节。

（2）附属构筑物建设。

①环保雨水口。有条件的情况下，将所有雨水口替换为环保雨水口。环保雨水口由树脂混凝土外箱、截污挂篮、过滤料包、过滤内筒（含防蚊虫盖板）等组成。环保雨水口应满足隔污、排水、防堵、防虫等功效，同时可高效安装、维护简单。如图5.13所示。

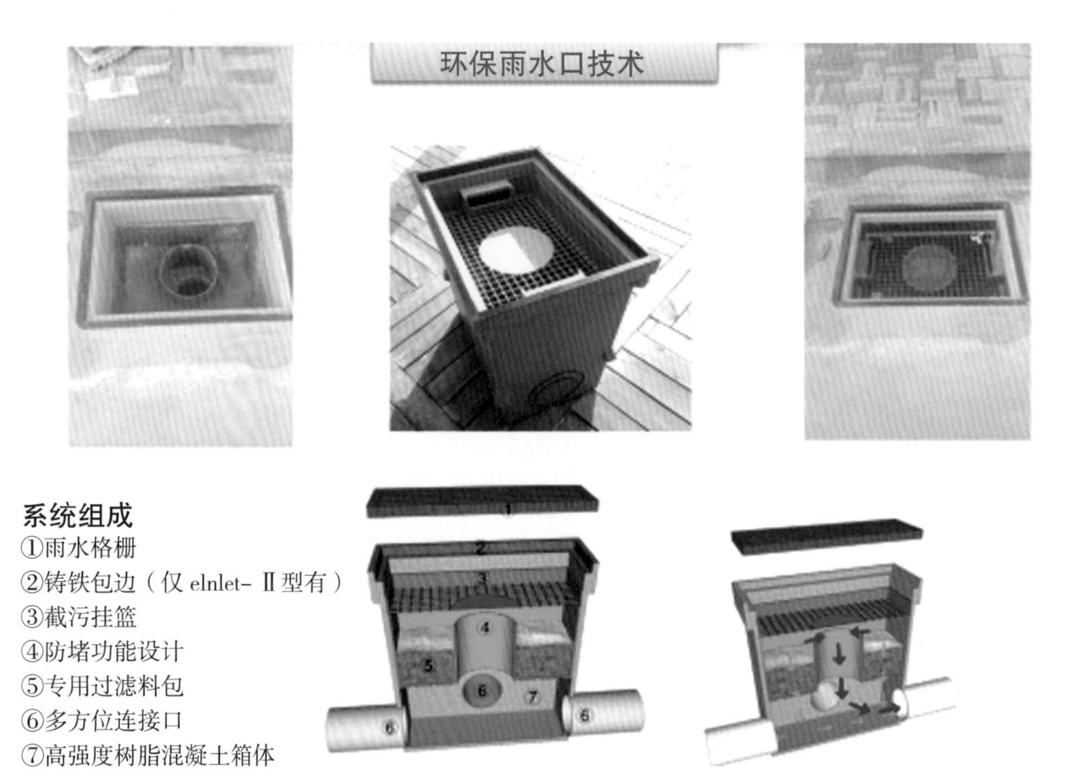

图 5.13　环保雨水口示意图

②化粪池。宜设置在接户管的下游端，便于机动车清掏的位置；化粪池外壁距建筑物外墙不宜小于5 m，并不得影响建筑物基础。当受条件限制化粪池设置于建筑物内时，应采取通气、防臭和防爆措施。化粪池构造也要严格满足要求：化粪池的长度与深度、宽度的比例应按污水中悬浮物的沉降条件和积存数量，经水力计算确定；双格化粪池第一格的容量宜为计算总容量的75%，三格化粪池第一格的容量宜为总容量的60%，第二格和第三格各宜为总容量的20%；化粪池格与格、池与连接井之间应设通气孔洞；化粪池进水口、出水口应设置连接井与进水管、出水管相接；化粪池进水管口应设导流装置，出水口处及格与格之间应设拦截污泥浮渣的设施；化粪池池壁和池底，应防止渗漏；化粪池顶板上应设有人孔和盖板。如图5.14所示。

图 5.14　化粪池

③隔油池。隔油池示意图如图5.15所示。隔油池污水流量应按设计秒流量计算；含食用油污水在池内的流速不得大于0.005 m/s；含食用油污水在池内停留时间宜为2~10 min；人工除油的隔油池内存油部分的容积，不得小于该池有效容积的25%；隔油池应设活动盖板；进水管应考虑有清通的可能；隔油池出水管管底至池底的深度，不得小于0.6 m。

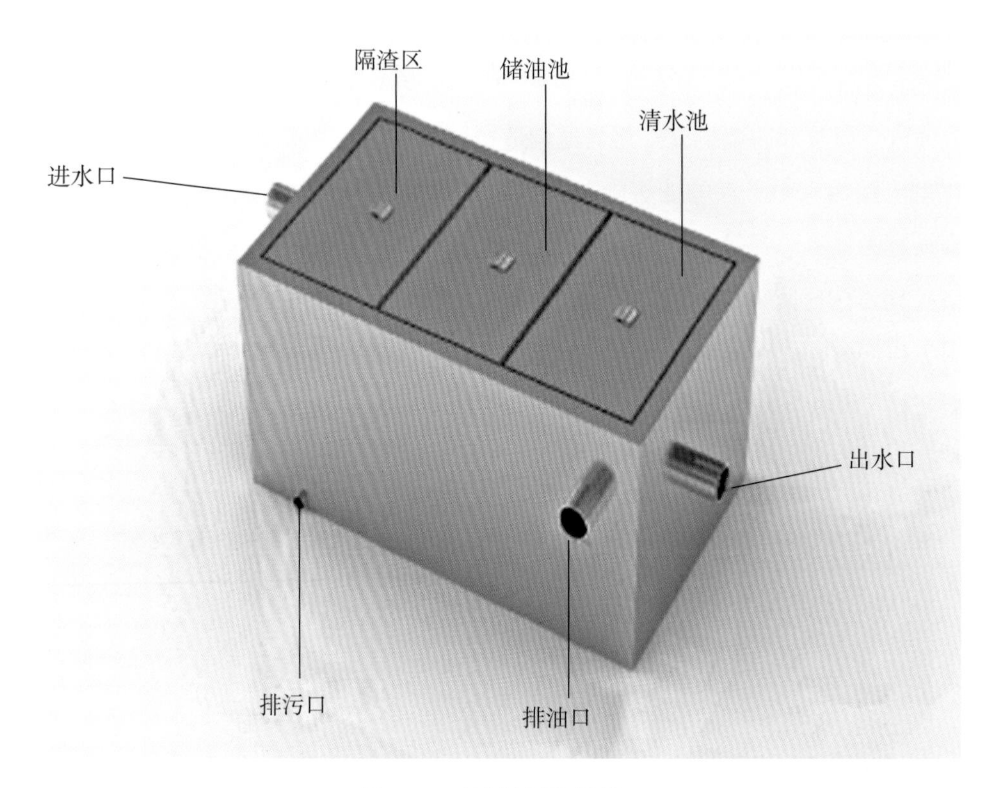

图 5.15　隔油池示意图

④检查井。为便于排水管道维护及清通，管道应设置检查井。检查井通常设在管道交汇、转弯、变径或坡度改变、跌水等处，另外直线管段上相隔一定距离也需设置检查井。检查井形式采用圆形钢筋混凝土井，雨、污水管的检查井井盖应有标识；检查井采用成品井时，污水和合流污水检查井应进行闭水试验。检查井在直线管段上的最大间距见表5.2。

表5.2　检查井最大间距一览表

管径 /mm		200~400	500~700	800~1 000	1 100~1 500	1 600~2 000
最大间距 /m	污水	40	60	80	100	120
	雨水（合流）	50	70	90	120	120

检查井宜采用具有防盗功能的井盖。位于路面上的井盖，宜与路面持平且具有足够承载力和稳定性；位于绿化带内的井盖，不应低于地面。检查井内应安装成品防坠落装置，所有检查井均应安装成品防坠网，防坠网安装高度位于盖座以下200~300 mm，防坠

网安装应牢固可靠，防坠网使用涤纶高强丝材质。

⑤跌水井。当上下管段连接出现较大跌差（大于2.0 m）时，采用跌水井连接上下游管段，主要避免水流跌落时冲刷井壁。

5.3.2 重点面源污染源治理

重点面源污染是引起水体污染的主要污染源，具有突发性、高流量和重污染等特点。深圳市宝安区降雨形成的重点面源污染源为老屋旧村、集贸市场、汽修街（含洗车）、食街、垃圾转运站等。以宝安片区为例，对重点面源污染源区域中垃圾转运站（房）、汽修/洗车厂、餐饮食街、农贸市场四类重点面源污染源提出整治思路。

1. 垃圾站类污染源整治

垃圾站类污染源按有无压缩处理设施分为垃圾中转站、垃圾站两类。垃圾中转站类污染源一般设置有垃圾压缩处理设施，占地面积较大，以二层建筑物或天棚式场地分布在城市之中。垃圾站类污染源收集点占地范围小，仅有垃圾收集功能，以垃圾房或垃圾池形式广泛分布于城市之中。

垃圾站收集、转运垃圾时在地面残留大量垃圾及附着物，降雨时会直接进入雨水系统；垃圾车冲洗废水也会经雨水箅进入雨水系统，对河道水质造成冲击。可设置钢格栅盖板沟用以收集人工冲洗场地、车辆产生的冲洗废水（汇水范围内）。采用钢格栅盖板可承载车辆质量，方便车辆通行。

钢格栅盖板沟收集的冲洗废水裹挟较多的污泥等杂质，可通过设置带沉泥槽的沉泥井，将污水中的泥土等杂质聚集起来并沉淀，以减少进入管道中的泥质等。同时，需对汇水范围内地面进行散水改造。垃圾站外设置2%的坡度坡向排水沟，收集废水，排水沟外侧设置1.5%的坡度，坡向排水沟外侧，尽可能避免雨季雨水进入盖板沟，增加污水厂的处理负荷。垃圾站类污染源整治做法示意图如图5.16所示。

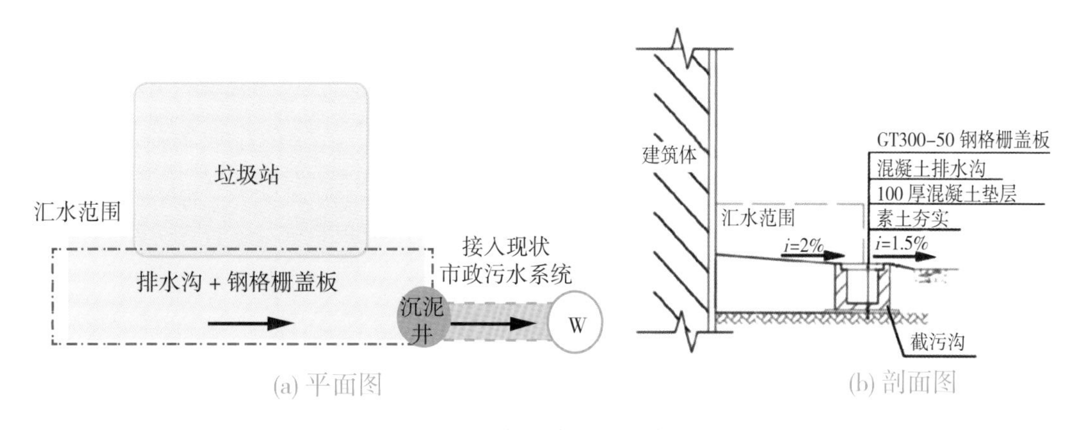

(a) 平面图　　(b) 剖面图

图 5.16　垃圾站类污染源整治做法示意图

2. 餐饮一条街类污染整治

餐饮一条街类污染源可分为室内餐饮和露天餐饮。

（1）室内餐饮类。

室内餐饮类污染整治可按污染源是否存在露天洗涤现象来设计方案。

无露天洗涤现象的室内餐饮店，可用DN160的UPVC污水管直接收集厨房出户管污水，通过新建DN200或DN300污水管接入隔油池，经隔油池处理后排入市政污水系统。根据宝安区水务局专项整治工作的要求，餐饮店经营户应按照《宝安区涉水污染物预处理设施设置技术路线与技术指南》的要求设置油水分离器，并参照国家建筑标准设计图集《餐饮废水隔油设备选用与安装》（图集号16S708）进行设计及安装。店内废水等须经过隔油器后方可排放至市政污水管网系统，并按图集要求做好定时排油、清渣及清洗工作，确保油水分离器的使用效果。油水分离器安装示意图如图5.17所示。

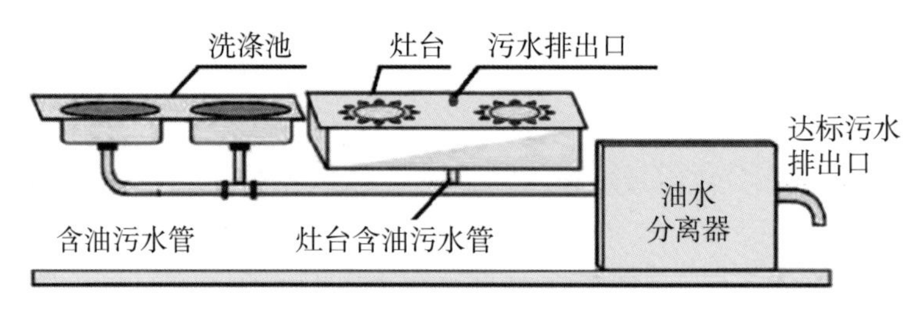

图 5.17　油水分离器安装示意图

针对较多餐饮店分布的一条街等区域，可以根据用餐人数、餐位有效面积等参数在数家经营户的市政管网系统末端设置较大型的餐饮隔油池，并参照国家建筑标准设计图集《小型排水构筑物》（图集号04S519）进行设计施工，确保餐饮废水等全部进入污水系统。同时在隔油池旁设置餐厨油污倾倒池，倾倒池污水进入隔油池处理后排入市政污水管网。隔油池、油水分离器、餐厨油污倾倒池等需做好定时排油、清渣及清洗工作，确保使用效果。室内餐饮类污染源整治方案示意图如图5.18所示。

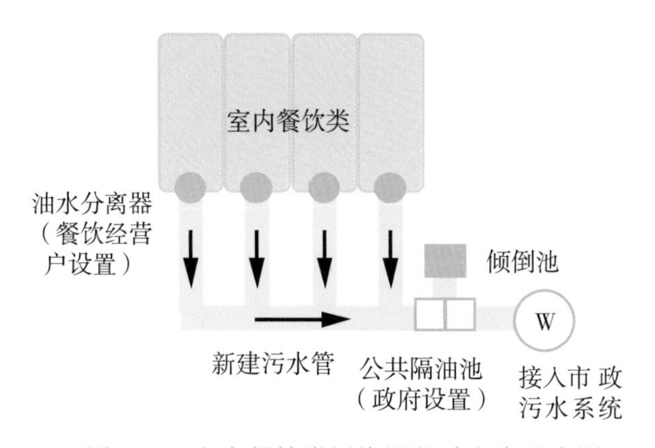

图 5.18　室内餐饮类污染源整治方案示意图

存在露天洗涤现象的室内餐饮店，在餐饮店门口设置环保污水口或钢格栅盖板沟（盖板沟须与餐饮室内地面标高齐平，高于室外地面标高10～20 cm，避免室外雨水进入）用于收集店铺冲洗水，经隔油池处理后排入市政污水系统。同时可在隔油池旁设置餐厨油污倾倒池，倾倒池污水进入隔油池处理后排入市政污水管网。室内餐饮（露天洗涤）类污染源整治方案示意图如图5.19所示。

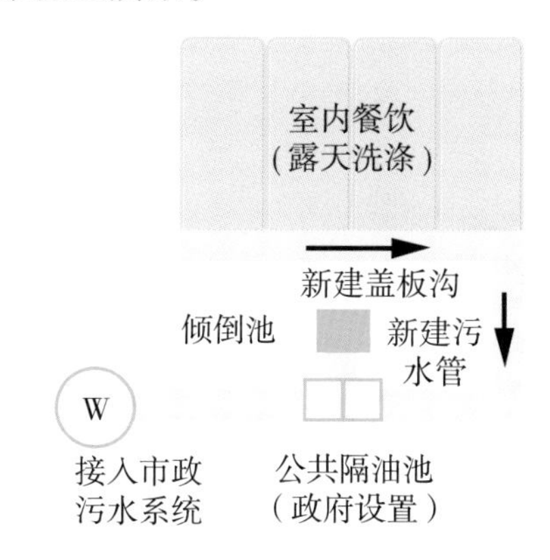

图 5.19 室内餐饮（露天洗涤）类污染源整治方案示意图

（2）露天餐饮类。

此类餐饮店有较多室外摊位，多为烧烤铺、大排档等，除收集厨房出户管、露天洗涤污水外，还需重点解决露天餐饮面源污染的问题。

针对此类餐饮店，可设置环保雨水口收集室外摊位区域内的冲洗废水，并排入弃流井，弃流的初期雨水进入市政污水系统，中后期雨水可溢流进入市政雨水系统。小型露天餐饮类污染源整治方案示意图如图5.20所示。

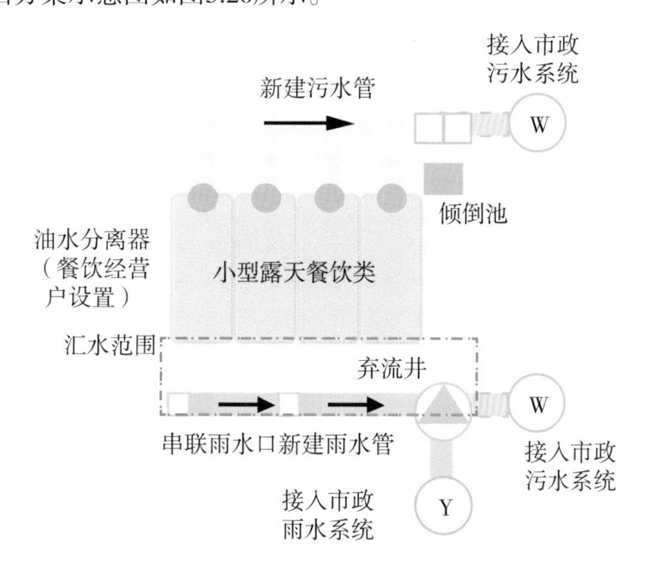

图 5.20 小型露天餐饮类污染源整治方案示意图

针对汇水范围较大且现场有条件新建调蓄池的大型露天餐饮一条街类，可设置环保雨水口收集室外摊位区域内冲洗废水，并接入弃流井，雨水溢流进入市政雨水系统，弃流的初雨进入调蓄池。污水量较大时将暂时储存在调蓄池中，在污水厂污水处理高峰期后分时段排入市政污水系统。大型露天餐饮类污染源整治方案示意图如图5.21所示。

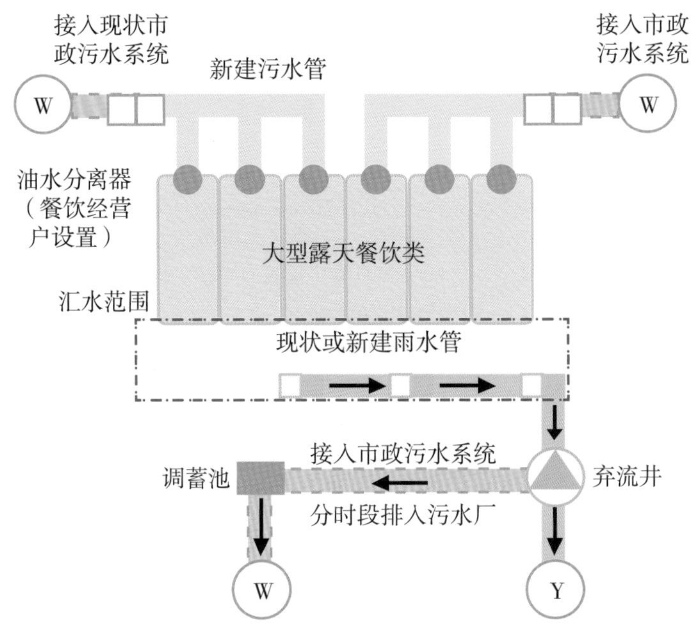

图 5.21　大型露天餐饮类污染源整治方案示意图

3. 洗车店类污染源整治

为落实《深圳市排水条例》相关要求，2019年宝安区水务局针对茅洲河流域（宝安片区）洗车及餐饮行业开展专项整治工作，规范排水单位的排水行为，要求洗车店经营户按照《宝安区涉水污染物预处理设施设置技术路线与技术指南》中的相关规定设置洗车隔油沉淀池。

含喷漆作业的洗车店，洗车场内需设置盖板沟收集清洗废水，经隔油沉淀池预处理后接入市政污水管网。隔油沉淀池做法可参照国标图集《给水排水构筑物设计选用图（水池、水塔、化粪池、小型排水构筑物）》（07S906）。

不含喷漆作业的洗车店，应按照环保部门要求，排放水质达标后方可排入市政污水管网。排放水质满足《汽车维修业水污染物排放标准》（GB 26877—2011），并按图集要求做好定时排油、清渣及清洗工作，确保隔油沉淀池的使用效果。

针对分布较多洗车店的汽配城等区域，可根据洗车车位、冲洗水量等参数，在数家经营户的市政管网系统末端设置较大型的隔油沉淀池［做法参照国标图集《小型排水构筑物》（图集号04S519）］，确保洗车油污、泥沙等全部进入污水系统。洗车店类污染源整治方案示意图如图5.22所示。

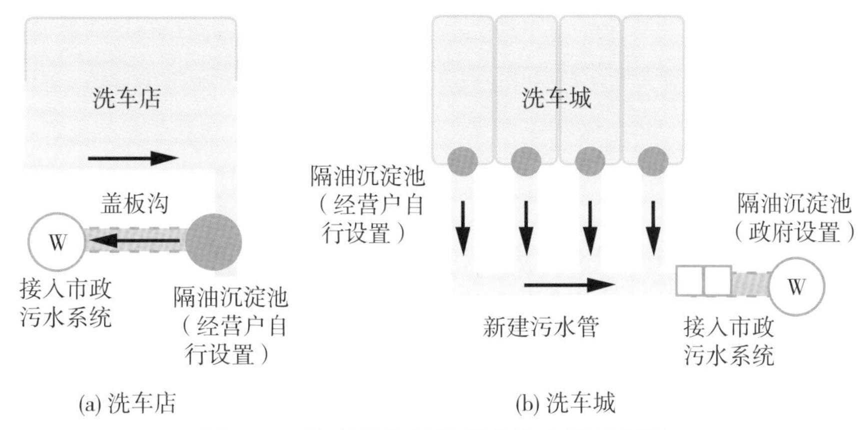

(a) 洗车店　　(b) 洗车城

图 5.22　洗车店类污染源整治方案示意图

4. 农贸市场类污染源整治

农贸市场类污染源可分为露天市场、封闭市场两类。

（1）露天市场类。

露天市场主要由若干小建筑物组成，商家众多，露天设置，排水系统多为混流制。

露天市场产生的面源污染多通过雨水沟或雨水箅进入市政雨水系统，影响河道水质。若市场较小、受施工面制约而无法新建排水系统，可在现有区域混流排水系统末端设置弃流井收集降雨初期面源污染，降雨中后期雨水可溢流进入市政雨水系统。若汇水范围较大，且现场有条件新建调蓄池，可在弃流井后设置调蓄池，弃流的初雨进入调蓄池。污水量较大时将暂时储存在调蓄池中，在污水厂污水处理高峰期后分时段排入市政污水系统。

（2）封闭市场类。

封闭市场处于大型建筑物中或大型顶棚之下，排水系统多为混流制。封闭市场内部一般有独立小沟渠系统收集市场冲洗摊位、洗菜品等产生的废水，可直接接入市政污水系统；市场外可新建雨水管道系统收集面源污染，通过弃流井分别进入市政管网系统。封闭市场类污染源整治方案示意图如图5.23所示。

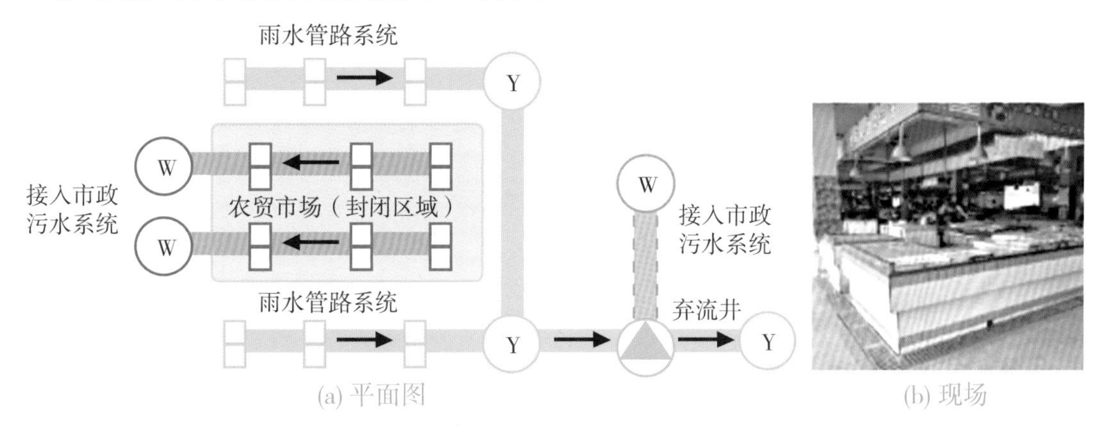

(a) 平面图　　(b) 现场

图 5.23　封闭市场类污染源整治方案示意图

5. 维护管理

针对重点面源污染源的整治系统搭建完善后，需建立长效监管机制，及时发现污水预处理类设施（隔油池、油水分离器等）、初雨弃流类设施（环保雨水口、弃流井、小型初雨调蓄池等）等的功能性及结构性缺陷，并采取针对性措施保证各类设施的正常运行。

根据《宝安区涉水污染物预处理设施设置技术路线与技术指南》要求，维护管理手段主要包括定期巡检、定期维护、台账管理等。

设施管养单位须定期巡视设施的运行状况，详细检查设施的渗漏、裂缝等结构性缺陷以及淤堵、错接等功能性缺陷，做好溯源工作，保证设施的正常功能；管养单位需按指南要求、结合现场实际情况做好定期维护工作，对预处理类设施做好清泥、清渣、清油等，对面源污染类设施做好定期清淤工作；同时，需建立维护管理台账，管养单位定期对台账进行更新，以便查阅。

相关单位还需进行定期抽查，发现问题即责令其限期整改，同时建议建立重点面源污染源数据采集与监管信息系统，并纳入水务大数据和云服务平台。建管并举，加强监管，坚持问题导向，分类施策，综合治理，确保河道水质不断提升、水环境质量持续向好。

5.3.3 初期雨水面源污染治理

初期雨水携带有相当高浓度的污染物质，其排入水体产生污染的问题已经引起关注。初期雨水截留与净化示意图如图5.24所示。初期雨水面源污染治理可通过绿色海绵设施配合管网、截留调蓄池等灰色设施，削减初期雨水面源污染。其中，绿色海绵设施主要包括生物滞留设施、绿色屋顶、透水铺装、植草沟、渗管渗渠、雨水湿地等设施，通过植物、填料等的过滤、吸附等作用，降低初期雨水面源污染负荷。灰色设施，包括截流井、雨水调蓄池等，主要通过在初期污染转输过程中设置截流井，配备水力旋流设施，将雨水管网中的初期雨水就近截流至污水管网中或者截留调蓄池中，在降雨中后期，污染较小的雨水排入到收纳水体当中，削减初期雨水面源污染。其中，截留调蓄池一般设置于排水系统的末端，可以有效解决初期雨水瞬时流量大、历时短、初期径流污染等环境污染问题，在工程实现中应用十分广泛。

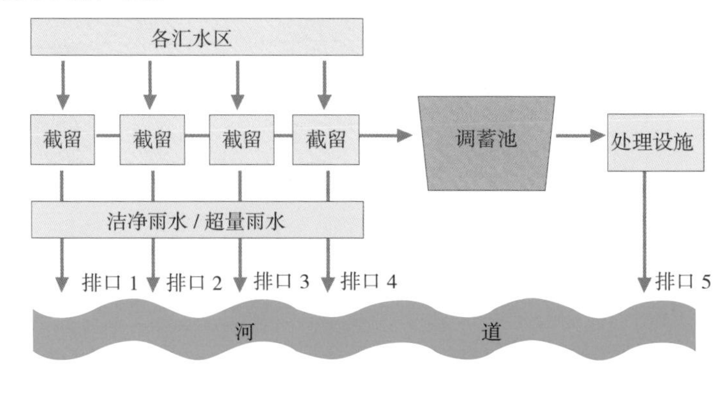

图 5.24 初期雨水截留与净化示意图

在我国大部分城市地区，雨水是通过城市管网收集后直接排入受纳水体，但在降雨初期形成的径流中含有大量的有机物、油类物质和悬浮物等污染物，直接排入水体将会对水体造成严重污染，破坏生态平衡，若直接回收利用，势必增加雨污水处理成本和处理的难度。鉴于上述情况，国内外许多学者提出了初期雨水弃流的概念。我国住房和城乡建设部颁布的《海绵城市建设技术指南低影响开发雨水系统构建(试行)》中定义初期雨水弃流为通过一定方法或装置将存在初期冲刷效应、污染物浓度较高的降雨初期径流予以弃除，以降低雨水的后续处理难度，弃流雨水应进行处理。而要确定采用何种装置弃流，以及弃流的雨水如何处理，首先需要知道初期雨水弃流量的大小，其次根据控制目的，确定不同区域的初期雨水弃流量的大小，进而确定要选择的弃流调蓄池规模以及弃流设施。

（1）初期雨水截留量确定。

根据《建筑与小区雨水控制及利用工程技术规范》（GB 50400—2016）中5.3关于雨水弃流明确表示，弃流量应按下垫面实测收集雨水的CODcr、SS、色度等污染物浓度确定。当无资料时，屋面弃流径流厚度可采用2~3 mm，地面弃流可采用3~5 mm；屋面雨水经初期径流弃流后的水质可采用COD70~100 mg/L，SS20~40 mg/L，色度10~40度。初期径流弃流量计算公式为

$$W = 10 \times \delta \times F$$

式中 W——初期径流弃流量，m^3；

δ——初期径流弃流厚度，mm；

F——汇水面积，hm^2。

在实际应用中，由于不同地区降雨特征、项目现场状况、控制目的等相差较大，直接采用推荐的初期径流弃流厚度计算弃流量不能保证其适用性，因此，根据前人的研究，目前主要有两种方式来确定初期雨水弃流厚度，一种是根据已有研究成果或者相关规范例如《建筑与小区雨水利用工程技术规范》给出的参考值，结合实地降雨监测数据，选择合适的弃流厚度来确定弃流量；另一种是基于污染物浓度随时间变化的冲刷规律模型，以削减污染负荷率最大来确定弃流厚度。以下对这两种方法进行简单介绍。

①参考值法。初期雨水研究成果具有地区特异性，只有基于当地特定条件得到的初期雨水弃除量才具有指导意义，因此对初期径流的研究尚未形成统一的体系，部分学者根据已有研究结果，直接选用不同的弃流深度，然后通过实地降雨监测，讨论不同弃流量对径流中污染的控制率，以污染控制率确定最终弃流量，这种方法简单且能直观地反映弃流效果，但易受降雨特征的影响，可能会与实际监测结果相差较大。如张伟等监测了北京某大学的沥青屋面和金属屋面的降雨径流，采用《建筑与小区雨水控制及利用工程技术规范》（GB 50400—2016）所给出的屋面弃流厚度为3 mm的参考值，得到初期雨水弃流3 mm可以实现66.91%~85.25%的SS和COD污染控制效果，但弃流后径流中SS和COD浓度不

能完全满足《建筑与小区雨水控制及利用工程技术规范》（GB 50400—2016）中的要求。魏晨根据一般经验选用2 mm、4 mm和6 mm的屋面初期弃除量，并通过对重庆市某高校屋面径流的监测，计算污染物指标在不同弃流量下的弃流率，最终确定COD最佳弃流量为4 mm，弃流率超过78%，SS、浊度和色度最佳弃流量为2 mm，弃流率约为52%、16.6%和42%。

直接采用参考值的方法简单便捷，但这基于对研究区域雨水径流水质状况有一定的了解的基础上，而在缺少实测数据的地区，这种方法明显不适用，且降雨特征、区域污染状况等的不确定性，也使得这种方法的适用性很有限。

②污染物趋势变化法。以污染物趋势变化法确定初期雨水弃流量，主要依据国内外学者根据大量实测曲线统计分析确定的汇水面污染物冲刷模型，即根据污染物浓度随时间变化的冲刷规律，近似认为每场雨的降雨量随时间的变化趋势符合线性关系，并以平均降雨量计。从而可以推导出汇水面污染物随降雨量变化的规律模型为

$$P = H/t$$

$$C_t = C_0 - K_t = C_0 - KHP$$

$$C_t = C_0 - K_h H$$

式中 H——径流开始 t 时的累计降雨量，mm；

t——形成径流后的降雨持续时间，min；

P——平均降雨强度，mm/min；

C_0——初始时径流中的污染物浓度，mg/L；

C_t——径流过程中t时刻的污染物浓度，mg/L；

K——综合冲刷系数（经验值）见表5.3； $K_h=KP$ 为以降雨量为变量时的综合冲刷系数（经验值）；根据K值的变化范围，得出K_h 的变化范围为 0.05~5。

表5.3 K的经验值

平均降雨强度 / (mm · min^{-1})	K 值
0.01~0.05	0.007~0.04
0.05~0.04	0.04~0.1
>0.4	0.08~0.2

利用以上原理，有学者通过对雨水的监测，假定降雨量随时间是线性变化，拟合出径流中污染物随降雨量的削减变化趋势图，以削减率最大时的降雨量确定为初期雨水弃流量，隋涛对滨州学院教学楼屋面、学院路面汇流口以及城区主干道路口进行实地监测发现，不同汇水面弃流量不同，屋面初期雨水弃流量为4 mm；学校路面雨水弃流量为5 mm；主干道为7 mm。陈民东对邯郸市某学校的屋面和路面降雨径流进行取样分析，确定出该市屋面和路面初期雨水弃流量分别为3 mm和6 mm，能分别去除COD总量的78.3%和77.9%。罗秀丽对城市屋面初期雨水污染特征研究表明，弃流2~3 mm的初期径流，能去除26.39%~100%的污

染负荷。此方法确定初期径流弃流量对径流中污染物的控制效果较好，且有一定理论依据，但由于概化了降雨量随时间的变化趋势，因此与实际情况有一定差距。

初期弃流量即为初期雨水面源污染需要控制的雨水径流量，因此，可通过以上方法确定初期雨水面源污染截留量。

（2）截留调蓄池设置方式。

按照截流井设置位置区别，分散式截流排水系统又可分为分散截流分散调蓄、末端截流集中调蓄和分散截流集中调蓄三种方式。

分散截流分散调蓄是在源头污染严重的地方直接截流初期污染雨水至截流井并输送至距离较近的调蓄池，如图5.25所示，此种截流调蓄方式截污彻底，但同时投资较高并具有调蓄池选址困难的问题，适用于餐饮或商业较繁华且严重污染地面同时对受纳水体水质要求较高区域。

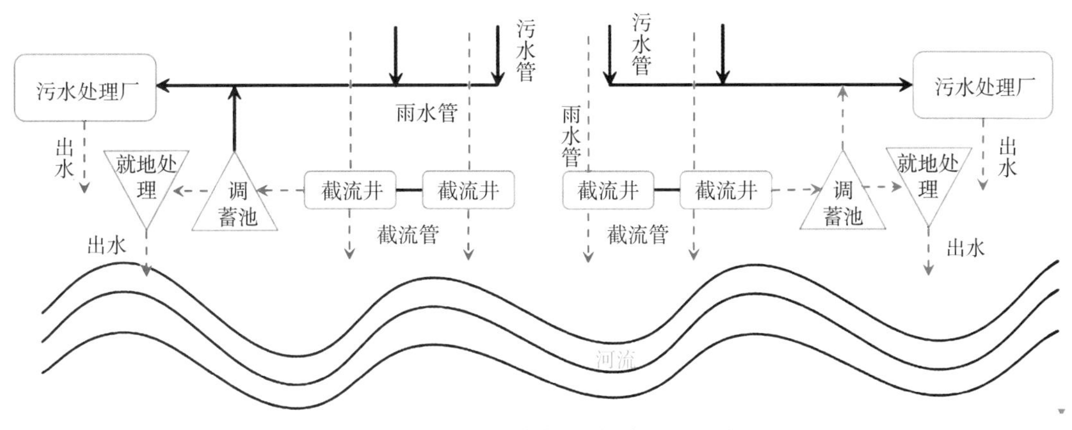

图 5.25 分散截留分散调蓄示意图

末端截留集中调蓄方式造价低，较易施工，但由于初期雨水汇流时间过长，以致截流效率较低，适用于污染不严重地面且对受纳水体水质要求不高区域，如图5.26所示。

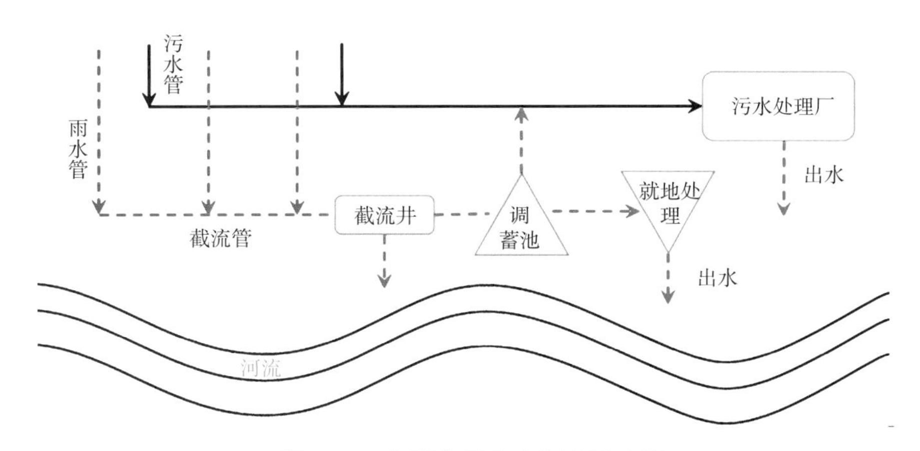

图 5.26 末端截留集中调蓄示意图

分散截流集中调蓄是沿河在各雨水排放口末端设置截流井截流服务面积内的雨水，当截流污水超过设定值时，自动关闭阀门，各截流井截流的初期污染较严重的雨水截流至调蓄池，调蓄池中的雨污水在晴天时就地处理或被输送至污水处理厂。如图5.27所示，此种截流调蓄方式截污效率较高，投资较小，适用于污染较严重地面且对受纳水体水质有一定要求的区域。

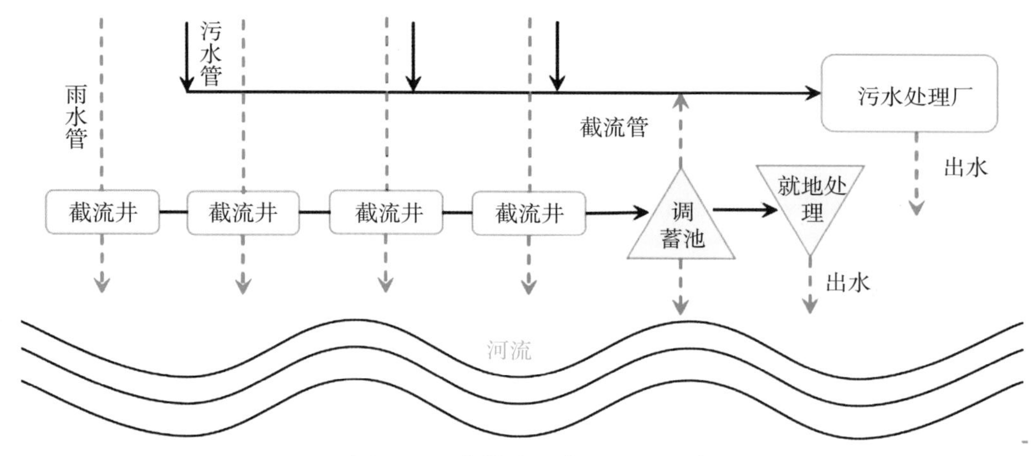

图 5.27　分散截留集中调蓄示意图

（3）截留方式。

针对不同排水条件的地区，可采取不同的截留方式。短期内无法进行雨污分流改造的合流制地区，完善截污系统，并设置合理的截流倍数，使得旱季不得有污水排入水体，并减少雨季溢流频次；对于面源污染特别严重的地区，设置初期雨水调落设施，适时送至污水厂处理或经论证建立独立的初雨处理设施；加强已建截留管道的清淤、维护工作，减少污水溢流。

不同放空方式的初雨弃流–集蓄系统示意图如图5.28 ~ 图5.31所示。初雨集蓄池放空方式对比见表5.4。

①手动放空+集蓄池。

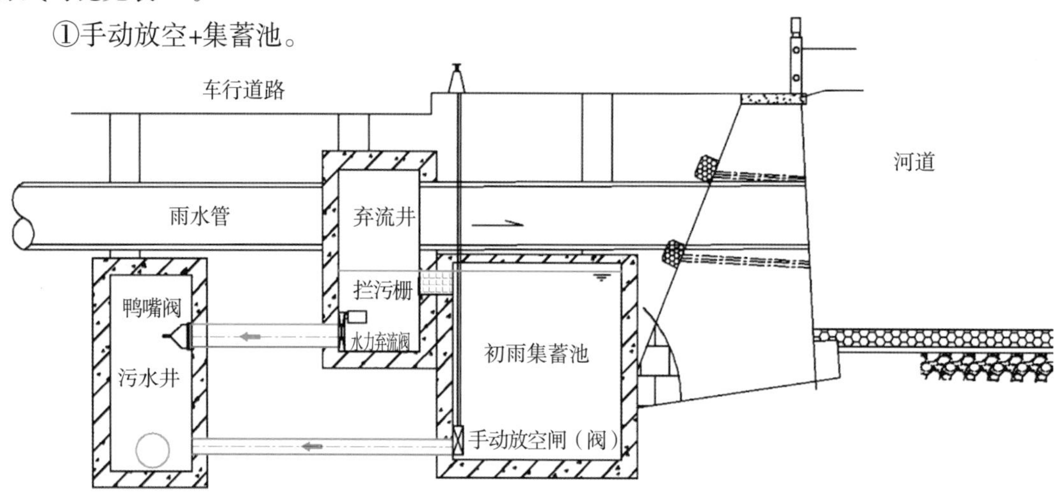

图 5.28　手动放空 + 集蓄池示意图

②手动放空+集蓄管。

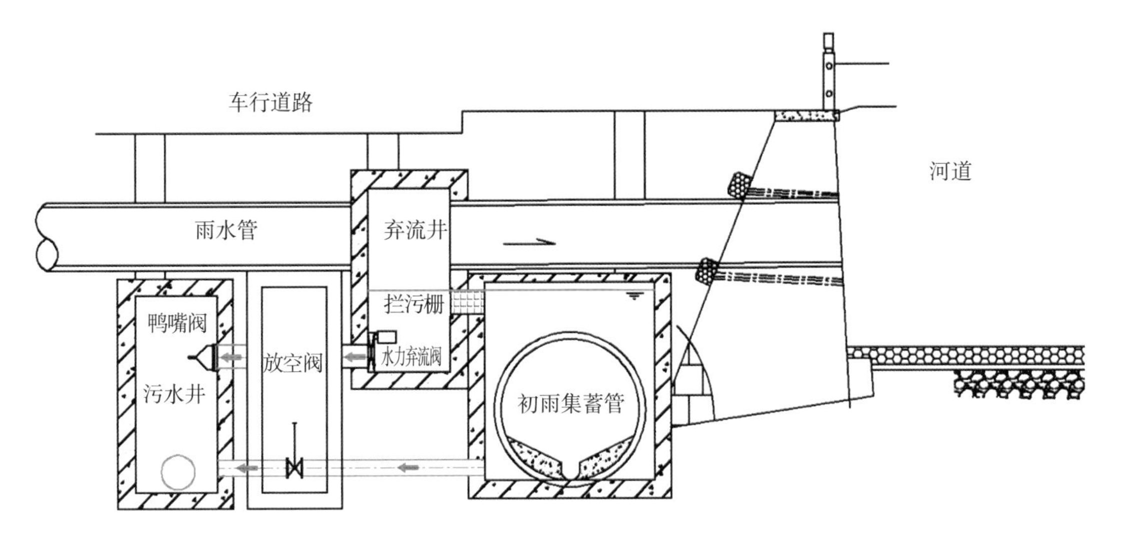

图 5.29　手动放空＋集蓄管示意图

③自动放空+集蓄池。

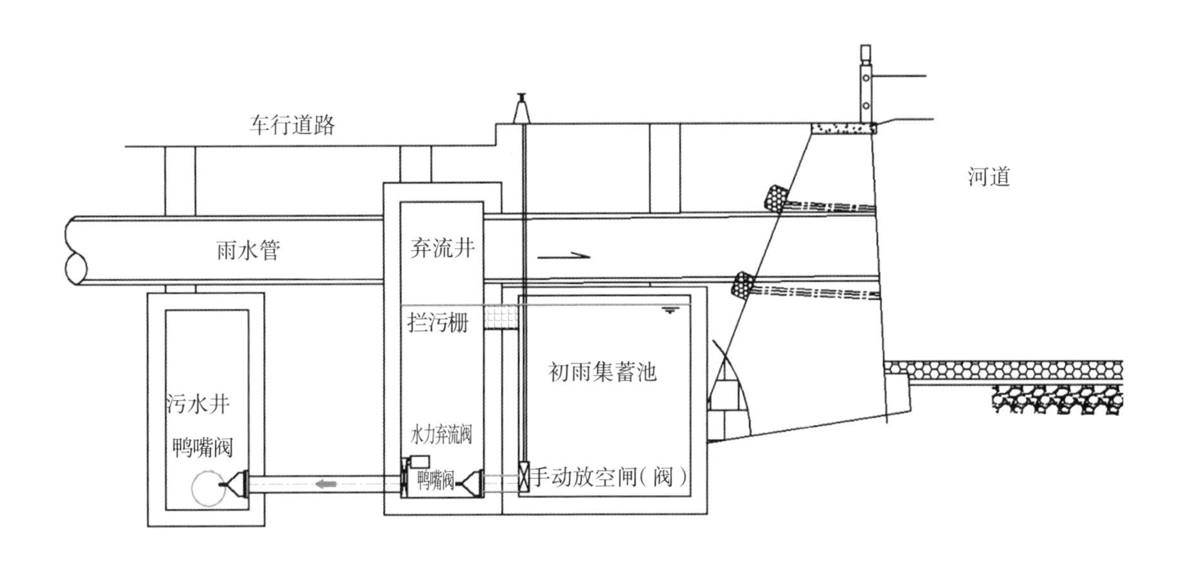

图 5.30　自动放空＋集蓄池示意图

④自动放空+集蓄管。

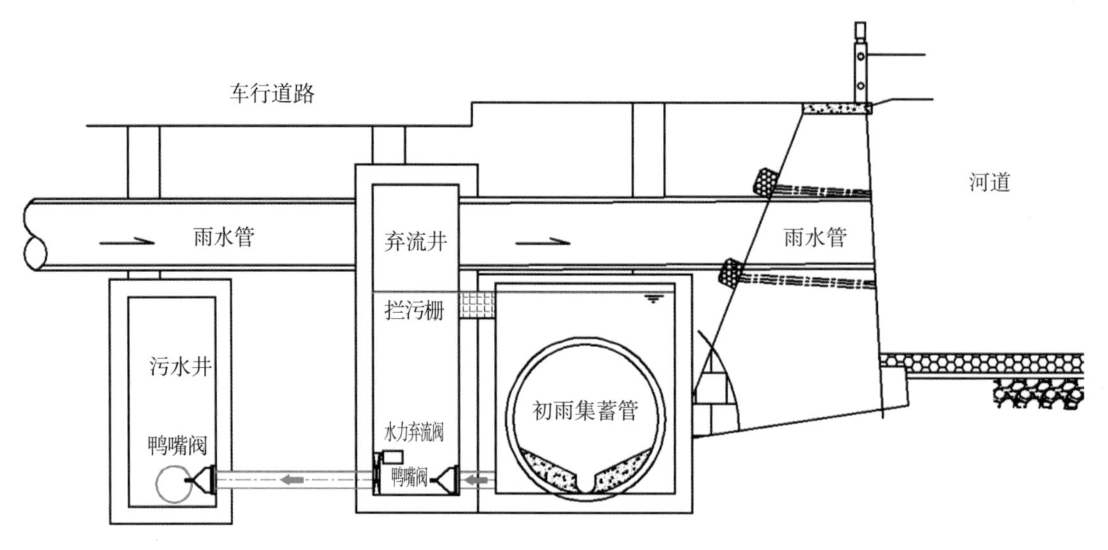

图 5.31　自动放空 + 集蓄管示意图

表5.4　初雨集蓄池放空方式对比表

放空方式	高差	时段	动力	巡检	冲击负荷
自动重力放空	污水管与雨水管高差 3 m（与初雨池深度有关）以上	雨后即开始放空（时段不可控）	无须动力	强度小 定期巡检	雨后即放空会对污水管网有一定冲击
手动重力放空	污水管与雨水管高差 3 m（与初雨池深度有关）以上	养护单位雨后人工放空（时段可控）	无须动力	强度中 每场雨后巡视两次（开、关）	可在雨后夜间人工放空，负荷冲击较小
池内安装排水泵提升放空	污水管与雨水管高差在 1.0 m 以上 周边能提供市政用电	人工现场或远程控制（时段可控）	外接电力	强度中 每场雨后巡视两次（开、关） 远控无强度	可在雨后夜间人工手动或远控放空，负荷冲击较小
养护泵车提升放空	污水管与雨水管高差在 1.0 m 以上 车行道路边上	人工现场控制（时段可控）	养护泵车抽排	强度大 每个池均需一辆泵车抽排	可在雨后夜间人工手动或远控放空，负荷冲击较小

考虑初期雨水如果实时进入污水厂可能对污水处理厂造成较大的冲击，从保证水厂安全的角度出发，建议在有条件的位置设置初雨调蓄池，将初期雨水储存起来，待晴天再均匀排入污水处理厂进行处理。

5.3.4 排口溯源及整治

排口溯源及整治的总体思路如图5.32所示。

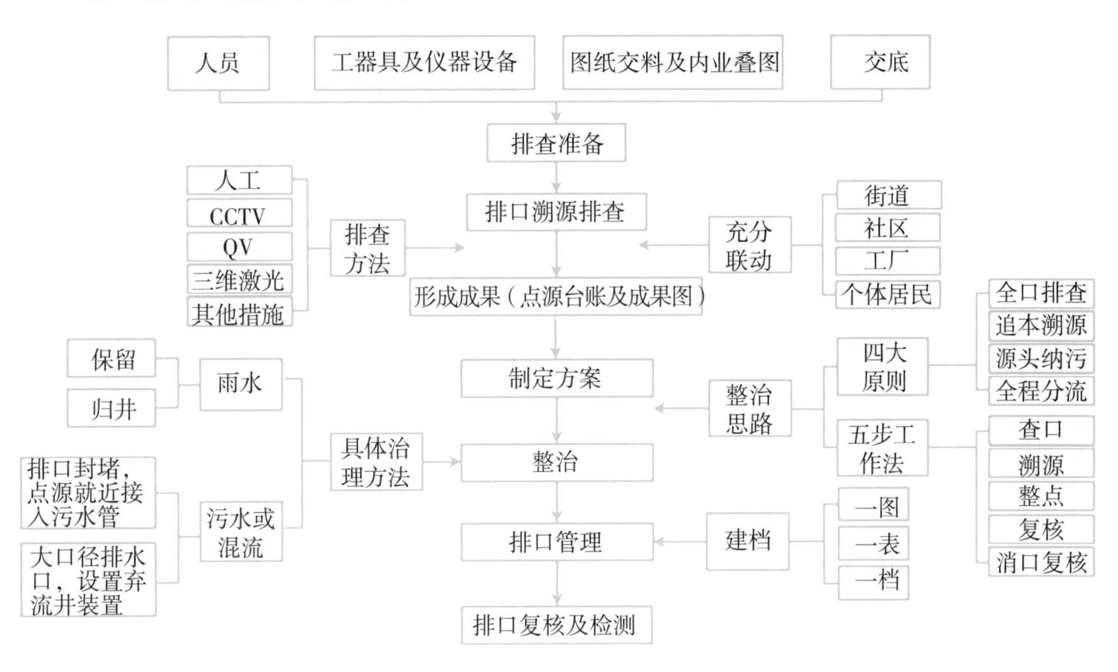

图 5.32 排口溯源及整治总体思路

1. 排口溯源准备

（1）人员准备。

排口调查是一项系统性、持续性的工作，人员是第一保障。要合理分配人员，实现人员安排结构化，重点考虑技术人员的参与。

（2）工器具及仪器设备准备。

一是与排查有关的工器具，包括手电筒、卷尺、锤子、钩子、洋镐、包、笔和笔记本等。二是辅助排查仪器设备，包括管道闭路电视检测设备、管道潜望镜（QV）、三维激光扫描仪等。三是保障安全的相关设备，包括安全帽、安全带、防滑鞋和防毒呼吸面罩等。

（3）相关图纸资料收集准备。

图纸资料包括国家或地方普查图纸、管养单位图纸、设计物探图纸以及其他相关工程设计图纸等。先在计算机上进行内业“叠图”处理，形成平面成果图，再在此基础上开展排口溯源调查工作，简化工作量。排口位置、排口上游路径等信息往往从图面上即可获取，对现场排口排查起到事半功倍的效果。

（4）交底及其相关准备。

交底工作是至关重要的一环，排口排查技术人员应组织全员进行交底。重点针对排查方法、排查目的及内容、排查成果要求、安全措施、注意事项等进行交底，为排口排查具体实施做好准备。

2. 排口溯源实践

排口溯源，首先应判别排入河道的市政管道类别属于雨水管、污水管还是雨污合流管；其次，根据排水管道的四级节点结构进行溯源，依次开启排水管道检查井井盖，沿管道水流方向溯源，追踪污水接入点，确定需要改造的污水管或合流管的路径、位置、管径、水流方向等信息，为后续管道改造提供数据依据，具体顺序总结为：河道→一级节点→二级节点→三级节点→四级节点。四级节点示意图如图5.33所示。四级节点具体如下：

一级节点：排入河道的市政管道出水口。

二级节点：市政排水管网交叉节点处检查井。

三级节点：小区、厂区等排水系统出水口处检查井。

四级节点：楼栋排水管道、立管、化粪池等出水口。

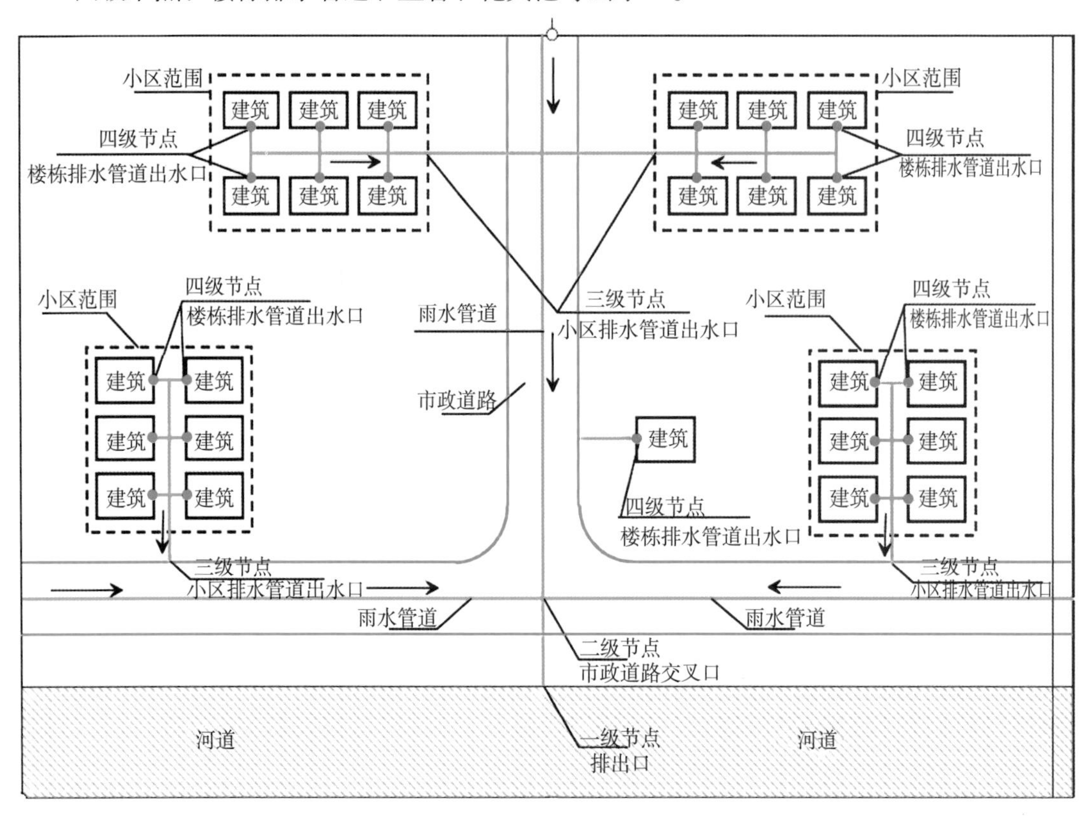

图 5.33　四级节点示意图

排查流程如图5.34所示。

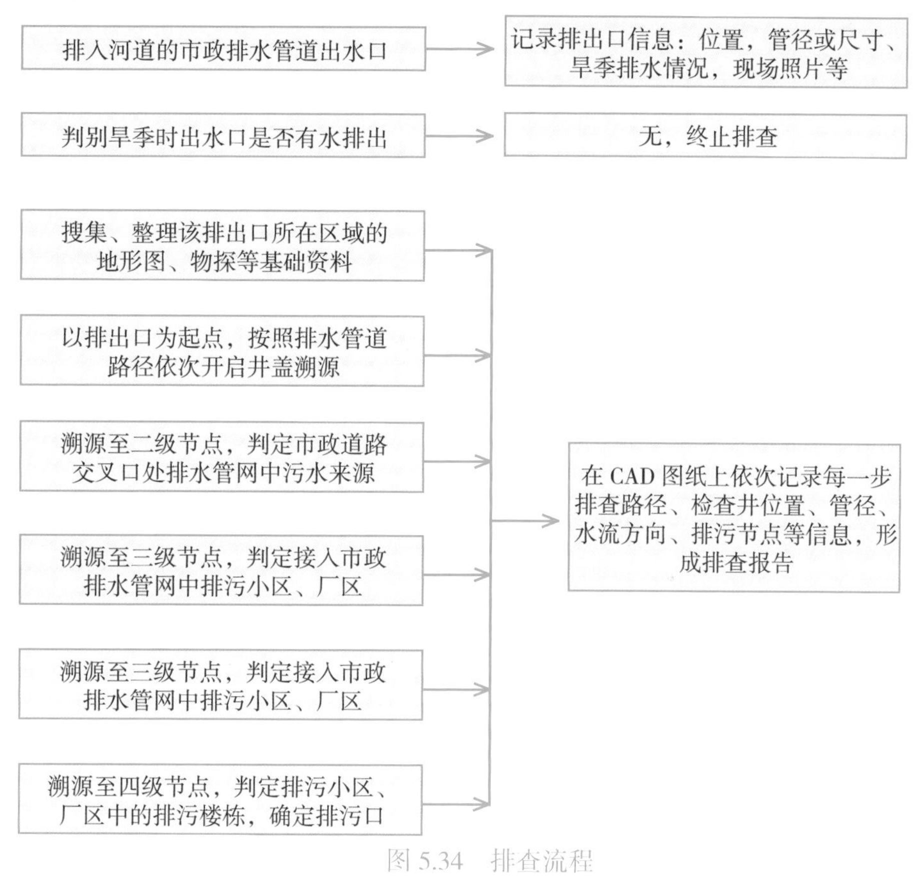

图5.34 排查流程

排口排查溯源方法主要分两大类，即人工直接排查和借助仪器辅助排查。

（1）人工直接排查。

人工直接排查是最直接、最常用的一种排查方法，主要通过人工开井盖，结合图纸资料，利用手电筒、卷尺等简易工器具，逐步开展排口排查溯源。

（2）借助仪器辅助排查。

借助仪器辅助排查主要是通过仪器设备，减少排查人员数量，提高排查精度和效率，仪器设备可以到达有些安全风险非常高、无法人工排查的位置，使排查结果更全面。目前，现场应用较多的仪器辅助排查技术包括CCTV内窥法技术、管道潜望镜（QV）技术、三维激光扫描技术等。常用的扫描设备一般具有体积小、质量轻、防水、防潮等优势，使用条件要求不高，环境适应能力强，适用于野外。人们可以结合现场实际情况，单独使用CCTV内窥法技术、QV技术、三维激光扫描技术或三种技术相组合的方式，应用方式灵活且适用性强，而且后期通过软件可直观获取排口信息。其中，常见的几种借助仪器辅助排查的方法简介如下。

①内窥法技术（Closed Circuit Television，CCTV）。CCTV又称管道闭路电视内窥法，采用先进的CCTV管道内窥电视检测系统（可配备声呐、热成像等多种探头），通过控制在暗渠化河道内行走的机器人摄像头远程采集图像，并通过有线传输方式，对图像进行显示和记录的集成系统。CCTV电视检测系统是由三部分组成：主控器、操纵线缆架、带摄像镜头的“机器人”爬行器。主控器可安装在汽车上，操作员通过主控器控制“爬行器”在暗渠化河道内前进速度和方向，并控制摄像头将暗渠化河道内部的视频图像通过线缆传输到主控器显示屏上，操作员可实时地监测管道内部状况，同时将原始图像记录存储下来，做进一步的分析。当完成CCTV的外业工作后，根据检测的图像资料进行管道缺陷的编码和抓取缺陷图片，以及报告的编写，并根据用户的要求对CCTV影像资料进行处理，提供图像带或者光盘存档。当前暗渠化河道承担了部分污水排放功能，通风不好时容易产生沼气富集，人员进入暗渠化河道内时应携带瓦斯浓度检测仪、防毒面具等安保设施；强降雨时容易产生洪水，可能对现场作业人员及设备产生威胁，因此人员进入暗渠化河道内作业时一定要留意天气预报并且在河道上游安排安检人员，防止安全事故的发生。该技术主要应用于DN 300 mm及以上管道、较小暗涵等溯源排查工作。按照检测相关规范要求，结合工作区排水涵具体情况，CCTV检测步骤及流程如图5.35所示。

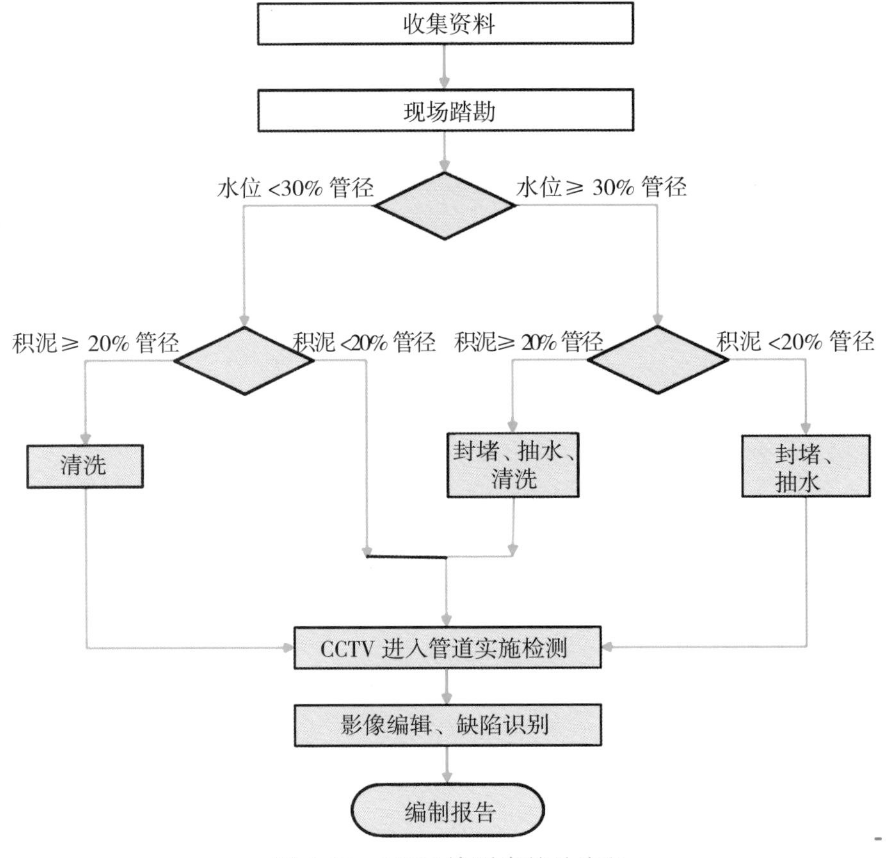

图 5.35　CCTV 检测步骤及流程

②管道潜望镜（QV）技术。管道潜望镜（QV）的工作原理是利用可调节长度的手柄将配置有强力光源的高放大倍数的摄像头放入检查井内，工作人员在地面通过控制器调整灯光、摄像头焦距，观察录像，检测距离可达40 m，能够显示管道内部裂纹、堵塞、漏水等内部状况；并可以以图像或录像形式储存检测成果资料。该技术主要应用于DN300 mm以下小管径、小微水体暗涵局部位置观察等短距离的溯源排查工作。检测步骤及流程：

a. 搜集初期人工摸查的调查图和属性表。

b. 作业人员到现场对需调查范围的每个排水检查井开井后，采用管道潜望镜（QV）对井中各个方向的管道进行检测。

c. 做好现场各项记录，将有破损的排水管段在调查图上标注出来。

d. 将管道检测有缺陷的管道位置在图上标注出来并编号，形成管道检测结果图和检测视频，如图5.36所示。

图 5.36　管道检测结果图和检测视频

③三维激光扫描技术。

三维激光扫描是集光、电和计算机技术于一体的高新尖技术。该技术主要对物体的空间外形进行扫描，以获得物体表面的空间坐标，并将实体的立体信息转换为数字化的可直接处理的数字信号。它可以用于排查危险目标、环境（或柔性目标）及人员难以抵达的区域，具有传统测量方式难以完成的技术优势，所以常用于较大的小微水体、暗涵等危险性较大的溯源排查工作。

在使用辅助仪器设备的过程中，有时候还需要结合具体工程措施（如抽水、清淤等），边实施边排查。排查期间，要充分利用个体居民、工厂、社区、街道等多方资源，多咨询，达到充分联动的效果。

3. 排口溯源成果整理

排口排查成果主要包括两部分。一是建立各类排查成果表，包括排口信息成果表、排口溯源路径调查成果表等，查清所有排口的数量、分布、水体性质、入河方式和入河规律等。主要内容包括排污口编号、溯源调查排放口编号、排放口规格、管道材质、是否有污水、地面道路名称、排放口坐标、地面标高和管底标高等。二是形成排查成果平面图，包括排口平面分布图（充分体现各排口的平面坐标位置、尺寸、材质、相对关系等信息）、排口溯源路径图（主要体现与排口连接的所有上游管线线路走向、分布、末端连接情况，排查人员从下游往上游的依次排查路径等信息）。

4. 排口治理

排口治理是在排口排查成果的基础上制定治理方案，需要明确排口总体治理思路，按照四大原则和五步工作法，结合排口类型，选择合适的治理措施。

（1）遵循四大原则。

四大原则包括全口排查、追本溯源、源头纳污、全程分流。全口排查的意思是只要是排口都要进行全面排查。不管是无水排口还是有水排口，不管是雨水排口、污水排口还是雨污混流排口，排口的实时变化很大，即使目前确定的无水排口或者雨水排口也无法完全保证以后不会有污水流出，所以全口排查是第一项基本原则。追本溯源是在全口排查的基础上，对每一个排口都要从排口的最下游溯源到最上游末端，也就是人们常说的具体点源。源头纳污是在具体点源台账的基础上，从源头也就是点源具体位置出具方案进行整治，就近将排口接入周边污水管网。全程分流讲究的是针对每一个排口，从上游末端到下游排口位置的所有路径上都要确保彻底雨污分流。

（2）采用五步工作法。

五步工作法包括查口、溯源、整点、复核、消口，与四大原则相辅相成。先排查排口，再进行溯源，确定方案整治点源，整治完成后再复核，最终消除排口，彼此都有很强的先后逻辑关系。

（3）灵活选择排口治理方法。

排口主要包括雨水排口、污水排口、雨污混流排口三大类。在排口治理过程中，不同类型的排口有更加具体的治理方法。

①雨水排口：纯雨水排口有两种处理方式。一是保留，不做处理。二是周边有多个雨水排口，可以考虑归并，集中排放，便于管理。

②一般的污水排口或混流排口：对于一般的污水排口或混流排口，最重要的是根据排口上游管网属性，对排口进行定性。这主要有两种情况。第一种是假定改造后定性为雨水排口，则上游所有污染点源污水都需要剥离干净，就近接入污水管网，就近无污水管网则新建污水干管，最终将排口接入市政污水管网系统。第二种是假定改造后定性为污水排口，则首先就近接入污水管网，然后对排口进行封堵，防止再有污水流出，同时要对排口上游管网流入雨水进行彻底剥离，将所有雨水源（雨水立管、雨水箅子、雨水井等）接入雨水干管或雨水口。

③大口径排水口：大口径排水口往往存在流域面积较广、汇水线路长、受面源污染等影响大等特征，彻底剥离比较困难。可以考虑在排口的最下游新建弃流井装置，晴天时污水或混流水进入污水干管，雨季水位高时初雨通过排口流出流入小微河道。

5. 排口复核及监测

排口整治完成后，应当采用不定期或者定期巡查方式进行排口复核，尤其是雨后流水情况。主要目的有三点：一是检查污水或混流排口封堵质量、有无渗漏或封堵被破坏情况；二是检查有无新增排口情况；三是检查雨水排口流水以及水质情况，检查是否有污水混入情况。

对于一些尺寸比较大以及水流量较大的雨水排口，可以有针对性地设置一些监测系统，监测排口流量、流速、水质等，尤其是雨后流水情况。定期或不定期排口复核及监测是非常有必要的，应当纳入日常化管理，目的就是确保排口治理彻底，无污水排出，不影响河道水质。

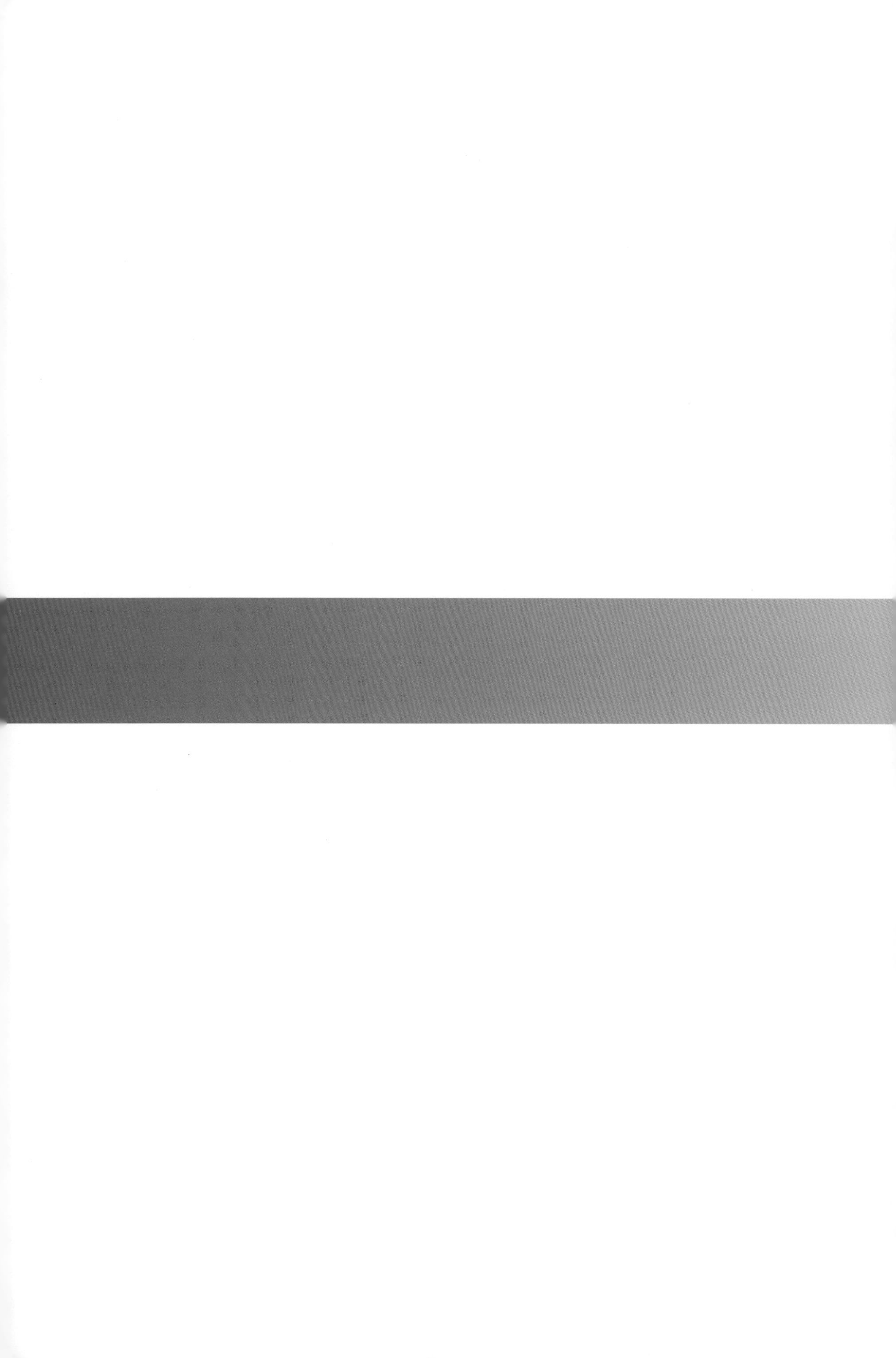

第6章　河　　道

6.1 河道在水环境治理中的作用

城市河道可按照其水文地理特征、用途、污染特征、流经城市的位置、规模和长度及水的来源等不同的分类标准进行分类，根据水的来源不同，城市河道可分为自然河道、人工河道和混合河道。自然河道是城市中的天然河流，水源来自于自然降水，这种河道通常位于城市的边缘或者穿过城市，是城市水生态系统的重要组成部分。人工河道是人工开挖或修建的水道，通常用于灌溉、供水、排水、水运等目的，这种河道的水源通常来自于降雨、河流、湖泊、水库等，也可能通过引水渠道或者泵站输水。而混合河道则是自然河道和人工河道的结合，其水源既包括自然水源，也包括人工供水。此类型的河道则是城市高度建成区中的主要河流，无论是在调节城市水循环方面，还是在提升城市生态系统质量方面都具有重要的作用。

1. 城市河道具有防洪排涝的作用

河道是城市排水系统的一部分，能够接收城市中的雨水和污水，将其排放到下游水域，在行洪中发挥的作用十分重要，对于城市防洪、水资源保护等方面具有重要的意义。健康的河道可以有效地避免雨水和污水在城市中积聚，降低城市内涝和水质污染的风险，保护沿岸地区的安全和稳定。相反，黑臭河道将会导致底泥淤积、水体富营养化，使河道内的水生物大量繁殖，进而堵塞水道，降低河道的水流速度和容积，增加洪涝灾害的风险。

2. 城市河道是城市的重要水资源之一

健康的河道能够为城市居民和农业生产提供生活和灌溉用水。相反，黑臭的城市河道不仅造成了水资源的大量浪费，更会对人体健康造成威胁，可能引起皮肤病、呼吸道感染、消化系统疾病等，严重危害公共卫生健康安全。因此，对河道进行治理可以保护水资源，提高水质，减少水污染，保障城市居民的用水安全。

3. 河道是城市生态系统的一部分，具有重要的生态功能

主要包括涵养水源、调节气候、补给地下水、提供生境、教育、美学和欣赏等功能。健康的河道具有丰富的生物多样性，河道中的水生动植物是城市生态系统中的重要组成部分，能够净化水质、维持水生态平衡、提供生态景观。河床的透水性则可以保证河水与地下水交换，减弱河道的水文变化。尤其在城市生态空间破碎化如此普遍的情况下，河道的生态廊道功能更是发挥了其他廊道类型无法代替的生态空间缝合功能。相反，黑臭的被污染的河道不仅不能正常发挥其生态功能，甚至会影响和打破整个城市的生态系统。

4. 城市河道发挥着重要的末端修复功能

城市河道作为城市排水系统的最末端，更是链接城市与大江大海的纽带。健康的河道不仅能够为水生态系统提供良好的生境，还能够对上游的排水（如初期雨水径流、污水处理厂尾水等）进行水质净化，使末端的水体更加清洁，保护和改善下游水环境、促进水生态系统的恢复，对于提高入江入海水质、提升海洋生态系统具有重要意义。相

反，被污染的河道不仅没有自我净化和末端修复功能，更会污染大江大海水质，降低其生态功能。

5. 河道是城市的绿色生命带，具有重要的城市形象和居民休闲娱乐功能

好的城市河道水景观、水文化可以提升城市形象和吸引力，同时，还能带给人们安谧性、运动性、持续性和舒适性的美学享受和精神体验。健康美观的河道能够改善城市环境，提高城市形象，提高城市居民的生活质量。相反，河道黑臭会影响城市环境质量，降低城市的吸引力，不利于城市发展。

6.2 存在的问题

城市高度建成区河流特点常表现为以下几个方面。

1. 外源污染超出河流自净能力

随着城市人口增长及经济的快速发展，大量未截污的污水直排，大量合流制管网、错接和混接形成的混流管网的污水溢流，居民生活污水、畜禽粪便、农产品加工污染物以及初期雨水面源污染等进入城市河流，甚至直接成为工业、农业及生活废水的主要排放通道和场所。城市河流一旦超量受纳外源污染物，水中的溶解氧就会被快速消耗。当溶解氧下降到一个过低水平时，大量有机物在厌氧菌的作用下进一步分解，产生硫化氢、胺、氨和其他带异味易挥发的小分子化合物，从而散发出臭味。同时，厌氧条件下，沉积物中产生的甲烷、氮气、硫化氢等难溶于水的气体，在上升过程中携带污泥进入水相，形成黑臭水体，严重影响城市生活环境和形象。

2. 内源污染持续释放

水质的长期恶化导致沉积大量重污染底泥持续污染水体。河道底泥是河流系统的下层沉积物，也是水体中各种污染物的“源”和“汇”。来自无序排放的市政污水和固体废物中的各种营养盐、有机物、重金属等物质，通过物理沉淀、化学吸附、生物吸收等方式进入底泥，当河流水力状况改变时，底泥沉积物中的氮磷等营养元素及重金属可通过解吸、溶出、分解等方式释放出来，同时厌氧发酵产生的甲烷及氮气导致底泥上浮，引发二次污染，造成河流富营养化，甚至黑臭。此外，由于城市河道中有大量营养物质，导致河道中藻类过量繁殖。这些藻类在生长初期给水体补充氧气，在死亡后分解矿化形成耗氧有机物和氨氮，导致季节性水体黑臭现象并产生极其强烈的腥臭味道。

3. 水动力不足

水资源缺乏及不合理的水资源调度，导致河流生态流量不足，断流现象十分普遍，河道普遍以排污沟形式存在。长期以来，由于受到工业化和城市化进程加快、城市规模及城市人口急增，环境基础设施的建设速度滞后于经济发展速度等诸多因素的影响，流经城市的河段受到的损害和干扰程度日益严重，主要表现在河流水质持续恶化，出现黑臭水体，河流水文和形态发生重大变化，自然或近自然的水文条件和形态结构遭到破坏，河流

生态系统和水生生境不同程度地萎缩退化，水生生物的种类和数量大规模减少、生态系统生产力下降等方面。丧失生态功能的水体，往往流动性降低或完全消失，直接导致水体复氧能力衰退，局部水域或水层亏氧问题严重，形成适宜蓝绿藻快速繁殖的水动力条件，增加水华暴发风险，引发水体水质恶化。此外，水温的升高将加快水体中的微生物和藻类残体分解有机物及氨氮速度，加速溶解氧消耗，加剧水体黑臭。目前，国内河流流经城市的河段普遍处于严重污染状态，水体污染和恶化的趋势未得到有效控制，解决河流水环境问题的任务艰巨。

造成以上现象的原因主要有：

（1）城市排污量增长过快，缺少配套的治污设施。

随着城市化进程的不断加快，城市承载的人口越来越多，这些人口的涌入给城市发展带来了巨大潜力，也使得污染源不断增加，商业、工业用水的用量增大，污水的排放量也增大，但城市发展过程中对于这些污水的处理不到位，个别城市大量生活垃圾直接堆放在城市水体的两岸，给城市水体的治理带来非常大的困难，导致城市水体污染十分严重。

（2）城市污水收集管网建设落后。

近年我国建设了大量污水处理厂，但是这些污水处理厂发挥的作用并不是十分明显，主要是由于城市污水处理收集管网建设落后，且城市污水处理管网的建设质量不高，不能彻底实现雨污分流，排水管网错接混接现象在城市管网建设中也十分普遍，同时由于管理和经济政策等方面的问题，往往只重视污水总管和干管，没有同步推进收集管网建设和污水截污纳管工程，导致了大量的工业废水、生活污水直接排放到了城市水体里，使得水体污染难以根治。

（3）初期雨水入河，导致河流雨天黑臭。

我国河道雨天黑臭主要成因是合流制系统雨天溢流和分流制系统初期雨水排放。我国大部分城市的老城区为合流制系统，大管径的合流制管道在远距离输送过程中，污染沿程沉淀，沉积率高达40%以上，由此也导致了我国大中城市末端污水处理厂进水浓度普遍偏低，沉积污染伴随雨水排入河流，造成冲击性污染。由于历史原因，分流制地区污水管网的建设严重滞后于城市发展，许多污染源只能就近排入雨水管道。近年来，随着城市积水改造工程的推进，许多雨水管道随意或有意接入污水管道，挤占了污水的输送容量，部分污水管道接入了雨水管道。雨水管道成为混接污水的积蓄池和厌氧反应池，初期雨水排放往往造成河道瞬间黑臭。

（4）人工干扰破坏，造成河流生态功能降低。

随着近些年来城市的开发建设，经常出现一些不科学的水资源跨区域调配及水电站的过度开发，这种没有经过科学规划的设计对于城市河道的生态破坏十分严重，我国的一些中小河流已经出现了严重的断流，造成城市河道严重缺水，导致水流不畅，河道生态流量不足，进而导致的城市河道水体的净化功能严重退化。

（5）暗涵及支汊流变成污水重灾区。

暗涵作为城市普遍存在的一种排水构筑物，是人类在天然河流上实施城市建筑兴建或加盖预制板等活动人为封闭河流，将天然河流演变为城市排污沟，暗渠化河段的污水错接乱排问题突出，是污水直排、雨污水混接错接的重灾区，河流的廊道功能被削弱，生态系统被破坏，整治难度大

以宝安区为例，宝安区多为冲积平原、地势平坦，河网密布、沟联互通、相互影响，构成了更为复杂的河网水系，河道多为雨源型感潮河道，河道水源补给主要来源于降雨带来的地表径流、生活污水以及污水处理厂所排出的尾水。长期的高强度的生产生活废水排放，使得河流污染负荷远远超过其水环境容量，污染物沉积在水中难以降解导致水体富营养化，氧容量下降，导致生物多样性降低，水体自净能力降低，河流生态系统陷入恶性循环。同时受地理条件的限制，河流普遍水位较低，水流动性差，在长期缓慢流动的情况下有局部河道极易再次产生黑臭。在没有雨水补充的情况下，河道水质容易恶化。在潮汐动力作用下，河流既受上游内陆河段来水的影响，又受河口潮汐周期性变化的作用，以致使河口段的水流流向和流速、流量经常发生剧烈的变化，污染在河网中往复回荡，日积月累，日趋严重，水质问题更具复杂性。除此之外由于城市快速发展建设，干扰了河流的自然形态和水文状况，改变了城市河流自然形态，侵占河道蓝线，河岸硬质化，暗涵支汊流多且淤积严重，使得河流丧失生态功能，反复黑臭。

6.3 方案及措施

通过提高城市河道截污行洪能力，整治河道水环境，恢复受损的水生态系统，按照“控源截污、水质净化、清水补给、活水循环、生态修复”的总体思路，从“河道疏浚、暗涵及支汊流整治、生态修复、河道补水、生态绿化、小微水体小湖库塘的整治、泵闸改造及修复”等七个方面入手，通过工程及生物措施，对城市高度建成区河道水环境进行综合整治，实现城市河道的“河畅、水清、岸绿、景美”的河道整治目标。

6.3.1 河道疏浚

1. 河道调查

河道疏浚工程开展前必须对河流水质、沿河排放口、污水处理厂、排水管网、生态修复及河道空间现状进行全方位的调查，具体调查明细如下。

（1）河流水质现状：获取近期河流水质监测资料，明确主要污染物类型、含量及超标情况。

（2）沿河排放口现状：结合现场调研及物探资料，摸清现状河道排放的数量、尺寸、分布及排污量。

（3）污水处理厂现状：明确河道流域污水处理厂的设计规模、工艺、进出水水质。

（4）排水管网现状：明确配套截污干管、泵站系统、污水支管、接驳管网的建设及运行情况。

（5）生态修复现状：明确河道的水景观、水生态现状及周边生态环境资源。

（6）河道空间现状：摸清街道两岸土地利用现状及类型。

2. 黑臭水体的识别与分级

城市黑臭水体是指城市建成区内，呈现令人不悦的颜色和（或）散发令人不适气味的水体的统称。城市黑臭水体的识别与分级评价指标包括透明度、溶解氧（DO）、氧化还原电位（ORP）和氨氮（NH_3–N），分级标准见表6.1。根据黑臭程度的不同，可将黑臭水体细分为“轻度黑臭”和“重度黑臭”两级。水质检测与分级结果可为黑臭水体整治计划制定和整治效果评估提供依据。

表6.1　城市黑臭水体污染程度分级标准

特征指标	轻度黑臭	重度黑臭
透明度 /cm	25~10*	<10*
溶解氧 /（mg·L^{-1}）	0.2~2.0	<0.2
氧化还原电位 /mV	200~50	<–200
氨氮 /（mg·L^{-1}）	8.0~15	>15

注：* 水深不足 25 cm 时，该指标按水深的 40%取值。

根据《城市黑臭水体整治工作指南》的评价规定：某检测点4项理化指标中，1项指标 60%以上数据或不少于2项指标 30%以上数据达到“重度黑臭”级别的，该检测点应认定为“重度黑臭”，否则可认定为“轻度黑臭”。

连续3个以上检测点认定为“重度黑臭”的，检测点之间的区域应认定为“重度黑臭”；水体 60%以上的检测点被认定为“重度黑臭”的，整个水体应认定为“重度黑臭”。

3. 河道疏浚

（1）河道清淤技术。

根据淤积的数量、范围、底泥的性质和周围的条件确定包含清淤、运输、淤泥处置和尾水处理等主要工程环节的工艺方案，因地制宜选择清淤技术和施工装备，妥善处理处置清淤产生的淤泥并防止二次污染的发生。

①排干清淤。对于没有防洪、排涝、航运功能的流量较小的河道，排干清淤指可通过在河道施工段构筑临时围堰，将河道水排干后进行干挖或者水力冲挖的清淤方法。排干后又可分为干挖清淤和水力冲挖清淤两种工艺。

a. 干挖清淤。作业区水排干后，大多数情况下都是采用挖掘机进行开挖，挖出的淤泥直接由渣土车外运或者放置于岸上的临时堆放点。

b. 水力冲挖清淤。采用水力冲挖机组的高压水枪冲刷底泥，将底泥扰动成泥浆，流动的泥浆汇集到事先设置好的低洼区，由泥泵吸取、管道输送，将泥浆输送至岸上的堆场或集浆池内。

②水下清淤。水下清淤一般指将清淤机具装备在船上，由清淤船作为施工平台在水面上操作清淤设备将淤泥开挖，并通过管道输送系统输送到岸上堆场中。水下清淤有抓斗式清淤、泵吸式清淤、普通绞吸式清淤和斗轮式清淤4种工艺。

a. 抓斗式清淤。利用抓斗式挖泥船开挖河底淤泥，通过抓斗式挖泥船前臂抓斗伸入河底，利用油压驱动抓斗插入底泥并闭斗抓取水下淤泥，之后提升回旋并开启抓斗，将淤泥直接卸入靠泊在挖泥船舷旁的驳泥船中，开挖、回旋、卸泥循环作业。清出的淤泥通过驳泥船运输至淤泥堆场，从驳泥船卸泥仍然需要使用岸边抓斗，将驳船上的淤泥移至岸上的淤泥堆场中。

抓斗式清淤适用于开挖泥层厚度大、施工区域内障碍物多的中、小型河道，多用于扩大河道行洪断面的清淤工程。抓斗式挖泥船灵活机动，不受河道内垃圾、石块等障碍物影响，适合开挖较硬土方或夹带较多杂质垃圾的土方；且施工工艺简单，设备容易组织，工程投资较省，施工过程不受天气影响。但抓斗式挖泥船对极软弱的底泥敏感度差，开挖中容易产生“掏挖河床下部较硬的地层土方，从而泄漏大量表层底泥，尤其是浮泥”的情况；容易造成表层浮泥经搅动后又重新回到水体之中。根据工程经验，抓斗式清淤的淤泥清除率只能达到30% 左右，加上抓斗式清淤易产生浮泥遗漏、强烈扰动底泥，在以水质改善为目标的清淤工程中往往无法达到原有目的。

b. 泵吸式清淤。也称为射吸式清淤，它将水力冲挖的水枪和吸泥泵同时装在1个圆筒状罩子里，由水枪射水将底泥搅成泥浆，通过另一侧的泥浆泵将泥浆吸出，再经管道送至岸上的堆场，整套机具都装备在船只上，一边移动一边清除。而另一种泵吸法是利用压缩空气为动力进行吸排淤泥的方法，将圆筒状下端有开口泵筒在重力作用下沉入水底，陷入底泥后，在泵筒内施加负压，软泥在水的静压和泵筒的真空负压下被吸入泵筒。然后通过压缩空气将筒内淤泥压入排泥管，淤泥经过排泥阀、输泥管而输送至运泥船上或岸上的堆场中。

泵吸式清淤的装备相对简单，可以配备小中型的船只和设备，适合进入小型河道施工。一般情况下容易将大量河水吸出，造成后续泥浆处理工作量的增加。同时，我国河道内垃圾成分复杂、大小不一，容易造成吸泥口堵塞的情况发生。

c. 普通绞吸式清淤。普通绞吸式清淤主要由绞吸式挖泥船完成。绞吸式挖泥船由浮体、铰绞刀、上吸管、下吸管泵、动力等组成。它利用装在船前的桥梁前缘绞刀的旋转运动，将河床底泥进行切割和搅动，并进行泥水混合，形成泥浆，通过船上离心泵产生的吸入真空，使泥浆沿着吸泥管进入泥泵吸入端，经全封闭管道输送(排距超出挖泥船额定排距后，中途串接接力泵船加压输送)至堆场中。

普通绞吸式清淤适用于泥层厚度大的中、大型河道清淤。普通绞吸式清淤是一个挖、运、吹一体化施工的过程，采用全封闭管道输泥，不会产生泥浆散落或泄漏；在清淤过程中不会对河道通航产生影响，施工不受天气影响，同时采用GPS 和回声探测仪进行施工控制，可提高施工精度。普通绞吸式清淤由于采用螺旋切片绞刀进行开放式开挖，容易造成底泥中污染物的扩散，同时也会出现较为严重的回淤现象。根据已有工程的经验，底泥清除率一般在70%左右。另外，吹淤泥浆浓度偏低，导致泥浆体积增加，会增大淤泥堆场占地面积。

d. 斗轮式清淤。利用装在斗轮式挖泥船上的专用斗轮挖掘机开挖水下淤泥，开挖后的淤泥通过挖泥船上的大功率泥泵吸入并进入输泥管道，经全封闭管道输送至指定卸泥区。斗轮式挖泥船及斗轮如图所示。斗轮式清淤一般比较适合开挖泥层厚、工程量大的中、大型河道、湖泊和水库，是工程清淤常用的方法。清淤过程中不会对河道通航产生影响，施工不受天气影响，且施工精度较高。但斗轮式清淤在清淤工程中会产生大量污染物扩散，逃淤、回淤情况严重，淤泥清除率在50%左右，清淤不够彻底，容易造成大面积水体污染。

（2）清淤方案比选。

根据高度城市建成区河道的水文特征、清淤深度、场地实际情况以及工期、环保等诸多因素，河、渠清淤主要有以下两种方案：

方案一：人工清淤+汽车运输。人工清淤即人工方式采用简易工具及人力运输器械将淤泥开挖，并以汽车运至弃淤场所。

方案二：机械清淤。机械清淤就是对有条件下机械疏掏的河（渠）道，使用（长臂）挖掘机、船坞相结合的方式在河（渠）道内进行淤泥疏掏。

（3）清淤清障要求。

①普遍清淤与因地制宜相结合。清淤设计断面基本上以现状断面控制，河底高程以前后箱涵底高程作为控制，局部边坡较陡地段，采取顺坡处理；箱涵段、桥段清淤清障要求清至原设计底板高程。

②彻底清除设计范围内的淤泥，但不致开挖、破坏渠底原状地基土。

③清除渠道中所有淤泥、杂草、杂物和沙石等，并运至指定堆泥场。

④淤泥转运必须全程封闭，严防对沿途街道和大气产生二次污染。

⑤明渠段进行机械清淤时，要注意保护现有岸墙。在机械清淤过程中，如损坏岸墙的，应按现状进行恢复。

⑥对于暗涵段，清淤清障时必须考虑安全保障措施，箱涵清淤前和清淤过程中须对箱涵中气体进行监测，并且要有足够的施工通风换气条件，配备橡胶连体水衣、防毒面罩等安保措施，防止安全事故发生。

4. 底泥处理

（1）底泥处理原则。

①减量化：就是减少污泥最终处置前的体积，从而降低污泥的处置费用。

②稳定化：即通过物理化学或生化处理，使污泥稳定化，最终处置时不再产生副产品，减少二次污染的可能性。

③无害化：通过去除污泥中的重金属、有机污染物或灭菌等，达到污泥的无害化和卫生化。

④资源化：就是在处理污泥的过程中变废为宝、变害为利，达到污泥综合利用、保护环境的目的。

（2）底泥处置技术。

河道底泥的污染是对水体的污染以及对底栖生物的危害，无害化处理即是对底泥进行无害或低害安全处理，使其不对水体产生污染，降低对生物的危害。根据底泥的性质、类型，按照最终处置的要求，底泥污染的控制既可采用固定的方法阻止污染物在生态系统中的迁移，也可采用各种处理方法降低或消除污染物的毒性，以减小其危害。主要包括原位处理和异位处理两大类。

①原位处理技术。原位处理技术是指在不进行疏浚的情况下，在河湖泊涌内利用物理、化学或生物方法以减少污染底泥总量、减少底泥污染物含量或降低底泥污染物溶解度、毒性或迁移性，并减少底泥污染物释放、改善污染水体活性的污染底泥治理技术，主要包括原位掩蔽处理、原位化学处理、原位生物修复技术等。

a. 原位掩蔽技术。主要指采用物理方式实现对污染底泥的修复、遮蔽或转移处理的技术，如原位覆盖遮蔽技术。

原位掩蔽技术是指在不移动底泥的前提下直接在底泥的上方用一层或者多层覆盖物覆盖，主要有未被污染的沙粒、石子等天然物，以及炉灰渣、粉尘灰等半成品或者是采用特殊材料合成的化学制品，阻止底泥与上覆水直接接触，防止污染底泥中的污染物向上覆水扩散的底泥修复技术。

b. 原位化学处理技术。原位化学处理是利用化学试剂和底泥中的离子发生化学反应，提高氧化还原电位以减少污染物的毒性，使其转为无毒无害的化学形态存于水体中。化学处理常用的方法有底泥固化法、淋洗法、臭氧氧化法、电动修复法、玻璃化法等。该技术的优点在于费用较低，并且对污染物的去除效果快。

目前使用较多的氧化剂主要有高锰酸盐、双氧水、硝酸钙等。对于受污染底泥的原位氧化治理，目前研究比较多的是采用硝酸钙作氧化剂。向底泥中投加硝酸钙可以氧化底泥中的有机污染物，抑制底泥中磷的释放，同时还有利于去除底泥的黑臭现象。

c. 原位生物——生态处理技术。水体底泥自然环境在基本不被破坏的情况下，通过微生物的作用，将污染物现场降解成CO_2和H_2O，抑或转化成无害物质的技术，即为原位生物生态处理技术。原位生物处理可分为工程处理与自然处理。在原位工程处理过程中经常通过添加微生物生长所需要的养分来提高生物活性或通过添加实验室培养的具有特殊亲和性的微生物以加快环境修复速度；原位自然处理即是利用底泥环境中原有的微生物，在自然条件下进行的生物处理。生物生态处理技术又细分为微生物处理、植物处理、动物处理以及不同生物联合处理等多种方法，工程造价相对较低，运行成本低，对环境影响小，适用于大面积、低污染负荷底泥的生物处理。

②异位处理技术。当底泥中污染物的浓度高出本底值2~3倍，即认为其对人类及水生生态系统有潜在危害时，就要考虑进行疏浚。对疏浚底泥进行异位处置，即将底泥疏离河道后再进行处置的方法，通过底泥预处理及脱水，使得黑臭底泥能够“减量化、稳定化、无害化和资源化”，目前技术相对成熟，是底泥处理主流的方法。底泥的异位处置方法主要包括：

a. 堆放、吹填、海洋抛泥。这些常规的处置方法在解决了底泥出路问题的同时，也带来了各种各样的问题。单纯堆放而不采取其他控制措施，一方面会占用大量土地，另一方面会由于雨水的冲刷又会产生二次污染，而且其中有益成分不能得到充分利用，造成资源的浪费。吹填处理的最大问题就是吹填用地问题，吹填地基一般非常软弱，在后期开发利用时需要花费昂贵的地基处理费用。此外，吹填施工往往出现泥水向围堰外部扩散，引起二次污染。海洋抛泥会直接造成渔场破坏，对海洋环境产生极大的潜在影响，很多国家已经立法禁止。

b. 土地利用。土地利用是把疏浚底泥用于农田、林地、草地、湿地、市政绿化、育苗基质及严重扰动的土地修复与重建等。科学合理的土地利用，可减少其负面效应，使疏浚底泥重新进入自然环境的物质、能量循环中。土地利用能耗低，是适合我国国情的安全积极的处理方式。

c. 填方材料。在适宜条件下对疏浚底泥进行预先处理，先通过改良其含水量高、强度低的性质，使其适合于工程要求，然后进行回填施工，作为填方材料进行使用。对疏浚底泥进行预处理的一般方法通常包括物理方法（干燥、脱水）、化学方法（固化处理）和热处理方法（烧熔处理）。从工程应用出发，采用化学原理的固化处理法是最为灵活、适用范围广、造价较为理想的方法。固化处理后的疏浚底泥成为填方材料，可代替砾石和土料进行使用。与一般的土料相比，固化土具有不产生固结沉降、强度高、透水性小等优点，除可以免去进行碾压、地基处理施工外，有时还可达到普通土砂所达不到的工程效果。

d. 建筑材料。疏浚底泥可用于制造建筑墙体材料、混凝土轻质骨料和硅酸盐胶凝材料。在砖瓦、水泥等行业都对黏土有着大量的需求，黏土资源的大量开采，已影响到农村耕田的数量和质量，而当前黏土砖、混凝土等仍是最大宗的墙体材料。因此，利用疏浚底泥替代黏土会减缓建材制造业与农争土，是疏浚底泥资源化的又一途径，这种方法在我国有着广阔的发展前景。

5. 底泥脱水

（1）自然干化。

疏浚泥浆通过泥浆泵，被送入底泥堆场，在自然状态下泥水分离。通过闸门高度的调节，将上清液排入排水沟，剩余的底泥颗粒沉积在堆场中。

传统的疏浚底泥自然干化方法，在堆场上清液排放完成后就进入自然干化状态。自然干化主要通过日照蒸发、风干、自然下渗等途径，干化期需要5~10年甚至更长时间，而且受气候影响很大，如遇降水等天气因素影响，尤其是对于细颗粒为主要成分的粉质黏土，将会大大延长其干化周期，从而长期占用干化堆场，造成土地资源的闲置浪费，并且会带来一定的安全隐患。由于堆场中下部分泥浆中的水分极难排出，所以疏浚底泥自然干化堆场深度一般不超出3 m。底泥堆场自然干化示意图如图6.1所示。

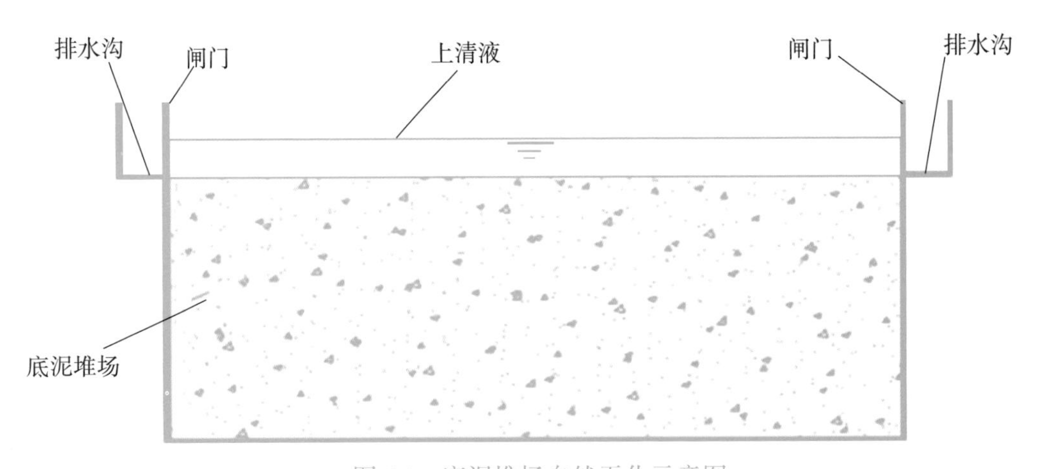

图 6.1　底泥堆场自然干化示意图

（2）主动开沟排水干化。

开沟主动排水是指在堆场内设置各种形式的排水系统，将雨水顺利排出堆场以提高疏浚底泥自然条件下脱水干化效率的一种方法。其脱水干化效果受降水影响尤为严重。开沟主动排水，开挖间距为5 m和10 m的排水沟，堆场中底泥干化情况受降雨影响较小，特别是间距为5 m的排水沟，含水率能快速降低到25%左右，而且之后基本没有很大的变化，只有在雨水特别充足的情况下才略有升高。而间距在40 m时，在降水充足的条件下，含水率有明显上升的趋势。如果构建了较好的排水设施，堆场底泥含水率上升到一定高度后不再升高，也能将雨水及时排出，但是开沟主动排水不能在短时间内排除黏土中的孔隙水。主动开沟排水干化示意图如图6.2所示。

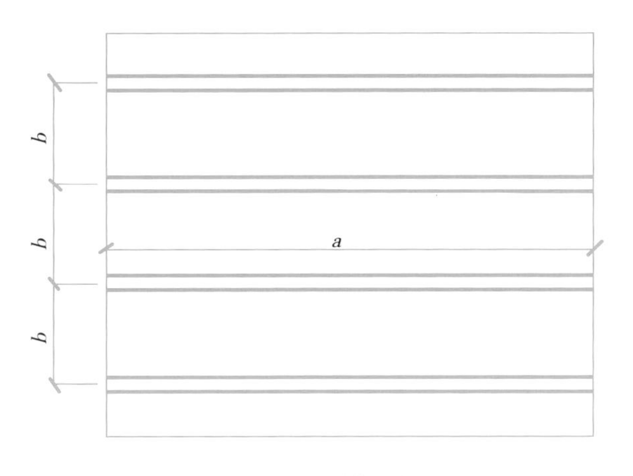

(a) 堆场平面图

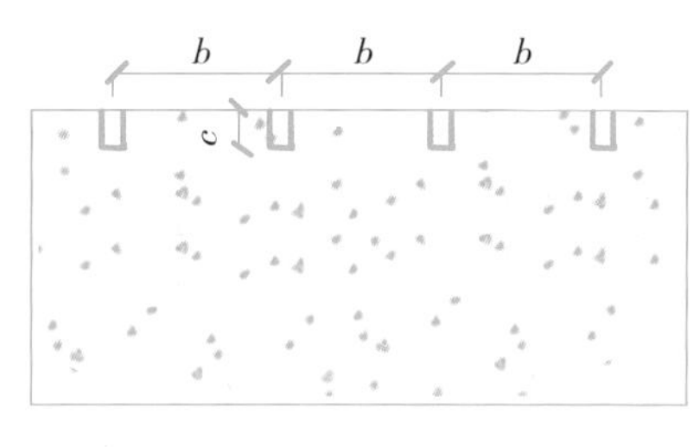

(b) 堆场剖面图

a——排水沟长度，m

b——排水沟间距，m

c——排水沟深度，m

图 6.2　主动开沟排水干化示意图

（3）搅拌固化法。

搅拌固化法是众多底泥处理方法中造价较低、固化效果较好的方法之一。即在河道清淤底泥中加入固化剂，搅拌均匀，待充分固化反应后，会使底泥高含水率、低强度的特性得到显著改善。底泥固化搅拌设备如图6.3所示；固化后的底泥如图6.4所示。

优点：处理成本较低，能将底泥无害化、稳定化，同时固化产物还能资源化利用，变废为宝，减少土地占用，目前已成为河道底泥处理较有竞争力的技术方案之一。

缺点：固化后的底泥需要养护处理，养护周期相对较长，根据添加的固化剂不同，需要3~20天左右的养护时长，对养护场地面积要求较高。

图 6.3　底泥固化搅拌设备

图 6.4　固化后的底泥

（4）机械脱水法。

机械脱水方法主要包括离心脱水和板框压滤脱水两大类。本工程采用环保型绞吸式挖泥船进行疏浚，环保疏浚会产出含水率（水比总质量）90%~95%的淤泥浆体，通过垃圾分选机筛除泥浆中垃圾杂物后，泥浆进入泥砂分离池分离砂料，然后进入沉淀池进行泥浆浓缩。采用泥浆泵或小型绞吸式挖泥船将沉淀池底部浓缩泥浆送入拌和系统，投加疏水剂和疏水固化剂对泥浆进行调理调质，在调理池中经过均化掺混后通过喂料泵送进入脱水设备。经过脱水处理，分离出含水率（水比总质量）小于等于40%泥饼和余水，泥饼可随时外运利用，余水处理达标后还河。

（5）土工管袋法。

土工管袋脱水法是指将疏浚底泥输送进入土工布袋中，通过加压促使底泥水分脱除的一种技术方法，土工管袋脱水步骤分为3阶段，分别是充填、脱水、固结阶段。

①充填：把淤泥或污泥充填到土工管袋中，为加速脱水，必要时可投加絮凝剂促进固体颗粒固结。

②脱水：清洁的水流从土工管袋中排出，其脱水原理主要是土工管袋材质所具有的过滤结构和袋内液体压力两个动力因素，同时还可以添加脱水药剂促进脱水速率。经脱水后超过99%的固体颗粒被存留在土工管袋中；渗出水可以进行收集并再次在系统中循环利用。

③固结：存留在管袋中的固体颗粒填满后，可以把土工管袋及其填充物抛弃到垃圾填埋场或者将固结物移走，并在适当的情况下进行利用。由于底泥渗透系数低，土工管袋脱水法工期较长，根据类似经验，需要一年甚至更长时间，适用于气候比较干燥、无工期要求、土地使用不紧张以及环境卫生条件允许的地区。

土工管袋干化示意图如图6.5所示。

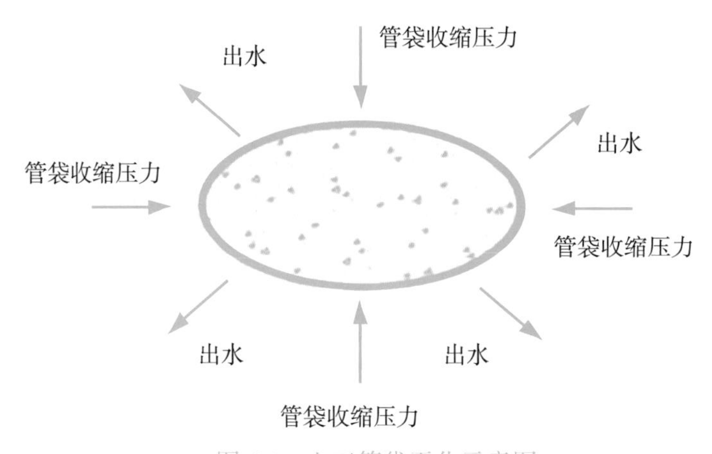

图 6.5　土工管袋干化示意图

（6）热处理法。

底泥干化按热介质与底泥的接触方式可分为两大类，一类是用燃烧烟气进行直接加热；另一类是用蒸汽或热油等热媒进行间接加热。用烟气进行直接加热时，由于温度较高，在干化的同时还使底泥中许多有机物分解。间接加热，温度一般低于120℃，底泥中的有机物不易分解。

（7）底泥的焚烧技术。

底泥焚烧是一种常见的处置方法，它可以破坏全部有机物，杀死病原体，并最大限度地减少底泥体积。当底泥自身的燃烧值较高，或底泥有毒物质含量高，不能被综合利用时，可采用燃烧处置。但焚烧处理单价较高、尾气难以处理等问题已成为制约底泥焚烧工艺的主要因素。底泥在燃烧前，一般应先进行脱水处理和热干化，以减少负荷和能耗。

（8）电渗析法。

电渗析技术利用了外加直流电场增强土料脱水能力的原理，达到降低过湿土含水率的目的。电渗析可除去土中的自由水和部分弱结合水，尤其是对低渗透性的细粒土，电渗析是一种很有效的脱水方法。由于黏土质土壤颗粒一般带负电荷，根据电荷平衡原理，黏土中的水分子带正电荷，当在泥浆中插入电极时，电流从阳极流向阴极，黏土颗粒向阳极移动，带有极性的水分子向阴极流动，这种现象称为电渗析。电渗析法由于其独特的排水机理，排水效果不受颗粒粒径大小的影响，在环保疏浚底泥脱水的工程应用上，特别适用于处理黏土质等自然条件下不易快速脱水且易受降水影响干化效果的土类。电渗析法作为一种能够应用于各类土质的脱水方法，由于其能耗较高，往往在常规脱水方法无法取得预期效果或者堆场局部有积水的情况下采用。其作用原理如图6.6所示。

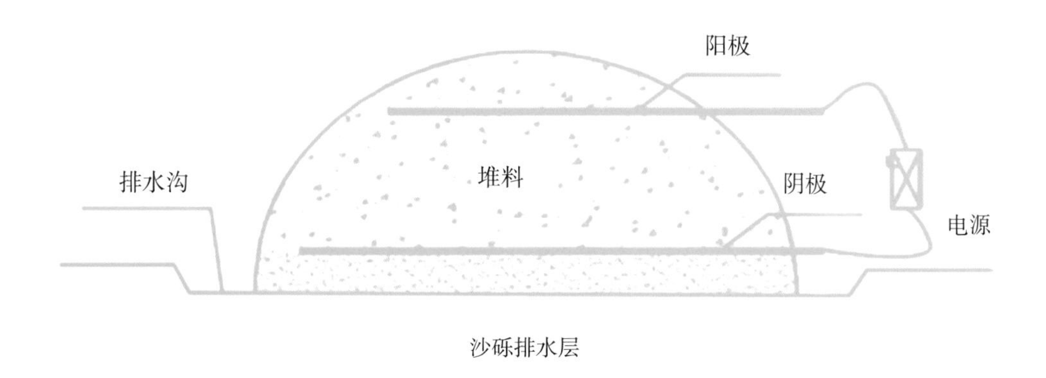

图 6.6　电渗析法示意图

（9）底部排水法。

底部排水法示意图如图6.7所示。疏浚底泥堆场纵向深度可达5 m以上，在底泥脱水干化初级阶段主要是底泥颗粒的沉降和压缩，自由水在这个过程中被底泥颗粒逐渐挤压出来，形成上覆余水。余水通过水门直接排入受纳水体或者以蒸发的形式进入大气，同时沉降的底泥则形成越来越密实的泥层。堆场在上层余水排尽以后，疏浚底泥能够受蒸发作用继续干化的泥层仅1 m左右，堆场上层1 m以下部分的底泥由于排水水头的限制，依然呈流态，承载力不能达到运输要求，故从底部排出堆场中下层底泥中所含的水分，成为提高疏浚底泥脱水干化效率的一种途径。

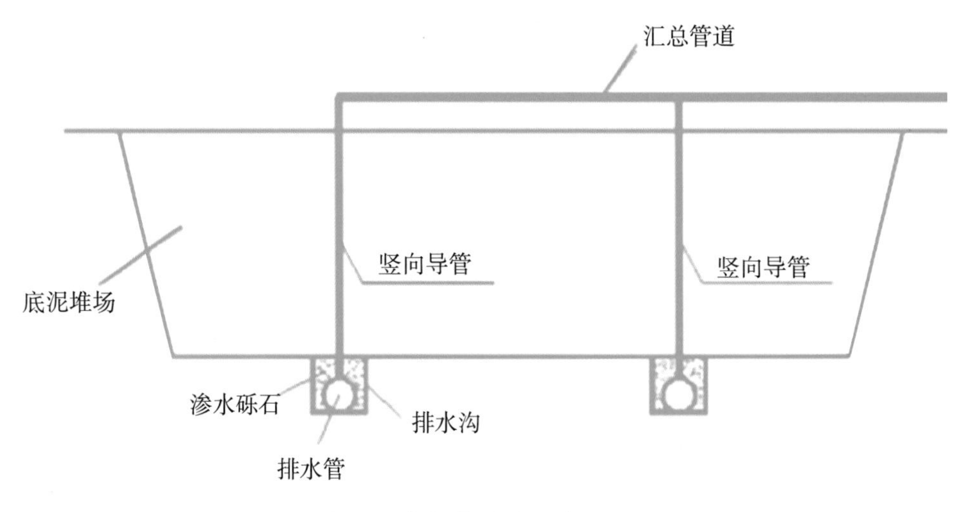

图 6.7　底部排水法示意图

（10）投加固化剂。

投加固化剂对泥浆进行脱水的方法目前主要应用在处理城市污水处理厂的污泥中。目前普遍采用的以脱水为目的的固化剂为生石灰和粉煤灰等，环保疏浚底泥颗粒相对于污水处理厂污泥来说，有机质含量更低，但黏土等细颗粒含量较高，疏浚堆场垂直和水平方向的透水性都很差。投加生石灰或者粉煤灰的主要目的是开辟过水通道，使不受表层蒸发作用影响的泥层中的自由水能够顺畅地通向堆场底部排水系统。疏浚底泥经固化处理后在强度上能够满足一般填土地基的承载力要求，且污染物的溶出率大大降低，再加上固化淤泥的渗透系数很低，可以认为污染物被稳定在固化体中，有效的降低了淤泥利用中的二次污染风险，处理流程如图6.8所示。

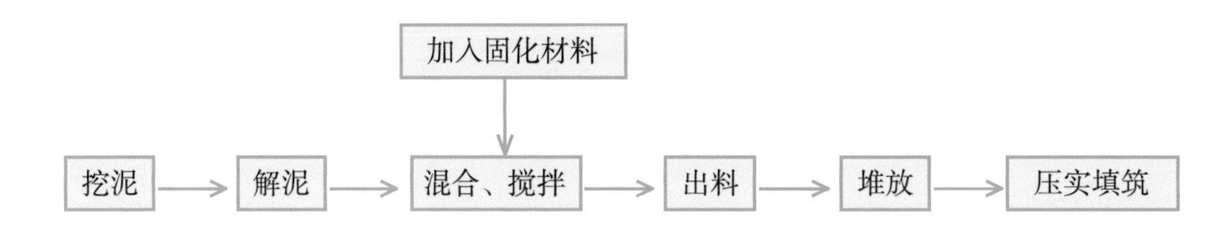

图 6.8　固化脱水法流程示意图

6.3.2 暗涵及支汊流整治

城市暗涵及支汊流均位于老城区，主要为截流式合流制排水体制，长短不一，多数渠段上覆盖市政道路或房屋建筑，检查井分布较小，暗渠长期积水较深，受下游顶托影响，水体流动缓慢，清淤中面临着需要分段封堵与大量排水的问题。因此，暗涵及支汊流清淤整治必须在探明暗涵及支汊流淤泥的分布特征的基础上，联合清淤设备的对比分析、清淤方法的比选等，提出综合整治措施。

1. 探测溯源

依据暗渠是否存在检查井、标示物及其分布条件，结合实际资料、现场地质与管线分布交错情况，进行综合分析，合理采用水下潜望镜与雷达相结合的方法进行勘查定位。对于检查井分布较密或有明确标示的暗渠，可采用水下潜望镜定位；对于检查井分布稀少或无检查井、标示的暗渠，采用探地雷达对暗渠进行全方位探测定位，探明地下信息，主要分为地震波法、探地雷达法、示踪法以及管道机器人探测。对于全段封闭的暗渠更适用于用探地雷达法确定其位置、尺寸及埋深。在多条管渠并行或交错情况下，可部分现场开挖及利用钎探来探明。

2. 清淤作业

清淤作业时对于长距离、全封闭的暗渠，分段实施，合理开挖布设工作井，工作井同时避让交通干道。采用开敞式进行持续通风，利用风机加快通风速率，在作业过程中对气体浓度实时监测，分析空间内气体浓度变化情况，合理安排单次短时作业时间。

暗渠清淤作业宜选择非汛期，分段做好导流排水及应急排水措施。按照排水管道封堵技术要求，对于需要清淤的暗渠采用橡皮管塞或砖墙临时封堵，封堵遵循先上游后下游的封堵方式，必要时还需对沿线排水支管进行临时封堵，水泵将封堵范围内管道内部的积水临时排至下游管网内。清淤完成后，及时拆除封堵，保持水流通畅。

3. 常用清淤方式

（1）机器人清淤。

水下爬行机器人能适应各种工作环境，可以在暗涵内部进行水下连续作业，操作非常方便。相对于人工操作检测判断淤泥堆积情况来说，机器人的利用在精度和准确度上都有较大提高，利用摄像探头，可以直观地观测到箱涵内底部淤泥堆积情况，避免了人为凭经验判断可能出现的偏差。机器人在水下清淤疏浚过程中不引起环境的二次污染，无须大面积破路施工，带水作业，施工期不影响暗涵正常排水，具有安全性高、高效、节能等优点。但清淤机器人受限于暗涵尺寸大小，淤泥较薄段采用机器人清淤综合投入较高。

（2）装载机清淤。

装载机清淤施工效率较高，每台装载机1 h 的清淤量约为20 m^2。一般小型装载机仅适用于暗涵尺寸较大的位置，施工时要求暗涵内通风良好，小型机械及施工人员进入暗涵内施工，除此之外，还需采用临时围堰，保证干的施工条件。清淤作业过程中采用小型装载机推铲集中淤泥，再用挖掘机开挖和装车，淤泥装入运泥车运至指定底泥固化场集中处理。

（3）移动式吸泥泵清淤。

移动式吸泥泵可悬浮于底泥上，配合高压水枪施工，可在狭窄的空间内施工作业，操作方便，但施工效率相对较低，且输送距离有限。主要用于城镇污水处理厂、企业污水处理厂、硬底河道、养鱼池、人工景观湖、喷泉池底和游泳池底等清理底泥。

（4）水力冲洗清淤。

水力冲洗是指采用高压射水清理暗涵的疏通方法，其效率高、疏通质量好，近20 年来已经在我国许多城市逐步采用。主要使用高压喷射车，装备有大型水罐、机动卷管器等。操作时由汽车引擎驱动高压泵，将水加压后送入射水喷嘴。靠射水产生的反作用力，使射水喷头和胶管一起向相反方向，同时也清洗暗涵内壁。当喷头到达一定的距离时，机动绞车将软管卷回，此时射水喷头继续喷射水流。但水力清洗只能小范围冲洗底泥，且无法输送底泥，需结合人工将暗涵内残留的沉积物输送至下游检查井，然后由吸泥车将其吸走。

（5）人工清淤。

在施工场地限制较多，施工机械无法到达的情况下，可采用人工清淤，此清淤方式可操作性强，施工方便、灵活，清淤不受场地限制，施工成本低，但作业效率相对较低，作业工期长，人工资源投入量大，人工清淤同时配合水力冲洗等机械可以显著提高作业效率，达到最佳作业效果。

4. 渠道修复

（1）修复方法。

目前针对混凝土结构腐蚀破坏的修复方法主要有物理方法、电化学方法及缓蚀剂修复方法，各方法特征如下。

①物理方法是最直接的修复方法，将混凝土结构损伤部位进行破除，替换性能降低的钢筋，回补质量好的混凝土，该方法安全有效，应用广泛。混凝土结构物理修复流程如图6.9所示。

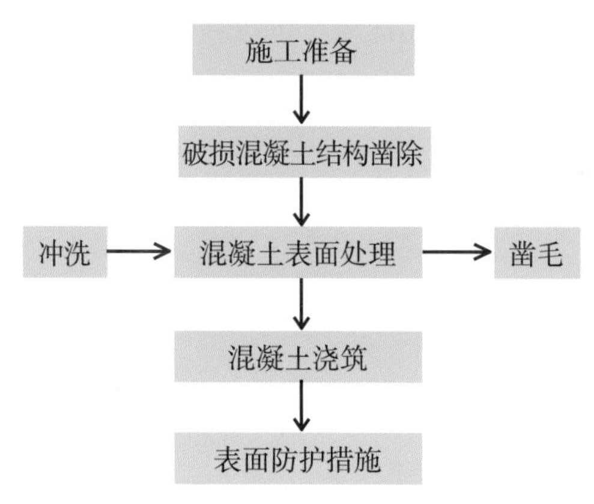

图 6.9　混凝土结构物理修复流程图

②电化学方法是利用阴阳离子的运行及相互反应，形成新的保护层，阻隔有害离子的侵蚀，该方法可有效应对钢筋腐蚀问题，但对腐蚀程度大、存在混凝土脱落的结构作用有限，目前多处于研究阶段，工程应用较少。电化学修复混凝土结构示意图如图6.10所示。

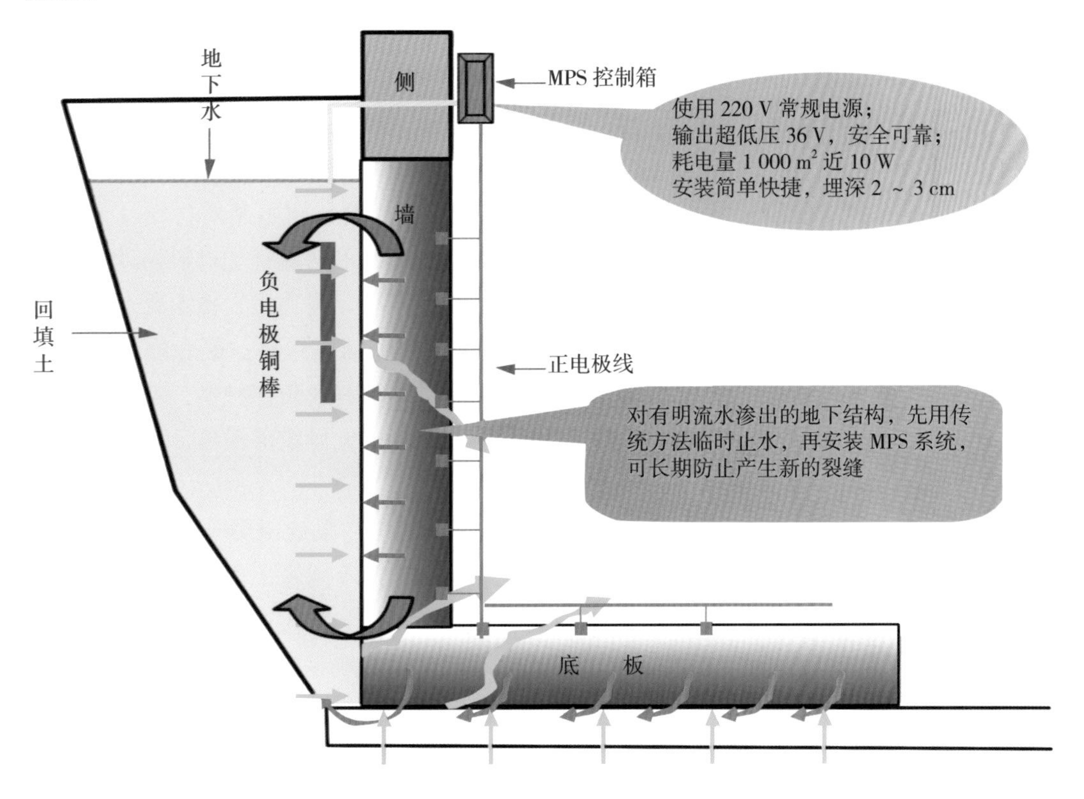

图 6.10　电化学修复混凝土结构示意图

③缓蚀剂修复技术（防腐修复）是用化学腐蚀剂来延缓混凝土侵蚀，在电厂、化工厂和制造厂中广泛应用。采用此化学物处理硬化的混凝土可以延长混凝土结构寿命，降低维护费用，延缓或终结腐蚀，对混凝土干扰小。混凝土结构表面喷涂缓蚀剂如图6.11所示。

图 6.11　混凝土结构表面喷涂缓蚀剂

根据河道源头暗涵化渠道结构检测成果，箱涵结构存在混凝土脱落，部分钢筋锈蚀严重，采用电化学方法结构修复作用有限。因此，河道混凝土结构修复首先采用物理方法，将破损的混凝土进行拆除置换，修复混凝土结构强度损失，其次采用缓蚀剂修复技术，对河道箱涵内表面进行防护，阻止有害介质对混凝土结构侵蚀。

（2）结构修复技术选择。

河道源头暗涵混凝土结构缺陷主要分布在顶板及侧墙位置，大部分呈现钢筋锈蚀、外露，混凝土保护层脱落等，结构修补厚度一般在15 cm，中等及严重结构隐患，修补厚度一般在30 cm左右。

①修复材料选择。混凝土结构修复材料主要有混凝土材料、树脂基质材料及聚合物改性材料等，混凝土材料应用范围广，来源广泛，价格便宜，不同混凝土材料物理化学性能不同，对复杂环境适应性强；树脂基质材料虽然黏结强度高，但其施工技术要求高，温度敏感性高，易老化，使用寿命短，不利于进行破损混凝土结构修复；聚合物改性材料PMC与老混凝土黏结性能较好，适合作为老混凝土表面黏结材料及防护材料，不适用于结构损坏部位大体积混凝土填补。河道源头暗涵内部存在混凝土大量脱落现象，局部缺陷尺寸超过25 cm，暗渠混凝土结构修复宜采用混凝土材料。

②修复工艺选择。混凝土材料施工工艺包括常规浇筑法、泵送混凝土法、喷射混凝土法、预填骨料压浆混凝土法等，混凝土结构修复工艺应根据不同施工环境，进行有针对性的选择。河道源头暗涵为地下结构，施工空间有限，且大部分结构损伤位于箱涵顶部，混凝土振捣施工受限较大，振捣不易密实，因此，不宜采用常规混凝土浇筑法。预填骨料压浆混凝土法由于砂浆后注入，必然会使粗骨料颗粒间隙局部浆液不饱满，形成空洞，影响其力学性能。

6.3.3 生态修复

河流生态系统的生态修复技术根据实施方式大体可分为两大类：第一类是河流形态、河道纵横断面、河床和边坡结构形式、水动力条件等河道特性的修复，通过修复能使河道为生态系统的自循环提供良好条件；第二类是河道岸边保护的植物种植、水生植物（包括挺水、浮水和沉水植物）、水生动物和微生物的恢复性投放，以恢复水生生态系统的功能，提高生态系统的自我调节能力，逐渐达到未破坏的状态。

1. 河道水生态系统构建

高等水生植物的恢复是水生态系统修复的关键。沉水植物是水体生物多样性赖以维持的基础。沉水植物占优势时，水体水质清澈，生物多样性高。水生植物有过量吸收营养物质特性，可降低水体营养水平，能减少因为风和摄食底栖生物的鱼类等所引起沉积物重悬浮，从而降低浊度。水生植物还能抑制浮游植物的生长，从而降低藻类的现存量，显著提高富营养化水体的水质，对污染水体有明显的净化作用。

（1）生态构建优势沉水植物的选择原则。

①耐污能力强。植被恢复中只是发挥斑块效应，通过对先锋植物的移栽，促进沉水植被的恢复和快速建群。因此沉水植物首先必须要求具有很强的耐污能力，能够在恶劣的污染水体环境中存活生长并能形成固定群落。只有这样，沉水植被的恢复才具有可能。

②较好的水质改善能力。要求沉水植物具有较好的水质净化能力，能够改善水下光照条件，提高水体的透明度和光补偿深度。

③良好的生态适应性。物种的选择还需要具有良好的生态适应性和生态安全性。在此基础上首先要选择那些繁殖能力强，能抗风浪、对透明度要求不高，适应深水处生存的植物。同时，也要适当考虑伴生种类的植物筛选。因为仅有先锋植物，没有伴生植物，不易形成群体，对植被恢复也是很不利的。

（2）基于水域生态学的河道沉水植物配置。

沉水植物被誉为“水下森林”，可根据其形态特征，将沉水植物分为枝状植物、蔓状植物、草状植物、挺水绿冠，并根据一定的原则和配置方法，营造出葱郁幽雅的水下森林。

①枝状植物。可将其大量种植形成“丛林”的效果作为背景，或与低矮的草状植物搭配散植在平静的湖底，形成“疏林草坪”效果，或规则式列植、对植、与其他植物配置形成植物组团等，创造丰富多彩的水下植物森林。

②蔓状植物。蔓状植物较枝状植物形态细长，所以较适宜种植于相对能够体现其形体的流水中，随着潺潺流水摆动枝叶，画面灵动而优雅。在浅水处，还可与种类丰富的挺水植物或湿生乔木等进行搭配组合，作为中景或近景供人观赏，营造回归自然、充满野趣的景观。

③草状植物。草状沉水植物不及陆地草状植物品种多样，根茎强健，但更具柔软度，弹性和色泽，从水上鸟瞰效果美观漂亮，波光粼粼的湖水下，柔软的叶片随水波缓缓飘荡，十分美丽。水下地被植物可以大面积片植形成壮美的背景，又可与其他沉水、挺水、湿生植物搭配形成植物群落组团，营造优美自然，生机勃勃的景观。

④挺水绿冠。冠层就是一个植物群落大致处于相同高度的树冠或草冠连成的集合体。沉水植物群落同样会形成冠层，一些大型的沉水植物因拥有浮水叶，或花茎伸出水面开花，而形成漂浮于水面的厚密冠层，且边缘效应明显，通常中间高，边缘低。这些冠层如由茎、叶组成，则可营造有如水面植物浮岛的效果，如由观花沉水植物组成，则可营造浪漫优雅的花海效果，极具观赏价值。水生植物的选取，不仅需要观赏价值高、环境适应能力强，而且需要具备较好的净水能力，以便于构建有效的生态系统，建立起具有生态意义的湿地景观。

除了具备以上的条件之外，水生植物还应该具有较好的抗污染能力、发达的根系、较高的经济价值，同时兼顾物种间的合理化搭配，与此同时，优先选用适应环境条件的乡土物种，凸显深圳的亚热带风光，展现深圳特色。种植方式为分区种植，具体分区和造型根据周围景观情况布置，以保证与整体景观协调一致。

（3）浮动湿地。

浮动湿地也叫浮式湿地，是通过在水体中搭建类似人工湿地的结构，对水体污染物去除并实现生态修复作用。与传统人工湿地相比，浮动湿地能够直接作用于布设的水体，满足各类水位变化要求，适应不同水深，无须占用土地资源，构建快捷，其单位面积处理效率高于人工湿地。结合水利设计的浮动湿地可应用于各类污水处理，是全新的水生态处理方法。浮动湿地效果如图6.12所示。

复合纤维浮动湿地能够有效去除水体中有机物、氮、磷、重金属等多种污染物质，有效控藻，改善水体黑臭，适应不同水利条件的稳固要求，在不同水深水体下大面积稳固布设，增加水体透明度，减少底泥，控制异味，修复水生态环境，快速构建水生态景观，提升环境效应。

通过浮动湿地中基质、附着微生物与植物形成的净化系统，通过物理、化学和生物作用使水质得到净化、生态修复等效果。浮动湿地基质材料与根系形成的“海绵体”比表面积大，能吸附大量微生物，形成生物膜，达到高效处理水体污染的目的。

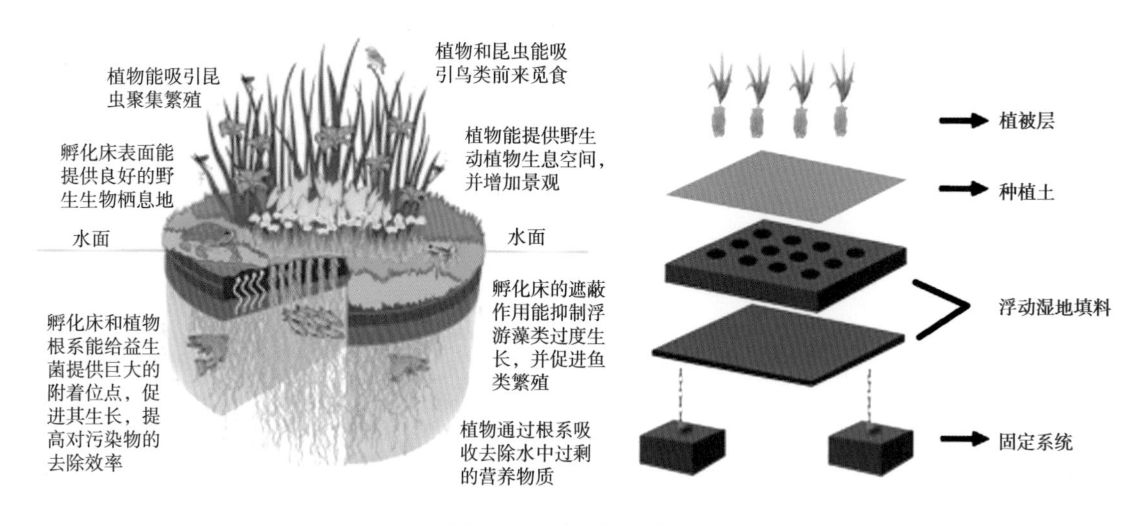

图 6.12　浮动湿地效果图

2. 河流形态及河道特性修复技术

（1）河流形态及河床构建技术。

城市河流形态主要是指将人工化的顺直河道形态恢复到自然弯曲的河道形态，自然弯曲河道具有人工顺直河道无法比拟的生态适宜条件。自然弯曲河道有浅滩和深潭，有利于浅水区或深水区的水生动物生长和栖息，同样自然弯曲河道的不同水动力条件有利于多种水生动物生长、栖息和繁殖；人工顺直河道不适于多种水生动物的生存和生长，特别是水生动物的栖息和产卵繁殖场所有限，导致多种物种消亡。

①恢复蛇形河槽。蛇形河槽是水流冲刷和冲蚀的结果，是自然河流的基本特征之一。但在城市范围内，由于用地紧张以及景观和防洪的需要，往往被“裁弯取直”，结果一方面导致过水能力增强，入海路径被人为缩短，减少了周围地区可利用的水资源的量；另一方面，河槽被裁弯取直后，水体中原有的不同流速带消失，导致部分水生生物灭绝。此外，河床的人为缩短，也使附着在其上的微生物的数量减少，大大减弱了水体的自净能力。因此，应尽可能地恢复蛇形河槽，恢复水体流动的多样性，以保持水域生态系统的生物多样性，增强水体的环境容量。

②设置浅滩和深沟。自然河流中深沟和浅滩是交互存在的。它们的存在对水生生物来说是非常重要的，尤其是鱼类。浅滩上水生昆虫种类繁多，还有各种各样的藻类，这就为鱼类提供了良好的觅食之处。同时，它也是鱼类产卵的最佳场所。深沟则是鱼类休憩的好去处，也是洪水期间，鱼类避难的主要场所。浅滩和深沟的存在，会在水体中形成不同的流速带，以满足不同鱼类对流速的要求。此外，浅滩和深沟的形成，可极大增加河床的比表面积，使附着在河床上的微生物的数量大大增加，有利于水体自净能力的增强。

③设置人工落差。在河床存在较大比降的情况下，可人工设计落差。落差的设计一方面可增加水体的复氧能力，从而增强水体中溶解氧的含量；另一方面也具有一定的景观效果。但在设计落差时，最大设计落差不得超过1.5 m。落差过大，会影响鱼类的上溯。对比降过大的河段可设计成多段落差，形成阶梯状。这样，一方面有助于鱼的上溯；另一方面也有利于水流和河相形成多种变化，不仅有利于保持生物的多样性，而且抬高部分河段水位，减少河床裸露，改善景观环境。

④粗柴沉床。粗柴沉床是为保护河床免受水流侵蚀作用，以及保持水体中水生生物多样性的又一重要的生态工程技术。粗柴沉床是以长度大约3 m、直径为2~3 cm的野生树木的嫩枝粗柴为主要材料，将其扎成捆，再组合成格子，格子间内敷上卵石或砾石，进一步加固河床，防止水流对河床的侵蚀。

（2）河道特性修复技术。

河道特性包括纵坡比、横断面、边坡、水动力学条件等，城市河道纵坡比主要受地形条件影响，一般比较平缓，容易淤积，因此河道纵坡比修复的主要技术是疏浚和清淤，通过疏浚和清淤可以恢复河道原来的纵坡比。城市河道横断面形式和边坡防护变化较大，较早时期，城市河道横断面主要是自然形土坡，两岸边坡没有专门的护砌，有利于水生植物生长和水生动物栖息。近年来，随着人们生态环保意识的不断提高，在人水相亲理念的指导下，城市河道横断面形式和边坡又重新向自然形恢复，断面形式主要为复合梯形、复合矩形、梯形与矩形组合、自然土坡形等，组合形断面能够较好地实现人水相亲的目标，有利于绿色景观建设，但占地面积较大。

3. 生态型护岸建设技术

生态型护岸是指在水陆生态系统之间架起了一道桥梁，对两系统间的物流、能流、生物流发挥着廊道、过滤器和天然屏障的功能。在治理水土污染、控制水土流失、加固堤岸、增加动植物种类、提高生态系统生产力、调节微气候和美化环境等方面都有着巨大的作用。生态型护岸可以进一步加固防堤，滞洪补枯。生态型护岸所采用其他的自然材料和人工合成材料有加固堤坝、增强堤坝安全性和稳定性的作用。生态型护岸可以修复水域生态系统，以再生多种生物为目的的生态型护岸技术从整个水陆交错带的生态结构入手，充分应用生态工程学的基本原理，力求修复退化了的水域生态系统。目前生态护岸的主要类型有以下几种：

（1）自然原型护岸。

自然原型护岸即将适宜在滨水地带生长的植被种植于护岸基质上，充分利用植物比较发达的根系达到固土护岸的目的，通过植物茎叶弱化或者缓解水体侵蚀，保持水土，这种护岸属于低强度类型。常见自然原型护岸主要包括水生植物、植草、防护林与梢料、植物纤维垫四种类型，其中水生植物护岸就是水生植物通过自身根茎与叶按照水线而形成的具备保护作用的地带，可加速泥沙沉淀，同时还可以吸附水体中大量营养物质，起到净化水质的作用，不仅如此其还可为水生生物提供良好的生存环境。植草护岸则是使用植物将护坡表层全面覆盖，以免出现水土流失现象，主要植物就是各种草类，但是这种方式对种植地有着一定要求，一般不会种植在行洪流速较快的迎水坡面、陡峭的岸坡及长时间处于水下的地面。防护林与梢料这种护岸方式将植物枝条或者梢料，依据相应结构形式制作成梢料排、层或者捆等，减轻水体对岸坡的侵蚀。自然原型护岸主要用于短期内降水量较小且流速慢、水体落差及冲刷力都比较小的河道，这种护岸不会对生态系统产生影响，且可种植物品种较多，有着完善的生态功能，但是其缺点也不容忽视，如护岸强度差、抗冲刷能力较弱等。

（2）自然型护岸。

在种植适宜植被的前提下，辅以天然材料加大坡脚的保护力度，进一步增强护岸抗洪能力及稳定性，这种护岸类型一般运用于自然坡度且水位落差较小的河道，河床平整度不高、流速较快且冲刷力不高的河道同样适用。自然型护岸所使用的材料全部为可再生资源或者自然资源，不会对环境产生破坏，更加不会影响生态系统，并且可以利用石块或者木桩之间的缝隙种植植被，确保空间得到最大限度运用。其生态功能完善，施工时间短、易操作，但是相比于自然原型护岸，工程量大，资金投入较多，且土体及砌石位置结构稳定性差，加之木材使用时间短，需要定期更换。

（3）多自然型护岸。

多自然型护岸以自然型护岸为基础，在其表面设置土工布、钢筋、混凝土等材料，以便增强护岸强度及各种能力水平，与上述两种护岸类型相比，多自然型护岸抗冲击能力最高，并且是在水利工程中运用较多的。其中比较常见的护岸包括三维植被网、生态混凝土及挡土墙、土工织物编袋等不同类型。多自然型护岸一般运用于坡度小于70°，并且高差在4 m以下的河道中，此类型护岸将软硬景观有机融合，亲水效应显著，防护效果明显高于上述两种，其在固坡防护及抗冲刷方面发挥了重要作用，尽管这种护岸类型有着诸多优势，但是其人工较多，对原有自然生态产生一定干扰，在建设过程中多使用新技术，大幅度增加了施工难度，整体投资较大，并且如果在施工过程中操作不当，废弃材料会形成二次污染。

6.3.4 河道补水

1. 补水目标

通过补水工程，改善河道水力条件，提高河道水位，内部水循环结合局部区域的生态修复工程，构建河道的生态体系，减少水流缓慢所造成的水体黑臭，使河道恢复清澈，恢复河道自净能力，提升入海水质，配合景观改造具有一定的观赏效果。

2. 补水原则

补水工程应按远期规划、近远期结合、以近期为主的原则进行设计；补水管线走向取决于城市平面位置，区域地形，水源及补水点位置等，主要敷设在城市道路下，并充分考虑补水的安全性及经济性；管径选择根据补水量分析，管径以近期为主、复核远期设计。

3. 适应性分析

生态补水技术不是万能的水生态修复措施，分析其适应性主要从以下几个方面考虑：

（1）具有实施补水的优质水源。

生态补水的水源必须有质和量的保证，在水质方面，应达到或经过一定的净化后可达到被补给水体的目标水质标准；在水量方面有一定富足，不会因向外部补水而使自身的生态环境受到影响。

（2）引水通道安全经济，具有可实施性。

对于城市湖泊而言，水源地距离湖泊较远或湖泊周边建筑密集，都可能造成引水通道的建设投入过大，影响方案的经济性，同时也会在施工过程中对周边环境和房屋安全造成影响。

（3）不适宜向未实施截污的水体补水。

对湖泊进行生态补水是对湖泊生态系统维持能力不足的补充，是对水动力条件的改善，若未开展湖泊的截污工作而进行生态补水，只会增加受污染水体的总量，最终排走的受污染水体又会对其他位置造成影响。

4. 技术要点分析

（1）最低生态水位的确定。

最低生态水位是湖泊最重要的生态因子之一，是保护物种多样性和生态完整性的湖泊最低水位，也是确定生态补水方案参数的重要条件。湖泊最低生态水位的确定方法主要有天然水位统计法、生态水位法、生物最小生存空间法和湖泊形态分析法。

①天然水位统计法。该法认为湖泊生态系统在多年的水位变化过程中，已适应了天然情况下的多年最低水位，因此将此水位认为是湖泊的最低生态水位。此法操作较为简单，但需要较长系列的湖泊水位统计数据，往往作为确定最低生态水位的类比数据。

②生态水位法。该法参照河流最枯月平均流量法及水文学中Taxas法。结合我国的实际情况，湖泊最低生态水位计算公式为

$$H_{\min} = \lambda \frac{\sum_{i-1}^{x} H_i}{n}$$

式中 $H_{\min}$——最低生态水位，m；

H_i——月平均最低水位，m；

n——统计年数；

λ——权重，反映湖泊历年最低水位的平均值与最低生态水位的接近程度，可采用水文统计法、反馈法和专家判断法来确定，值域为0.65～1.55。

③生物最小生存空间法。该法以湖泊中生物为对象，以其生存和繁殖需要的最低水位作为湖泊的最低生态水位。湖泊中的生物包括藻类、浮游动植物、底栖动物、鱼类和水生植物等，考虑到鱼类在湖泊生态系统中处于食物链的中上层，它对其他类群的存在和丰度有着重要影响，所以一般选取鱼类作为湖泊水位的敏感生物。

在实际计算湖泊最低生态水位时，需要根据湖泊典型鱼类的适宜水深确定相应的适宜水位。最小生物生存空间法计算公式为

$$He_{\min} = H + H_{鱼}$$

式中 $He_{\min}$——湖泊最低生态水位，m；

H——湖底平均高程，m；

$H_{鱼}$——鱼类所需的最小水深，m 。

（2）补水流量的确定。

对于湖泊来说，从外界进行补水，除了维持湖泊的最低生态水位，同时也对改善水质起到重要作用。因此，补水流量的确定，一般假设污染物入湖后均匀混合，以某些目标污染物为对象，分析不同引水流量对水质改善的影响，主要采用《SL 348—2006水域纳污能力计算规程》中的湖(库)均匀混合模型来计算，计算公式为

$$C(t) = \frac{m + m_0}{K_h V} + \left(C_h - \frac{m + m_0}{K_h V}\right)\exp(-K_h t)$$

式中 $C(t)$——计算时段 t 内的污染物浓度，mg /L；

m——污染物入河速率，g /s；

m_0——湖 (库) 中现有其他污染源的污染物入河速率，g/s；

C_h——湖（库）现有污染物浓度，mg/L；
V——设计水文条件下的湖(库)容积，m³；
K_h——中间变量，1 /s；
$K_h = Q_L / V + K$，K为综合衰减系数；
Q_L——湖(库)出流量，m³/s；
t——计算时段长，s。

从上式可以看出，为了达到某一水质标准，在补水流量不会对提供水源的水体生态平衡造成影响的前提下，主要和换水周期有关，而换水周期的确定要综合考虑满足湖泊生态环境需求、城市景观、改善城市居民生活环境和运行成本等方面的因素，因此在没有约束的情况下，一般可以考虑以15天为周期进行设计。

6.3.5　生态绿化

城市滨水绿地属于城市公共绿地，不仅是城市宝贵的环境资源，更是城市中特有的空间地段，还是城市到水域的过渡空间。它为城市居民提供了交流和聚会的平台，更为附近居民提供了日常健身和锻炼的场所。它的存在不仅丰富了河道环境，提高了居民的生活空间的环境质量，还提升了我们的城市形象，甚至有可能促进我们城市的经济发展。

1. 亲水空间的打造

在河道滨水生态绿化改造中，从人性的角度出发，考虑使用者的心理、行为习惯、空间感受能力等，布设亲水平台、亲水码头和沙滩等，来满足人们对水的亲近需求。并通过对河道的边坡、护岸、堤顶路等方面进行景观绿化提升，实现河道美化效果。

2. 完善滨水设施

在河道综合整治工程中完善滨水设施，主要包括：休憩座椅、活动设施、儿童娱乐设施等。在滨水生态绿化改造中充分考虑不同的使用人群对公园的设施设置的要求。考虑辅助座椅的设置。在设置滨水设施的时候，还充分考虑弱势群体在游玩时的需要，如在滨水区地形变化较大的地方，补充残疾人坡道，方便残疾人或者是推着婴儿车的人的行走。

3. 合理布设滨水交通

沿岸线完善游憩步道，丰富交通流线，供深圳市民休闲散步之用；适当增加亲水平台和休憩平台，供市民活动、观赏、亲近水体之用。适当的布置景观节点，成为滨水公园的活动中心，主要的活动场地。合理设置出入口位置，方便居民出行。

4. 植物配置合理

在滨水地区的植物配置中，选择无毒、无害的本土植物为主，避免游客在游玩过程中发生危险，让人与自然和谐相处。因地制宜地匹配植有季相变化的各种乔灌木、花卉等等来满足游人一年四季观赏的要求。

6.3.6 小微水体、小湖库塘整治

1. 小微水体整治

小微水体的治理采取疏通“毛细血管”，既要有流域治理、系统治理的思路，坚持大小共治、水岸同治，仔细分析小微水体存在问题的根源，精准施策，对症下药，着力提升小微水体的自净能力。

（1）小微水体分类。

根据河流流量、横断面尺寸将小微水体分为两类。

①第一类：明渠，主要包括明沟、水库入库支流等。

②第二类：暗涵，主要包括箱涵、道路排水边沟等。

（2）小微水体整治。

①对于第一类小微水体，整治思路如下：

a. 对于断面较小（断面尺寸中宽、高均小于3 m）的明渠。

（a）虑到初期雨水等面源污染渠涵、渠涵造成地块割裂等因素，将该类沟渠中有现场建设条件的、经水力计算后可行的沟渠改造为排水管道。

（b）对于现场无建设条件无法改管的沟渠，采用清淤的方式处理，并对雨涵沿途的雨水、污水排水口进行归并。

b. 对于断面较大（断面尺寸中宽或高大于3 m）的明渠，由于改造为管道难度较大，对于该类沟渠需加强河道淤泥及固体废弃物等内源清理的整治工作。

c. 对于有建设条件的沟渠，在合适的河段建设初雨弃流及调蓄措施。

②对于第二类小微水体，处理思路为：

a. 对于断面较小（断面尺寸小于1 m）的暗涵：将该类暗涵改造为管道，尽量减轻排水管道淤积的现象。

b. 对于断面较小（断面尺寸小于1 m）的暗涵：采用对暗涵开孔、清淤，并对沿途的雨水、污水排水口进行归并的处理措施。

c. 对于有建设条件的暗涵，在合适的河段建设初雨弃流及调蓄措施。

（3）小微水体清淤。

①内净空小于2.5 m小微水体，由于箱涵尺寸较小，因此采用高压水力冲洗的方法。从上游出入口利用高压清洗车配置的高压管对箱涵底泥进行高压冲水，清淤的顺序是由上游冲洗至下游，不断地来回冲洗，使淤泥稀释，稀释后的底泥和污水流入集水坑，通过大型吸污车把污水吸走，直至清理干净，稀释后的底泥统一运到底泥处理厂进行处理。清理底泥完毕后搞好周围卫生，并拆除围堰或砌墙，恢复箱涵底板。对于厚度超过0.8 m的淤泥层、砂土、垃圾等，采用铁铲配合高压水枪的方式进行处理。

②对于内净空大于2.5 m小微水体，由于涵洞孔较大通风良好，箱涵内具备小型机械施工的条件，因此采取小型清推土机结合反铲挖机的方式进行清淤，清淤的顺序与人工清

淤一致，由上游清理至下游。首先利用小型铲车把箱涵的淤泥和积土及杂物推到箱涵通风口，再用挖机抓挖装载淤泥至密封泥头车，然后统一运到底泥处理厂进行处理。

2. 小湖库塘整治

（1）小湖库塘整治目标。

主要是通过黑臭水体的详细调查，分析其黑臭原因并提出整治方案，并对整治方案进行详细设计，使水体经过整治后达到以下整治目标：

①水体不黑不臭，无黑苔，无富营养化及大规模蓝绿藻爆发，提高水体透明度。

②构建健康、完善的水生态系统，提高水体自净，使其长久保持稳定水质。

③提升水体景观质量，改善水体周边景观环境。

（2）污染源调查。

对小湖库塘面源污染及内源污染进行调查，片区小湖库塘内源污染是水体底泥污染、沿线两岸垃圾污染及水体漂浮物。底泥是沿线和汇水区内雨污水及垃圾、水生物腐败沉积形成的。垃圾主要是两岸居民向沟渠内丢弃垃圾造成的。目前水体水质较差，水体发黑发臭、透明度低且水华现象比较严重，水体生态系统脆弱，自净能力差。

（3）整治技术路线。

在系统分析小湖库塘水质水量特征及污染物来源的基础上，结合环境条件与控制目标，筛选技术可行、经济合理、效果明显的技术方法，初步确定黑臭水体整治的技术路线，预估所需的工程措施、工程量和实施周期，预测水体整治效果，形成黑臭水体整治方案。

（4）技术选择原则。

高度建成区河流水环境的整治应按照“控源截污、内源治理；活水循环、清水补给；水质净化、生态修复”的基本技术路线具体实施，其中控源截污和内源治理是选择其他技术类型的基础与前提。遵循“适用性、综合性、经济性”等原则。

①适用性。地域特征及水体的环境条件将直接影响黑臭水体治理的难度和工程量，需要根据水体黑臭程度、污染原因和整治阶段目标的不同，有针对性地选择适用的技术方法及组合。

②综合性。小湖库塘通常具有成因复杂、影响因素众多的特点，其整治技术也应具有综合性、全面性。需系统考虑不同技术措施的组合，多措并举、多管齐下，实现黑臭水体的整治。

③经济性。对拟选择的整治方案进行技术经济比选，确保技术的可行性和合理性。

（5）总体技术方案。

①底泥清淤，控制内源污染，内源污染主要是黑臭底泥，采用清淤、曝气、复合微生物的方式控制内源污染。

②构建多级食物网，完善水体生态食物链，投放当地底栖动物，杂食性、食草性、

滤食性等鱼类，以完善生态链，促进水生态系统的稳定。

③提高水体净化能力，当入河污染量波动较大时，容易出现污染负荷高于系统净化能力的情况，因此采用生物强化处理提高系统的净化能力。主要采用高分子浮动湿地。

6.3.7 泵闸改造及修复

1. 污水泵闸改造及修复

污水泵闸改造及修复包括老旧泵闸的拆除重建和增设一体化强排泵站。

（1）泵闸拆除重建。

为保障建成区的防洪（潮）安全，对存在安全隐患的水闸拆除重建，恢复及发挥水闸既有的防洪、排涝、挡潮功能。

（2）一体化强排泵站。

根据补水调度原则，当上游有补水点，水闸调度符合“涨关退开”原则的水闸，对水动力不足的水闸增设一体化强排泵站。

一体化泵站，即全地下式无人值班泵站，主要是采用粉碎性格栅和潜污泵以实现主体设备地下化，无地上露出部分，也无栅渣产生，因而顶部能实现全封闭，可以绿化；由于全封闭，臭气不外溢，方便采取除臭措施。如有必要可以设立自排闸。

2. 雨水泵站改造

为解决黑臭水体，结合雨水泵站调查情况，主要任务和目的是对进入泵站未及时排走的死水做提升及对残旧设备的改造升级，在雨水泵站前池或集水池增加初雨设施，将初雨及旱季渗漏进来的污水抽排至市政污水系统。雨水泵站主要对以下内容进行改造。

①增加初雨设施，将初雨提升至市政污水管井。

②水泵等主要设备的改造升级。

③电气设备的改造升级。

④自动化系统的改造升级。

⑤部分泵站增加除臭设施。

3. 泵站除臭

泵站臭气来源于污水、栅渣中有机物的分解、发酵过程中散发的化学物质，主要种类有：硫化氢、氨、焦磷酸、硫醇、粪臭素、丙酸、酪酸等。泵站产生的臭气会散发在大气中，对周围环境产生影响。由于本次泵站大多处于城市中心，根据环境要求，污水泵站需设置除臭系统。在产生臭气较集中的部位设除臭装置。考虑对进水井和泵房等主要臭气发生源进行封闭处理，并配置负压和臭气收集装置。

除臭有很多种方法，常用的工艺为：直接燃烧法、催化燃烧法、液体吸收法、吸附法、生物氧化技术、天然植物液除臭技术、活性氧技术、高能离子空气净化技术等。目前城市污水泵站的除臭方法通常采用生物氧化技术、天然植物液除臭技术、离子除臭技术。

（1）生物氧化技术。

生物氧化技术采用生物方法除臭，最终产物为CO_2和H_2O，不会产生二次污染。按过滤形式可分4类，具体为：生物滤池、生物过滤器、填充塔型脱臭器、生物洗涤器，生物氧化技术常用的型式为生物滤池。生物滤池采用了液体吸收和生物处理的组合作用，臭气首先被液体（吸收剂）有选择地吸收形成混合污水，再通过微生物的作用将其中的污染物降解。系统由管道输送系统、生物滤池、排放系统和辅助的控制系统组成。生物滤池法的工作主要受填料、营养供应、湿度的影响，具有建设成本低、运行成本低、不使用化学药剂、不产生二次污染的优点，同时生物床介质降解速度缓慢，通常10年更换一次；缺点是占地面积大、耐冲击负荷的能力差，对气候变化敏感。

（2）天然植物液除臭技术。

天然植物液除臭技术的基本原理是将一些特殊天然植物提取液雾化，雾化分子均匀地分散在空气中，吸附空气中的异味分子，并发生分解、聚合、取代、置换等化学反应，促使异味分子改变原有的分子结构，使之失去臭味。反应的最后产物为无害的分子，如水、氧、氮等。在不同的场合、不同的臭味源会产生不同的异味分子。因此，要选用有针对性的、不同的天然植物液，达到除臭的目的。

（3）离子除臭技术。

离子除臭技术是世界上运用离子净化空气的多种技术中最成熟高效的一种技术。它具有占地面积小、能耗低、维护运行成本低廉、受环境影响小的优点，具有其他技术无可比拟的优越性。离子除臭系统是一种新型的空气净化技术，它采用当今世界上最先进的、模拟大自然界空气自净过程的原理，采用离子发生器，产生高能粒子，氧化分解空气中的臭味，高能离子除臭系统在净化空气的过程中不添加任何化学物质，就能彻底、全面消除空气中的各种异味，杀灭空气中的细菌，去除可吸入颗粒物等有害物质，且安全、可靠，无二次污染。

第7章 城市高度建成区水环境综合整治实践案例

2018 年 6 月 19 日，深圳市治水提质指挥部发布《关于调整宝安区 2018 年黑臭水体整治任务的通知》（深治水指〔2018〕4 号）。近年来，省、市高度重视宝安区的水环境治理工作，市政府将其作为全市治水提质总体方案的重中之重来抓，宝安区也深入开展工作，以求达到国家和地方颁布的水环境综合整治综合目标。

深圳市宝安区排水现状较为复杂，各排水分区内合流制、分流制交替存在，排水系统混乱。一方面，雨、污水通过合流管进入截流沟后直接排放到河道中，最终汇流入海，造成河流、海水黑臭，严重污染了宝安区的水环境；另一方面，大量雨水直接进入污水处理厂，降低了城市污水处理设施的投资效益，特别是在夏季暴雨时期，来水量严重超出污水处理厂的处理能力，影响污水处理厂的运行效率，减弱了城市泄洪能力。

为了找出既经济又有效的城市高度建成区水环境修复与治理技术，需要对城市高度建成区水环境的污染情况进行分析，通过总结几种典型的关键节点的水环境修复与治理技术，结合应用案例，论述针对当地城市水环境的修复与综合治理思路及模式，将不同的修复治理技术应用到关键节点的环境问题上，有针对性地改善城市水环境污染的现状，最大限度地实现城市高度建成区水生态环境的改善和美化。

7.1 城市高度建成区污水处理厂扩容改造

“厂”即确保污水处理提标拓能全覆盖，解决污水厂的处理能力不足的问题。由于本项目污水厂提标扩容由深圳市水务局统筹完成，暂无实践案例，因此本节整理国内外污水处理厂常见问题，分析解决方案，以期为类似城市高度建成区生活污水处理厂的提标改造或者扩容提供参考。国内外污水处理厂常见问题如下。

（1）进水中通过管网收集的水量占比较低。由于流域内污水管网尚不够完善，污水处理厂进水中混有河道基流，进水浓度较低。

（2）污水处理厂处理能力存在较多问题，处理水量严重不足。多数污水处理厂实际处理量远低于设计处理能力。

（3）污水处理厂出水标准较低，一级 B 和二级标准出水占比较高，亟须进行提标升级改造。

由于管网缺陷导致污水处理厂进水浓度较低的问题，另有案例具体阐述管网改造提升方案，本节不再赘述。因此，城市高度建成区内污水处理厂主要问题即为在有限的用地空间内实现日益增量的污水达标处理的问题。

污水处理工艺的提升选择在污水厂扩容改造中被首先选择。国内部分省市污水处理厂扩容改造方案见表7.1。

表7.1 国内部分省市污水处理厂扩容改造方案

项目所在地	原处理水量/（$m^3 \cdot d^{-1}$）	扩容后处理水量/（$m^3 \cdot d^{-1}$）	工艺
广东省	10 000	—	A/A/O–MBBR 组合工艺，同时新增磁混凝沉淀工艺
河北省	40 000	70 000	新增厌缺氧池，改造 CAST 池为多段 AAO+ 深床反硝化滤池工艺
郴州市	10 000	20 000	采用 MBBR+ 磁混凝工艺对生化池原位改造
普宁市	80 000	230 000	A/A/O+ 反硝化深床滤池工艺
深圳市	60 000	160 000	多段 AO 生物反应池 + 双层二沉池 + 磁混凝沉淀池 + 紫外线消毒工艺
北京市	80 000	180 000	将原有 Carrousel 氧化沟改为 UCT–MBR 工艺
杭州市	60 000	80 000	改进曝气形式、增加水下推进器、精准控制曝气，增加 MBR 装置
赣州市	60 000	90 000	挖潜改造，采用内置固液分离器 AO+ 磁混凝 + 反硝化滤池处理工艺

由上述实践案例可以看出，在面临用地紧张、进水水质波动大、出水水质要求高以及需要与已建工程合理衔接等难题时，为了使污水处理厂处理能力扩容至满足日益增大的处理规模的情况下，污水厂提标改造主要是利用现有的构筑物，对二级生化处理工艺和深度处理工艺进行改造提升，具体工艺多采用A/A/O、MBBR工艺、混凝沉淀工艺、反硝化滤池处理工艺等。

7.2 深圳市石岩河“一干十支”污染治理

7.2.1 现状及问题

石岩河位于石岩街道辖区内，横穿整个石岩街道。石岩河属山区河流，石岩水库截污闸断面上游流域面积27.05 km²，是石岩水库一级水资源保护区内一条主要河流，全长6.3 km。水系呈羽毛状分布，河道左岸有沙芋沥、樵窝坑、龙眼水等三条支流，右岸有上屋河、水田支流、田心水、上排水等四条支流，另外区域内左岸还有直接入石岩水库的天圳河及其支流王家庄河。石岩河为水源保护区的重要河流，但现有干支流河道水质处于劣Ⅴ类水平，直接威胁水库供水安全，水环境问题如下。

（1）石岩河片区雨水管网建设严重滞后，片区基本为雨污混流，污水漏排入河量大。

（2）除石岩河干流塘坑桥以下河段经过防洪达标整治，其余干支流未形成系统的防洪体系，导致片区洪涝灾害频发。

（3）区域城市开发中未注意对河道空间的保护，使得河道蓝线内用地受到严重挤占。河道两岸没有亲水空间，无法满足人们娱乐、休憩的需求，严重阻隔了行人与河道之间的联系。

7.2.2　工程治理

1. 水质改善整治

根据河道特点，因地制宜采取标本兼治、清污分流及生态提质的水质改善思路。流域水污染治理技术路线如图7.1所示。

（1）标本兼治。

为达到入库Ⅲ类水体控制目标，按照流域治理理念开展片区的雨污分流、正本清源工作。保障干支流河道水质，增设沿河截污管，并进行总口截污。干流两岸沿坡脚布置强化截流管涵。

（2）清污分流。

针对龙眼水、樵窝坑及沙芋沥流域上游生态控制区面积比重大且河流跨越城　区河长短的特点，对该3条支流及干流进行高标准沿河截污。通过沿河强化截污及立体转输通道，基本实现石岩河流域内山区清水及城区污水的分流控制。

（3）生态提质。

利用石岩河人工湿地作为雨后河道蓄积雨水及微污染基流的净化设施，并增设补水泵站，将净化后水体提升至石岩河上游进行补水，补水后水体进入湿地进行再次净化并循环补充。

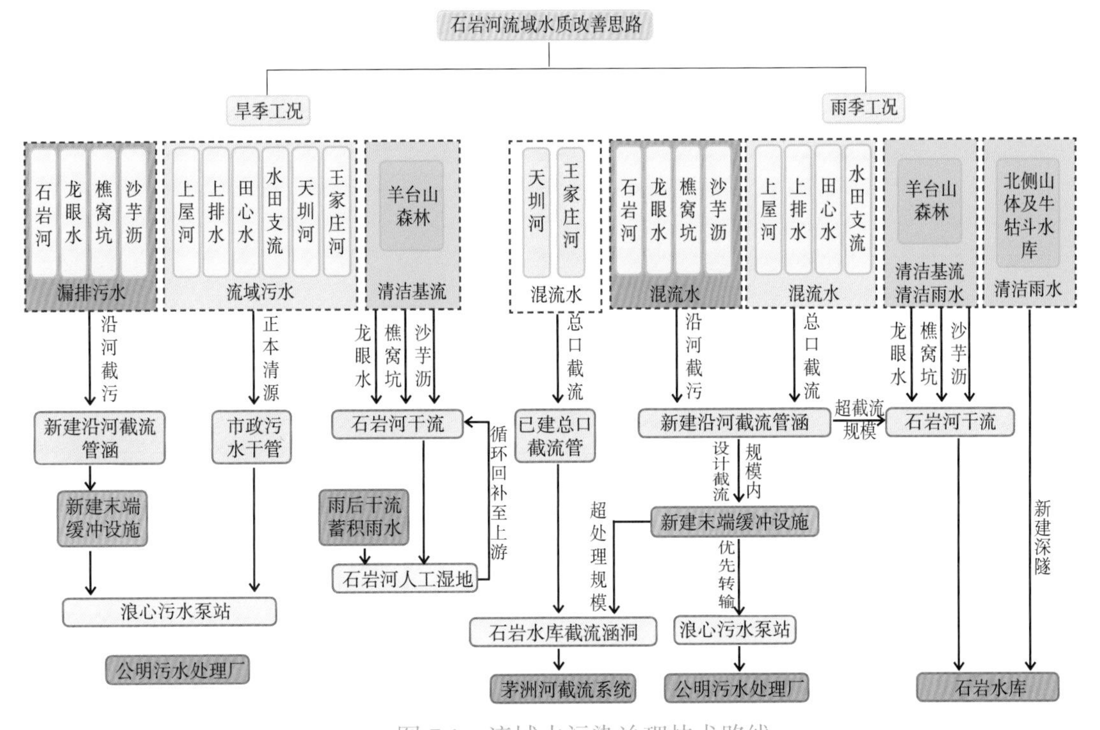

图 7.1　流域水污染治理技术路线

2. 重点面源污染整治

结合《石岩街道重点面源污染专项整治工作方案》，联合各单位、部门开展专项整治行动。

（1）建立重点面源污染场所台账，发放书面通知、宣传资料及扫码。

（2）督促排水企业、个人自行安装建设污水预处理设施或进行改造。

（3）核查并接驳重点面源污染场所污水预处理设施至市政污水管。

（4）指导督促排水企业、个人申请办理排水许可证。

（5）签订餐厨垃圾收运协议。

3. 河道防洪整治

根据石岩河流域特点及相关规划要求，总体上采用河堤建设、雨洪分治、　水系修复、管网提标 4 种策略，系统解决石岩河流域防洪排涝问题。

对河道用地空间较充足段河道进行河道整治，为保持原有的河道水系特点，减少工程建设对片区的雨水排放的影响，本项目采用对原河道进行拓宽改造。

流域内部分支流河道建设雨洪分流通道，将上游生态控制区的雨洪水引入石岩河。解决支流因过洪能力不足和水位顶托的排涝问题，远期结合片区雨水管网改造及城市更新配套相应的雨水管网工程彻底解决片区防洪排涝问题，防洪整治路线如图7.2所示。

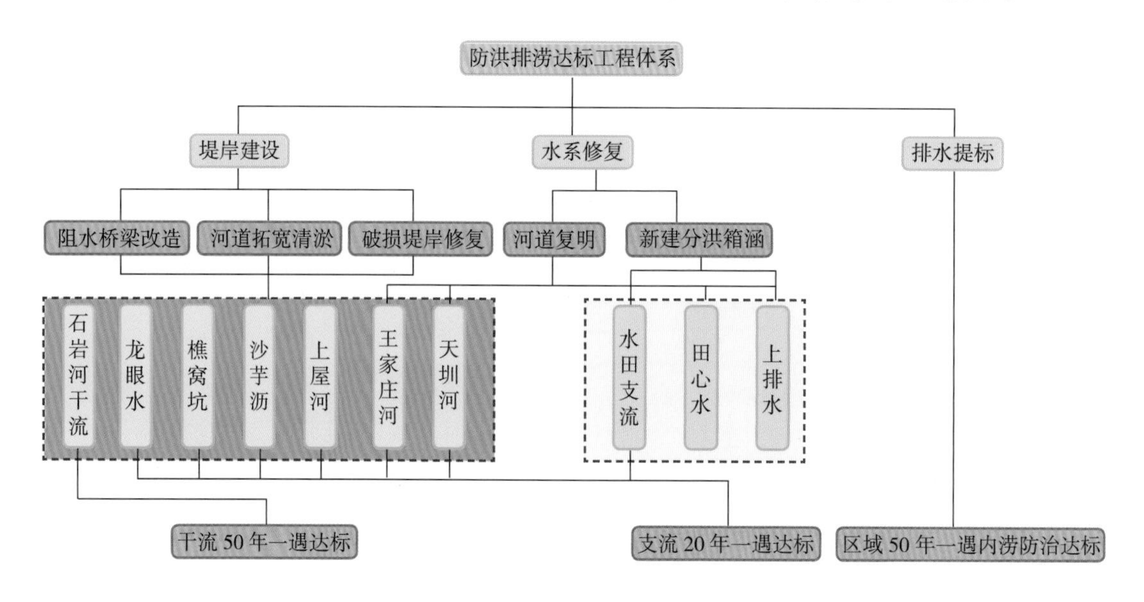

图 7.2　防洪整治路线图

4. 生态景观建设

（1）拓展滨水空间。

（2）修复河道生态。

（3）建设安全服务设施。

7.2.3　治理效果

石岩河一干十支污水全部溯源纳污，完成稳定达标V类水，如图7.3～7.12所示。

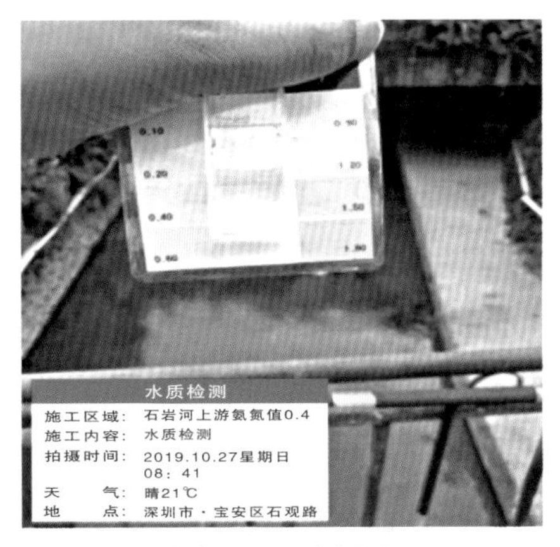

图 7.3　石岩河

图 7.4　塘坑水

图 7.5　龙眼山水

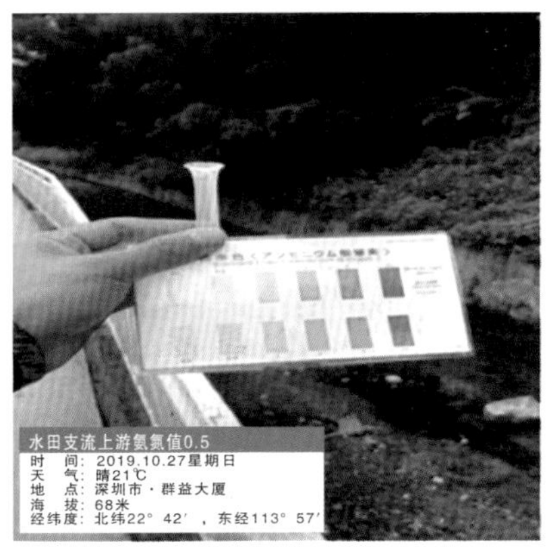

图 7.6　水田支流

图 7.7　沙芋沥

图 7.8　田心水

图 7.9 上排水

图 7.10 上屋河

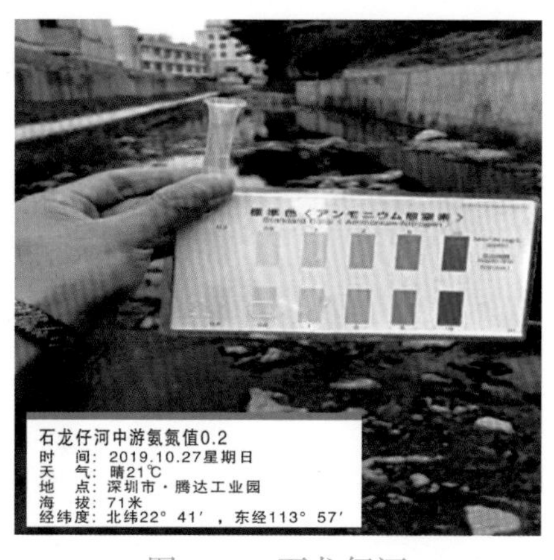

图 7.11 石龙仔河

图 7.12 天圳河

7.3 鹤洲旧村水环境问题整治

7.3.1 现状及问题

鹤洲旧村位于洲石路、广深高速公路与机荷公路的合围区域内，村房屋113栋，仅占地0.3 km²，常住人口约七千四百人，用水量约2 500 m³/d。鹤洲旧村建设片区属老旧村屋，排水分区内合流制、分流制交替存在，排水系统混乱。雨、污水通过合流管进入截流沟后直接排放到河道中，污水入河、污水外溢、积水内涝等问题长期存在，造成河流黑臭，严重污染了鹤岗旧村的水环境。村道、巷道极其狭窄，施工环境恶劣，大型机械无法进入，基本靠人工施工。如图7.13～7.16所示。

图 7.13　雨天内涝

图 7.14　发廊污水直排

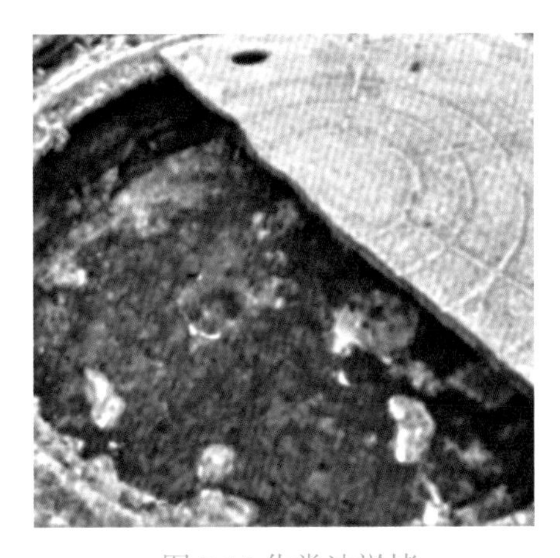

图 7.15 化粪池淤堵

图 7.16　施工空间有限

7.3.2　工程治理

鹤州旧村排水示范小区改造工程坚持雨污分流原则，主要采用“正本清源”改造方案，把排水系统尽量按照雨、污分流制加以完善；以社区、住宅小区或相对独立的排水片区为单位，按照本书“5.3.1 正本清源”所述方案，对小区内雨污水系统（立管雨污分流、小区内部雨污分流、小区与市政接驳分流）进行彻底改造，从源头实现雨污分流。改造方案如下。

1. 污水预处理设施全覆盖

对鹤州旧村内排水户逐户进行摸排，根据每户用水情况，参照相关设计标准给出需新建化粪池的尺寸，旧村居民根据化粪池尺寸提供可施工的场地。

2. 污水预处理设备建设

对鹤州旧村、新村居民提供的现场场地条件进行勘探复核，新建125座化粪池、改造

29座化粪池。原则上一户一池。

3. 经营性排水户设施改造

为经营性排水户设置污水预处理设施提供技术指引，保证预处理设施处理能力与商户产生污水量完全匹配，并指导商户将预处理设施处理后的污水正确接入污水管道。

4. 落实经营主体责任

督导经营性排水户落实经营主体责任，按要求设置污水预处理设施（包括88座隔油池、35座沉砂池、28座毛发收集器、78个环保雨水口），保证宾馆、餐厅、酒楼、发廊、洗浴中心、洗车场、沿街商铺等经营性场所产生的污水得到有效处理。

5. 管网现状摸排

对鹤州旧村内雨污分流现状进行全面摸排，分析管网系统问题，排查管网功能问题，梳理管网结构问题。

6. 因地制宜制定改造方案

对旧村错混接点进行全面改造，鹤州西区工业园区内新建260 mDN600污水管道，并接入下游污水管道。

7. 改造施工

鹤州旧村内现有合流管保留作污水系统，并对现有合流管进行清淤；沿街道新建雨水边沟，收集雨水排至2.2 m × 2.0 m箱涵；原则上一户一池，在区域内新建化粪池，区域内收集的污水排入沿2.2 m × 2.0 m暗涵新建的DN600的污水系统中。

8. 雨污分流全覆盖

通过排水管网、污染源、河道的彻底排查治理，从根本上改善社区水环境质量。

7.3.3 治理效果

1. 污水系统畅通（图7.17）

图 7.17　污水系统畅通

经雨污分流改造后，旧村内排污先经过化粪池沉淀再进入污水管道，污水井无淤堵情况，污水管道畅通。

2. 雨水系统无污水流入（图7.18）

经雨污分流改造后，现雨水系统已无污水流入。

图 7.18　雨水系统无污水流入

3. 河道清澈（图7.19）

钟屋排洪渠位于洲石路鹤岗旧村排水系统下游，曾经水态浑浊的河水如今清澈见底。

图 7.19　河道清澈

4. 水质良好（图7.20）

钟屋排洪渠即便是在居民用水量高峰期的夜晚，氨氮值也仅有0.5。

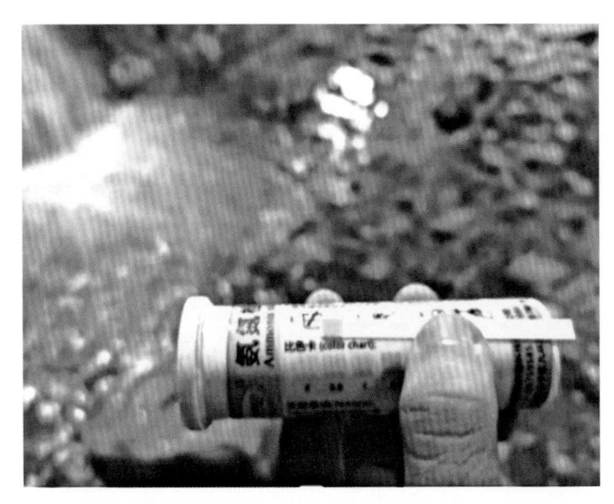

图 7.20　水质良好

7.4　铁岗水库排洪河整治

7.4.1　现状及问题

铁岗水库排洪河位于西乡街道，地处深圳市西部，宝安区西南境内，濒珠江口东岸。水库以防洪、调蓄、供水为主，是深圳市供水网络干线工程的终端水库，承担着向城市西部地区供水的重要任务。其主要存在以下几个问题。

1. 河道淤泥深厚，底泥污染严重

铁排河历经多年排洪，两岸居民及工业无节制排放杂质杂物，河道缺乏清理维护措施，致使积淤较厚，底泥受重金属、油污等污染严重。污泥需要专门处理才能堆放、利用。

2. 排洪能力不达标，河道安全隐患严重

铁排河的主要功能为排洪，但由于年久失修，河道排洪能力下降，岸壁存在较大安全隐患。

3. 污染来源复杂，点源、面源相互覆盖

铁排河周边片区流动人口量大，城市管理难度大；片区环卫设施不足，导致点源、面源污染严重。

4. 管网设施不完善，雨污未分流

铁岗水库排洪河片区污水管网建设严重滞后，片区基本为雨污混流，污水漏排入河量大。

5. 水体污染严重，无自净能力

铁岗水库排洪河河道排污较多，水体污染严重，基本丧失了自净功能。

6. 岸线较长，利用空间较小

铁排河两岸空间狭小，可生态建设空间较小，绿化杂乱，部分区域房屋、垃圾堆放等侵占现象较为严重，保护范围不够明确，管理难度大，水域长效管护机制有待进一步完善。

7. 生态系统不完善，河道景观欠缺

不合理的污水排放、垃圾堆放使得铁排河河道堆积物过多、生态破碎、生物多样性受损，生态系统整体较为脆弱，生态功能严重退化。铁排河下游段河道感潮，外部污染回溯，污染物难以扩散，且内外污染源未得到有效治理，使得河道水质恶化严重，水体富营养化程度较高。河道水体景观单一，且持续时间较短，两岸几乎无景观设施，主要生长杂草。

总体分析知，铁排河生态系统不完善，表现脆弱，河道景观主要为自然杂草植物生长，无适应人类生活气息的景观设施。生态系统及景观都将需要重新修复建设。

7.4.2　工程治理

铁排河河道整治系统工程范围内的内容包括以下六部分：河道源头暗涵及其支汊流整治及小微水体整治；小湖塘库整治；泵闸改造及修复（含泵房前池初期雨水弃流）；补水完善工程；生态修复（含生态湿地）与生态绿化。具体整治工程如下。

1. 清淤

本项目根据铁排河所处的地理位置、清淤规模以及清淤期间生态环境要求、渠道宽度、水深、土质、堆泥场位置及要求等，确定河道采用排干清淤技术。其中明渠段无横梁段处采用机械清淤（图7.21），桥梁段和箱涵段采用人工清淤。而在明渠河道中央有横梁段的，由于横梁至河底距离不够施工机械清淤的操作空间，故采用人工清淤。

由于河道周边城市建筑密集，因此不宜采用就地堆放抛弃处理法。淤泥先用挖掘机开挖，淤泥上岸，然后用装载机把临时堆放点的淤泥装到自卸汽车上密闭运输至淤泥处理场。整个运输过程中全程闭密，避免淤泥和淤渣泄漏。河道弃土、淤泥运往合法受纳场处理，建筑垃圾运至建筑垃圾综合利用厂处理。

图 7.21　机械清淤

2. 提高防洪能力

本工程以铁排河防洪标准100年一遇为目标，对河道进行全面修复加固。

防洪工程基本沿河道走向布置，对破损巡河路进行修复及改造，拆除阻水桥梁，结合截污管涵的埋深，新建灌注桩挡墙；结合挡墙检测结果，对现有用地条件受限制的堤防进行加固，对用地条件较充裕的堤防进行堤防拆除重建；河道横断面拟采用矩形断面、复式断面，设计堤距12~28 m。

3. 正本清源（雨污分流）

通过对铁排河周边西乡街道、航程街道的调研、问题评估及梳理，主要从以下几个方面入手。

（1）推行雨污分流制。

（2）对现有分流制排水系统进行错接、混接排查与整改。

（3）增大新建管截流倍数，新建雨水调蓄池。

根据对铁排河周边小区的摸排，发现有A、B、C、D、E类不同的小区及老旧村屋小区排水设施，按照本书“5.3.1 正本清源”所述方案，采取一对一的管网截污措施改造。

4. 岸线截污与管网建设

根据铁排河排污复杂特性，采用沿河截流措施后，河道水质均得到较好的改善，然后采用沿河贯通截污方式。截污管涵全线贯通，截流污水接入宝源路市政污水系统至固戍污水处理厂处理，实现旱季污水100%截流，雨季削减部分面源污染。由于铁排河周边的重点面源污水主要来源于老屋旧村、食街、汽修街（含洗车）、集贸市场、垃圾转运站的初期雨水，初期雨水夹杂着大量的颗粒杂物泥沙和油污，水质较差，因此需在雨水管道中设置弃流装置，将初期雨水弃流至城市污水管网。初雨弃流示意图如图7.22所示。对于铁排河短期内无法进行雨污分流改造的合流制的区域，完善截污系统，参照“5.3.3 初期雨水面源污染整治”设置合理的截流倍数，使得旱季不得有污水排入水体，并减少雨季溢流

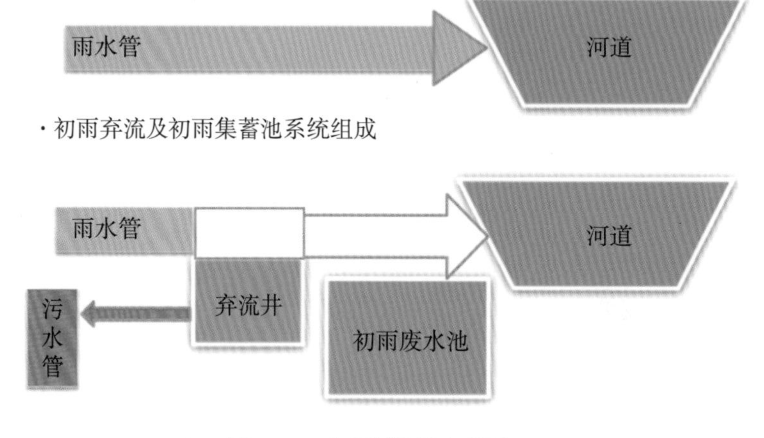

图 7.22　初雨弃流示意图

频次；对于面源污染特别严重的地区，设置初期雨水调落设施，适时送至污水厂处理或经论证建立独立的初雨处理设施；最后加强已建截留管道的清淤、维护工作，减少污水溢流。

在城市管网建设之前需要对管网进行清理疏通和修复。排水管道清淤是清除排水管道内的沉积、结垢、树根和垃圾等物体，保障管道排水畅通。其根据疏通方式不同可分为机械疏通、水力疏通以及人工疏通，具体工艺流程如图7.23所示。针对存在功能性缺陷和结构性缺陷的管网，修复工作依照“4.3.3 老旧管网改造”完成。

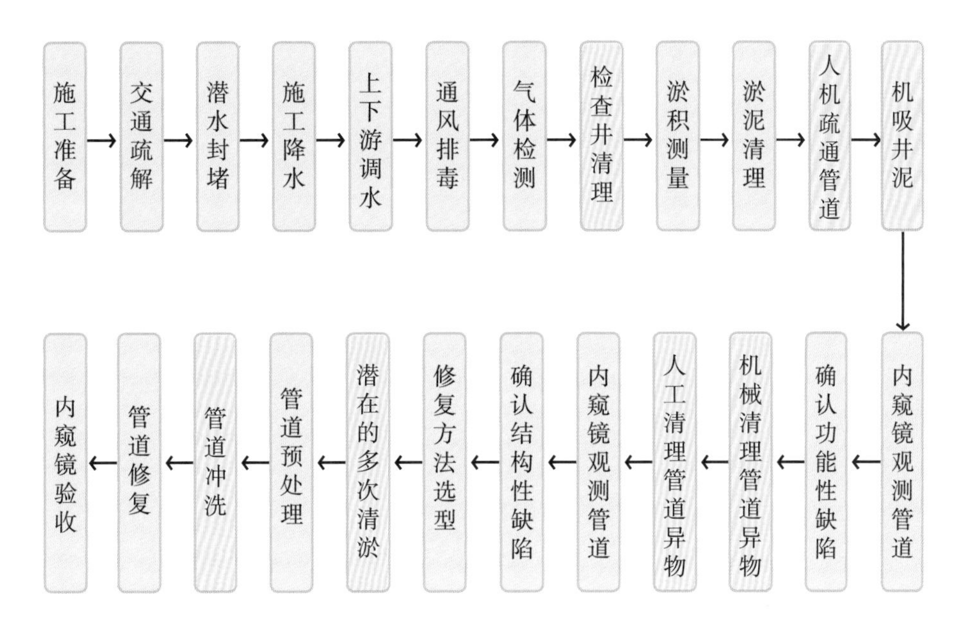

图 7.23　管网清疏工艺流程

5. 小微水体处理

铁排河小微水体主要为铁排洪河上游支流一、铁排洪河上游支流二、恒南路排水沟、宝源排洪渠。

对于河道断面较小的明沟渠，将暗涵沟渠改造为排水管道；对于现场无建设条件件，无法改造管路的河渠，采用了清淤的方式处理，并对雨涵沿途的雨水、污水排水口进行统一归并，防治偷排、漏排污水，做到截污彻底，水体自净。

对于河道断面较大的明渠，加强河道淤泥及固体废弃物等内源污染物清理整治工作；对于河道中的暗涵，为了清理内部垃圾及废弃物，对其开孔、清淤，并对河道沿途的雨水、污水排水口进行统一归并处理。

对于有建设条件的明沟渠、暗涵沟渠，在合适的河段建设初雨弃流及相关的调蓄措施，并在两岸原有的植物状态上进行景观绿化，为广东万里碧道做铺垫。

6. 河道补水

根据补水的水源不同，铁岗水库排洪河的补水来源方式可分为两种。

（1）利用污水厂回用水泵房水泵取水和已建的再生水管道输水，不需新建提升水泵，缩短铺设补水管网长度，减少工程投资，节约能源。

（2）利用上游铁岗水库实施间歇性补水。考虑到水库的水源较为宝贵，将铁岗水库排洪河全河景观水置换一次约需2.5万元，长期补给花费较大，且消耗宝贵的饮用水资源，故用其作景观水不太经济，若有特殊情况时，可考虑作为应急补水水源。

根据河道水量的大小及近海潮位的高低，主要将铁排河补水机制分为两种。

（1）河道水量少且潮位低。从资源循环综合利用的角度出发，利用固戍污水处理厂再生水进行补水。

（2）河道水量多且潮位高。为避免涨潮时海水通过开启的水闸进入上游河道，雨后河道水体须在落潮时间内完成交换。

7. 生态修复

本次生态修复工程建设以保障防洪安全为前提，引入低碳景观、人水和谐理念指导河岸设计，从绿色慢行网络构建、湿地河床建设、“花墙绿瀑”特色种植、文化走廊等四个方面重塑滨水空间格局，加强山海联系，打造6.95 km生态滨水休闲走廊，实现“山海连城、慢行慢游、宜居宜业”的滨水发展目标。生态修复的主要工程如下：

（1）绿色慢行网络构建。

在两岸巡河道路的基础上，进行滨河社区绿道的建设，连接省绿道2号线及城市3号绿道（宝安大道），构筑串联“山、城、湖、海”的绿色慢行交通网络。

（2）“花墙绿瀑”特色种植。

在河道中种植水生植物与攀藤类植物，软化河道直立空间。全河段以勒杜鹃、紫花马缨丹、夹竹桃、大叶紫薇等紫色花系为主调植物，打造梦幻的“花墙绿瀑”河道景观。

（3）文化走廊建设。

将当地保留较为完好的岭南文化、建筑文化、民俗文化等要素融入直立挡墙、围墙、铺装、小品设施中，使其成为彰显个性、传播文化的载体。局部直立挡墙结合垂直绿化，采用诗词文字、特色儿童画的形式宣传水环境保护、特色民俗等内容。对滨河居住区、产业区段现有围墙进行改造，墙体采用黑瓦、白墙、透窗等特色传统建筑元素，墙前绿地种植紫薇、勒杜鹃等具有文化含义的传统植物，结合景石、坐凳等形成特色的带状游憩空间。

7.4.3 治理效果

铁排河的治理效果明显，得到了政府及周边居民的一致好评。主要的治理成果主要表现为以下几个方面。

1. 岸线整洁，娱乐休闲空间增多（图7.24～7.27）

图 7.24 整洁贯通的巡河路

图 7.25 整洁舒适的休息空间

图 7.26 舒适的娱乐休闲空间

图 7.27 优美的人居休闲空间

2. 雨污分流，管网健全

如图7.28所示，对于初期雨水进行分流及格栅过滤处理，排除杂物、杂质。最终以干净、少量的雨水进入河道，防止河道水体污染。

图 7.28 沿巡河路的初雨水处理系统

如图7.29所示，对所有排污口进行了排查整治，入河排污口进行了统一规划设置，防止了雨、污的乱排，为河道水体水质的提升提供了有力的保障。如图7.30所示，对排水口进行了景观美化，使得铁排河更具有生态化。

图 7.29　统一规划的沿岸排水口

图 7.30　清澈的山间基流

如图7.31和图7.32所示，对整个河道进行雨、污分流，并在河道两旁进行全线截污，做到雨、污两“清”，污水集中的有效目标。

图 7.31　整个河道雨污分流

图 7.32　截污管网贯通全线

3. 岸壁加固，水质提升

对有安全隐患的岸壁进行了修复重建，并在关键岸壁处新建横撑梁，如图7.33所示。为河道的排洪能力提供足够的保障。

图 7.33　结实美观的横撑加固

如图7.34和图7.35所示，在铁排河的两岸设置了下河台阶21处，下河车道5条，便于管网的检查及河道的清理。

图 7.34 宽敞无阻的下河台阶

图 7.35 宽敞无阻的下河通道

如图7.36和图7.37所示，河道各段的水质不仅远超了既定治理目标，而且DO值达到了饮用水标准。

图 7.36 冒突泉式生态补水

图 7.37 清澈见底、活力十足的常态河流

4. 打造生态河道，衔接碧道

为了水体景观美丽，以及提高水体的自净能力，如图7.38和图7.39所示，在河道中新种适宜水环境的水生美人蕉、再力花等，美化水体，形成了生态小岛，加强了生态系统的稳定性。

图 7.38 美化水体的水生植物

图 7.39 生机勃勃的水生植物

铁排河河道中共有三处进行了生态砾石床设计，如图7.40和7.41所示，总长达700 m，总面积约为7 200 m²，并在平峦山和107国道的生态砾石床中种植了水生美人蕉、水莎草、再力花、黄菖蒲等植物，形成了新的小型生态系统，打造铁排河生态河道。生态砾石床不仅丰富了水体形态和美化了河道，而且改善了水质。

图 7.40　平整的生态砾石床

图 7.41　卵石和植物结合的生态砾石床

5. 硬岸生态化

结合深圳万里碧道规划，对于垂直挡墙，紫花马缨丹、勒杜鹃、爬山虎、薜荔等进行垂直挂绿处理。对于复式断面段，如图7.42所示，改造结合二级亲水平台，补种色彩植被，营造滨海风光带，衔接万里碧道。

图 7.42　生态护岸，衔接碧道

第8章　研究成果与技术创新

研究依托深圳前海铁石片区水环境综合整治等典型工程，针对城市高度建成区水环境治理面临的面源污染严重、初雨弃流量缺乏科学依据、资源化利用缺乏科学路径，河道/管网底泥污染严重、量大难以消纳，河道水体反复黑臭、治理难度大，河道暗涵清淤安全风险大，城市高度建成区施工交通组织压力大等突出问题和工程技术实际需求，研发初期雨水径流污染控制技术及资源化利用技术，河道/管网底泥处理与综合利用技术，河道水体综合治理及水质提升技术及河道暗涵清淤、初雨弃流装置快速施工、城市现有雨污分流管网快速清淤与非开挖修复等施工关键技术，为城市高度建成区水环境治理提供科学依据和技术支撑。

8.1 初期雨水径流面源污染控制技术

初期雨水径流面源污染是城市河道水体的主要外源污染，也是造成水体雨后反复黑臭的重要原因之一。受降雨特征（如降雨强度、降雨历时、雨型等）、地表条件（不同功能区和不同下垫面）、大气环境、人类活动方式以及管理水平差异等因素影响，使雨水径流具有随机性大、突发性强、污染物成分复杂、初期效应强等特点，其迁移过程中造成具有污染范围广、流量高以及雨洪资源利用率低的特征。针对雨水径流污染物浓度变化规律展开研究，并分析降雨特征、用地类型、下垫面等条件对雨水径流污染浓度影响，摸清不同条件下雨水径流污染程度及浓度变化规律、初期冲刷效应以及初期雨水控制截留量。在此基础上，一方面依据雨水径流污染浓度特征，基于现代水处理技术，构建并比选多种初期雨水污染控制方案，以期经处理后的雨水能够达到排放或回用标准，同时开展雨水作为高品质水源潜力探索，提高城市水资源利用效率，并对初期雨水径流处理方案经济性进行分析，为高度建成区初期雨水污染防治及资源化利用提供技术与理论支持。另一方面应用SWMM模型开展初期雨水污染控制的调蓄系统研究，分析不同调蓄布局和调蓄形式对不同重现期下的初期雨水径流中各污染物的削减率，为区域调蓄设施的布设与城市面源污染控制方案提供技术与理论方面的支撑。

8.1.1 初期雨水径流面源污染特征研究

选择广东省深圳市为高度建成区代表性区域，开展了降雨特征及其对雨水径流污染物浓度影响分析，对降雨径流产生过程的四个环节（降雨→径流→地表冲刷→进入受纳水体）的过程特征进行研究，摸清了高度建成区雨水径流污染物浓度变化规律及其影响因素，阐明了不同功能区、下垫面雨水径流污染程度和初期冲刷效应，明确了初期雨水径流控制截留量，为雨水径流面源污染控制工艺选择和调蓄系统研究提供了研究基础。

1. 降雨及径流污染分布特征

（1）降雨时空分布特征。

深圳市降雨资源丰富，多年降雨量变化规律如图8.1所示，深圳市多年平均降雨量约为1 872.7 mm，汛期（4～9月）年均降雨量约占全年83.8%。且深圳市年降雨量整体呈现上升趋势，变化倾向率为62.7 mm/年。在空间分布上，深圳市全年降雨存在明显的空间变化特征，降雨量由东南向西北递减。

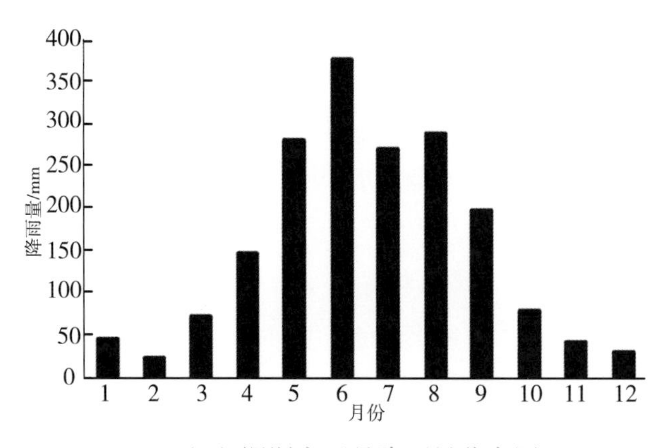

（a）深圳市逐月降雨量分布图

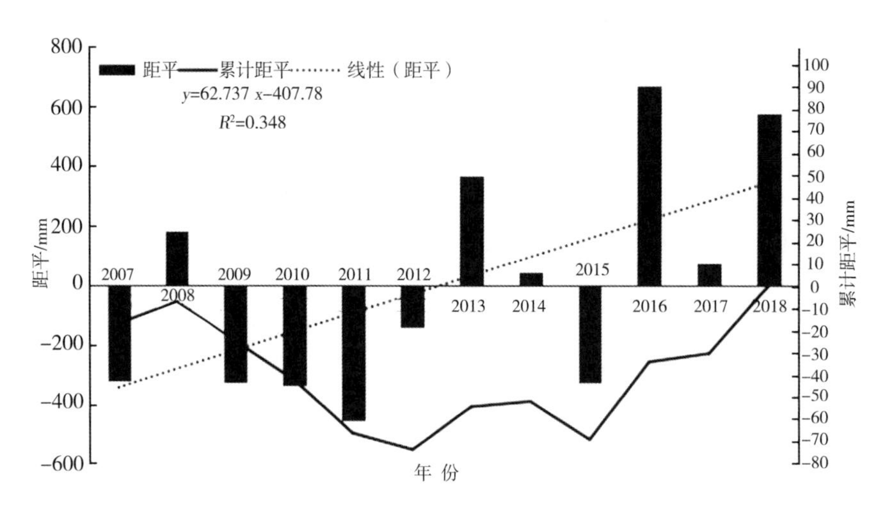

（b）深圳市多年降雨量距平及其累积距平

图 8.1　深圳市多年降雨量变化规律

不同等级降雨量贡献率变化分布如图8.2所示，不同等级降雨量与总降雨量相关系数及其贡献率变异系数见表8.1。深圳市各等级降雨事件对年降雨量的贡献率依次为：大雨>中雨>暴雨>小雨>大暴雨>特大暴雨，其中大雨、暴雨、中雨等级降雨事件对降雨总量的贡献率均大于20%，总贡献率达到68.8%。且暴雨、大雨、中雨等级降雨事件对年降雨总量贡献率分别大于20%，变异系数均小于18%，且三者降雨量与年降雨总量的person相关性呈显著相关，说明深圳市暴雨、大雨和中雨等级降雨事件是决定年降雨总量重要因素。

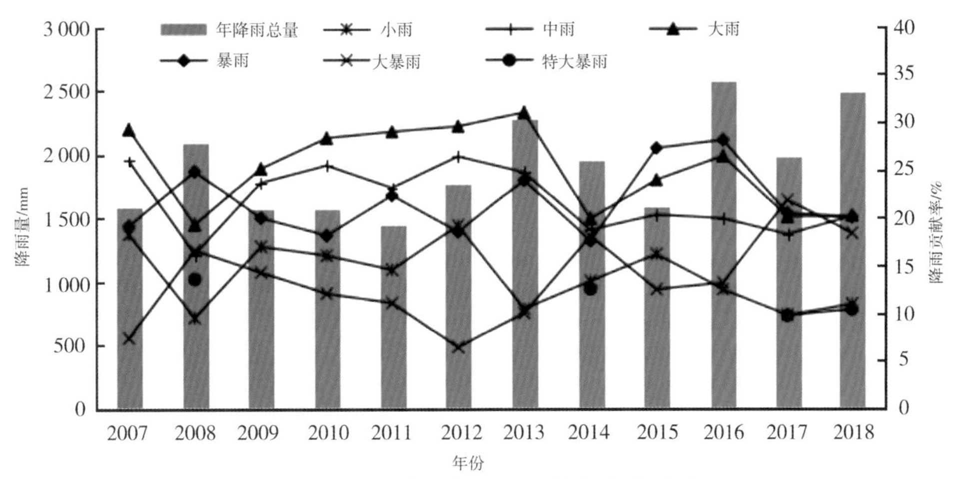

图 8.2 不同等级降雨量贡献率变化分布

表8.1 不同等级降雨量与总降雨量相关系数及其贡献率变异系数

降雨等级	小雨	中雨	大雨	暴雨	大暴雨	特大暴雨
相关系数	0.035	0.629*	0.636*	0.818**	0.706*	0.478
变异系数	24.1%	15.6%	17.3%	16.5%	34.1%	149.7%

注：**在0.01级别相关性显著，*在0.05级别相关性显著。

（2）降雨径流污染分布特征。

以深圳市前海湾中心城区为高度建成区代表区域，选取不同用地类型的区域为研究区域，包括了文教区、交通区、商业区、公园绿地、居住区及工业区，开展现场监测及污染物检测，分析了地表径流污染物分布特征及初期冲刷规律。不同功能区降雨径流污染浓度分布情况如图8.3所示。通过分析，得出结论如下：除公园绿地外，不同场次降雨产生的径流污染物浓度较高，各采样径流污染物中TN、COD浓度平均值超过《地表水环境质量标准》(GB 3838—2002）区降雨类水质标准。因此，需要对大雨、暴雨中雨条件下不同功能区的雨水径流污染物进行控制处理研究，尤其是针对雨水径流中营养盐和有机污染物。

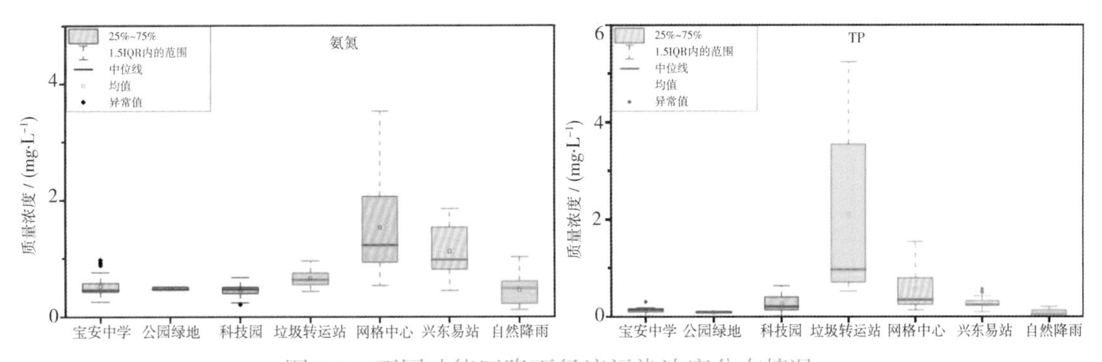

图 8.3 不同功能区降雨径流污染浓度分布情况

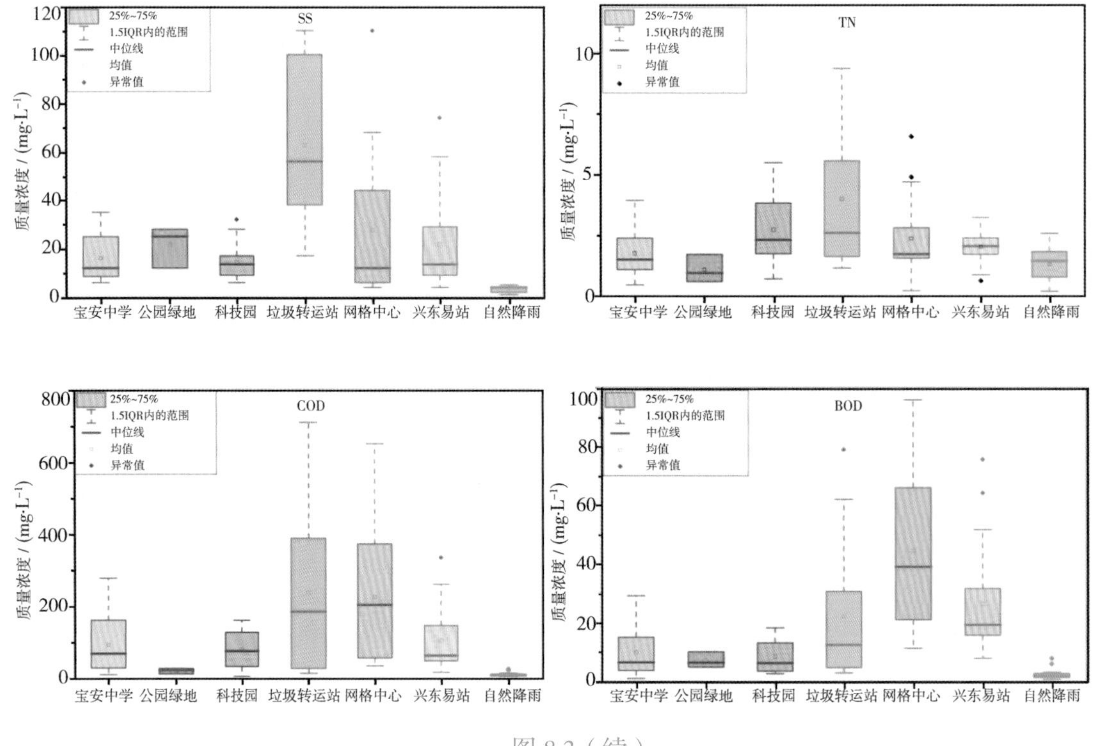

图 8.3（续）

2. 雨水径流污染物变化规律

（1）不同降雨条件下雨水径流污染物浓度变化规律分析。

小雨、中雨、大雨、暴雨条件下污染物浓度随降雨量变化分布情况如图8.4～8.7所示。可以看出，不同降雨条件下不同用地类型（除绿地外）的雨水径流前期污染超过《地表水环境质量标准》（GB 3838—2002）下各采类水质标准，但随降雨量的增加急剧下降后达到稳定，其中暴雨、大雨、中雨条件下初期雨水径流污染程度较高，而主要污染物质为SS和COD、BOD有机污染物。

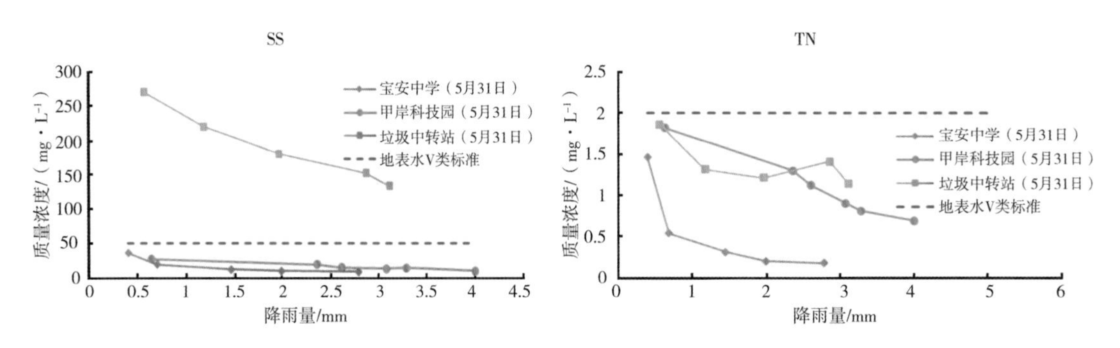

图 8.4　小雨条件下污染物质量浓度随降雨量变化分布情况

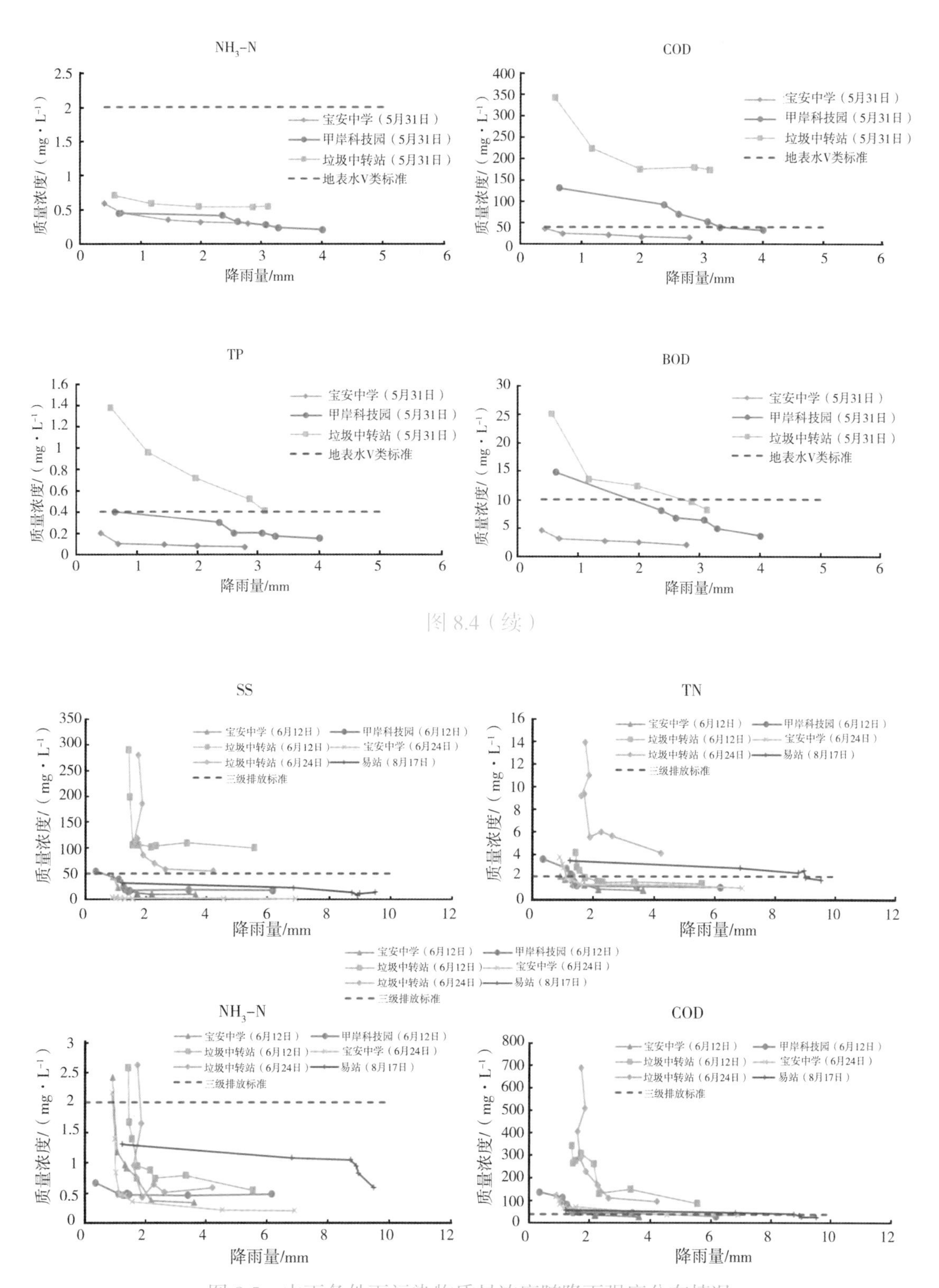

图 8.4（续）

图 8.5 中雨条件下污染物质量浓度随降雨强度分布情况

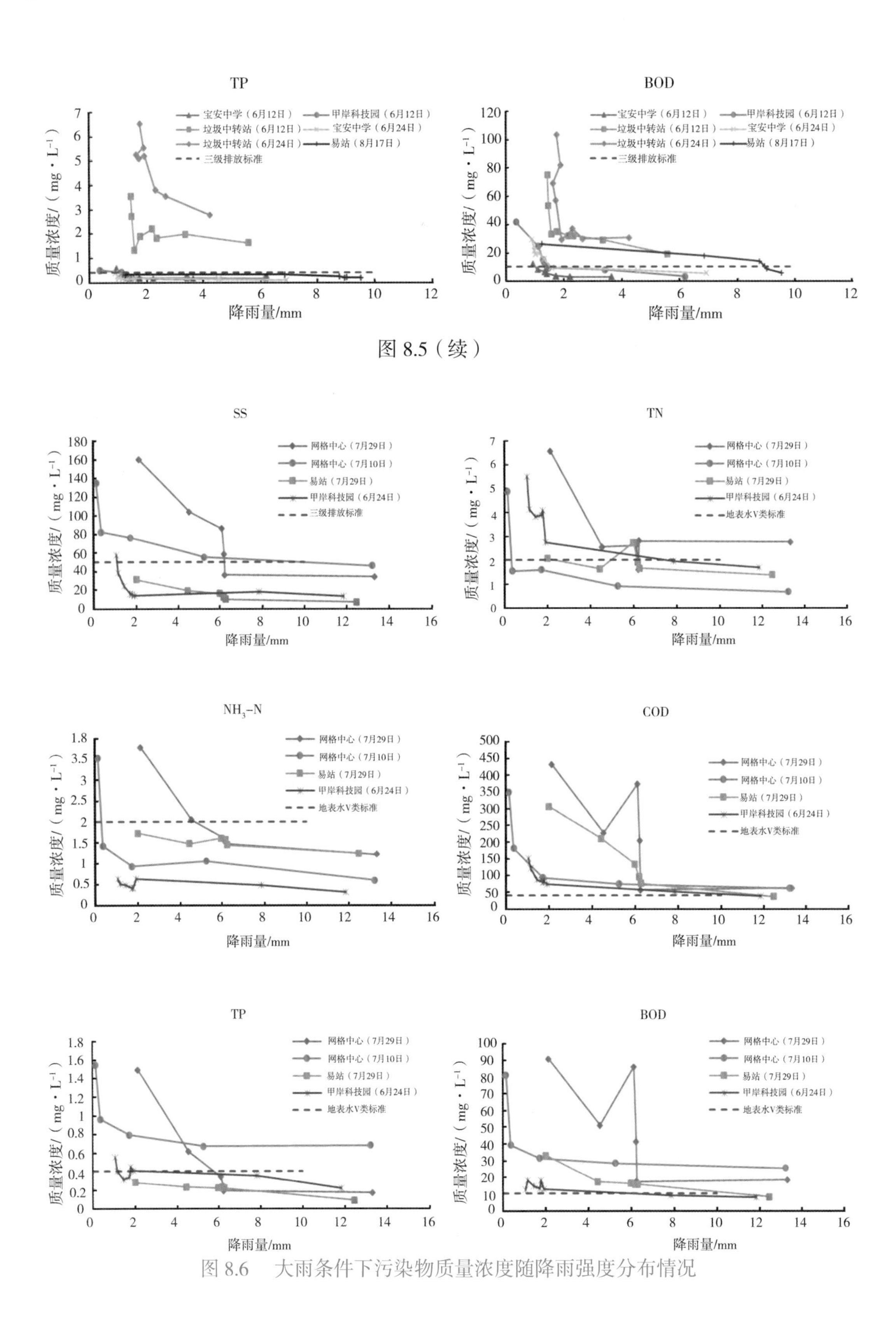

图 8.5（续）

图 8.6　大雨条件下污染物质量浓度随降雨强度分布情况

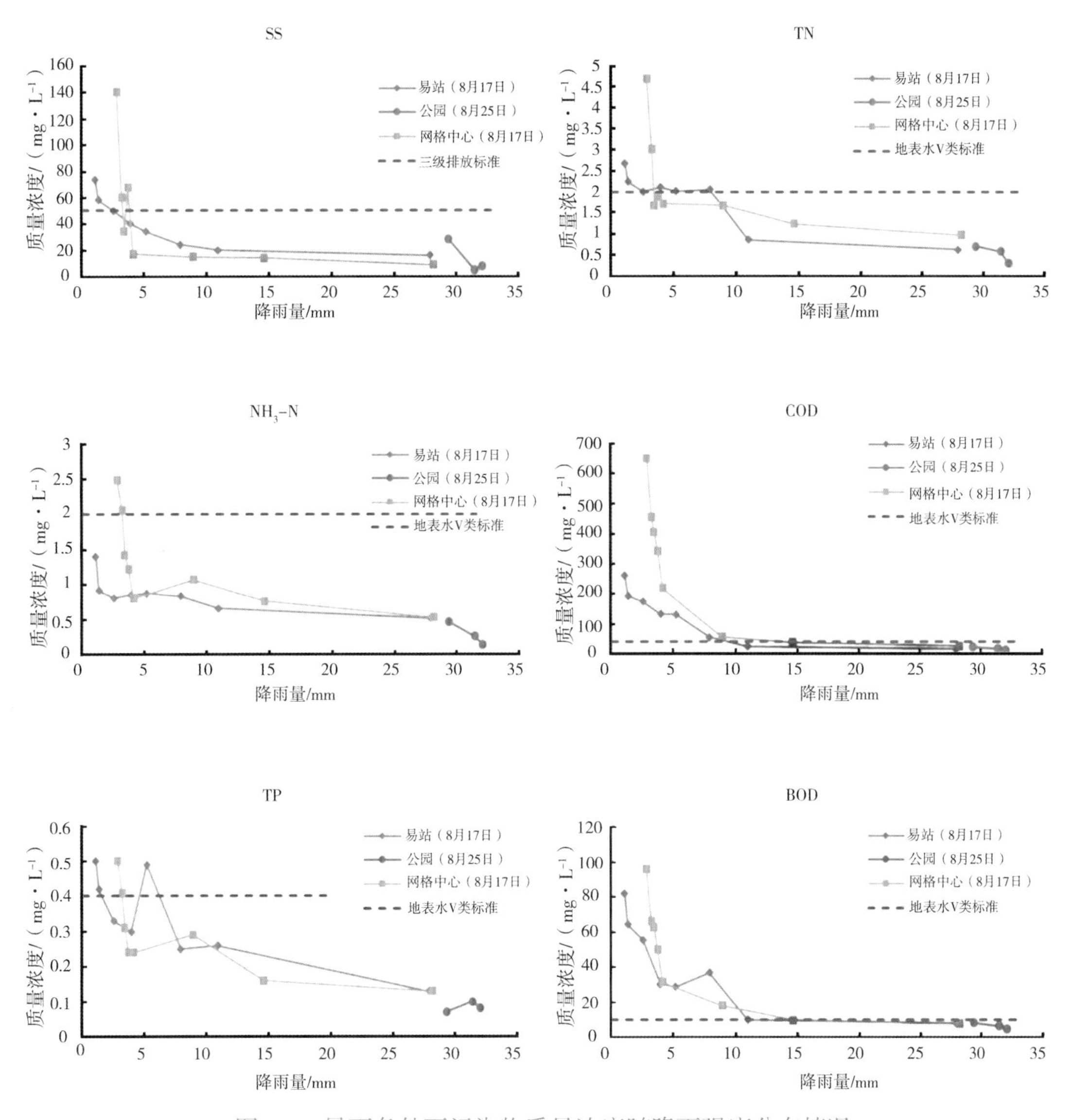

图 8.7 暴雨条件下污染物质量浓度随降雨强度分布情况

（2）降雨特征对雨水径流污染的影响。

各污染物EMC均值与降雨特征参数的相关系数见表8.2。不同功能区雨水径流污染程度及初期冲刷效应各不相同，其中绿地区雨水径流水质最佳，工业区雨水径流污染程度最严重，其中工业区、商业区以及交通区雨水径流污染负荷主要影响因子为雨前干期，文教区雨水径流污染负荷主要影响因子为降雨量和雨强，居民区雨水径流污染负荷主要影响因子为雨强；另受下垫面的材质、路面粗糙度及平整程度、清洁频率以及人类活动等因素影响，不同下垫面雨水径流污染程度依次为沥青路面>混凝土路面>瓷砖路面>绿地。

表8.2　各污染物EMC均值与降雨特征参数的相关系数

	降雨历时 /min	降雨量 /mm	雨前干期 /h	雨强 /（mm · min^{-1}）
文教区	0.823**	0.969**	0.674*	−0.997**
居民区	0.722*	0.356	−0.032	−0.909**
工业区	0.705*	0.352	0.858**	−0.766*
商业区	−0.621*	−0.150	0.795*	0.416
交通区	0.041	−0.260	0.810**	−0.687*
绿地	0.032	0.481	0.653*	0.46

3. 初期冲刷效应

通常采用无量纲累计分析M(V)曲线评价初期冲刷效应存在与否。即以累积雨水径流量占径流总量的比例作为横坐标，累积污染物质的量占降雨场次的总污染负荷的比例作为纵坐标建立M(V)曲线。文教区、居民区、工业区、商业区、交通区不同降雨中雨水径流污染物M（V）曲线图如图8.8～8.12所示；绿地区雨水径流污染物M（V）曲线图如图8.13所示。不同功能区降雨径流初期冲刷指数见表8.3。不同用地类型（交通区、居民区、文教区、商业区以及工业区）均存在初期冲刷效应，而绿地和自然降雨均不存在初期冲刷效应。受降雨特征、下垫面及人为活动的影响，并不是每场次降雨都存在初期冲刷效应，初期冲刷强度也不同，其中发生强烈等级的初期冲刷效应仅有交通区、居民区、文教区以及商业区，发生的频率依次为66.7%、66.7%、50%和33.3%。

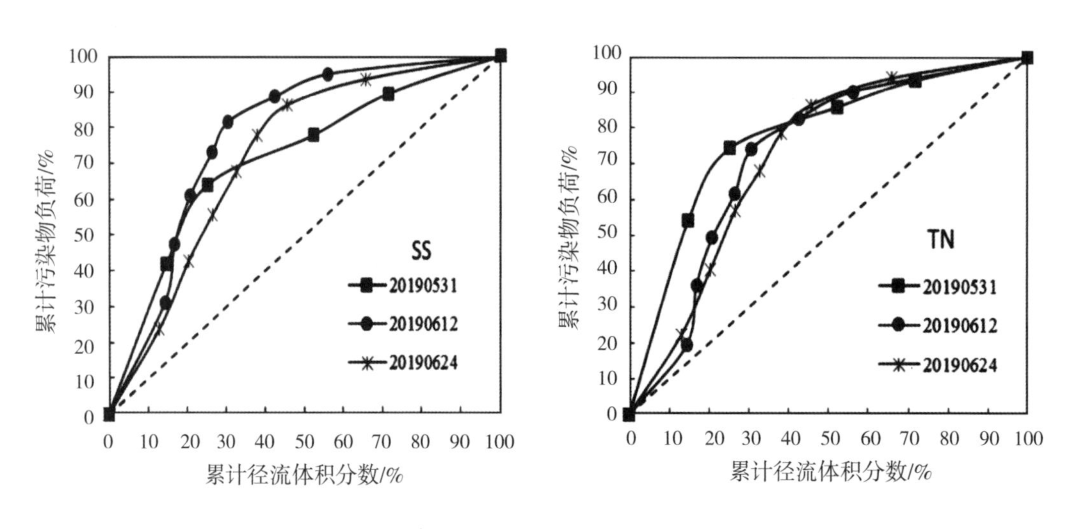

图 8.8　文教区不同降雨中雨水径流污染物 M（V）曲线图

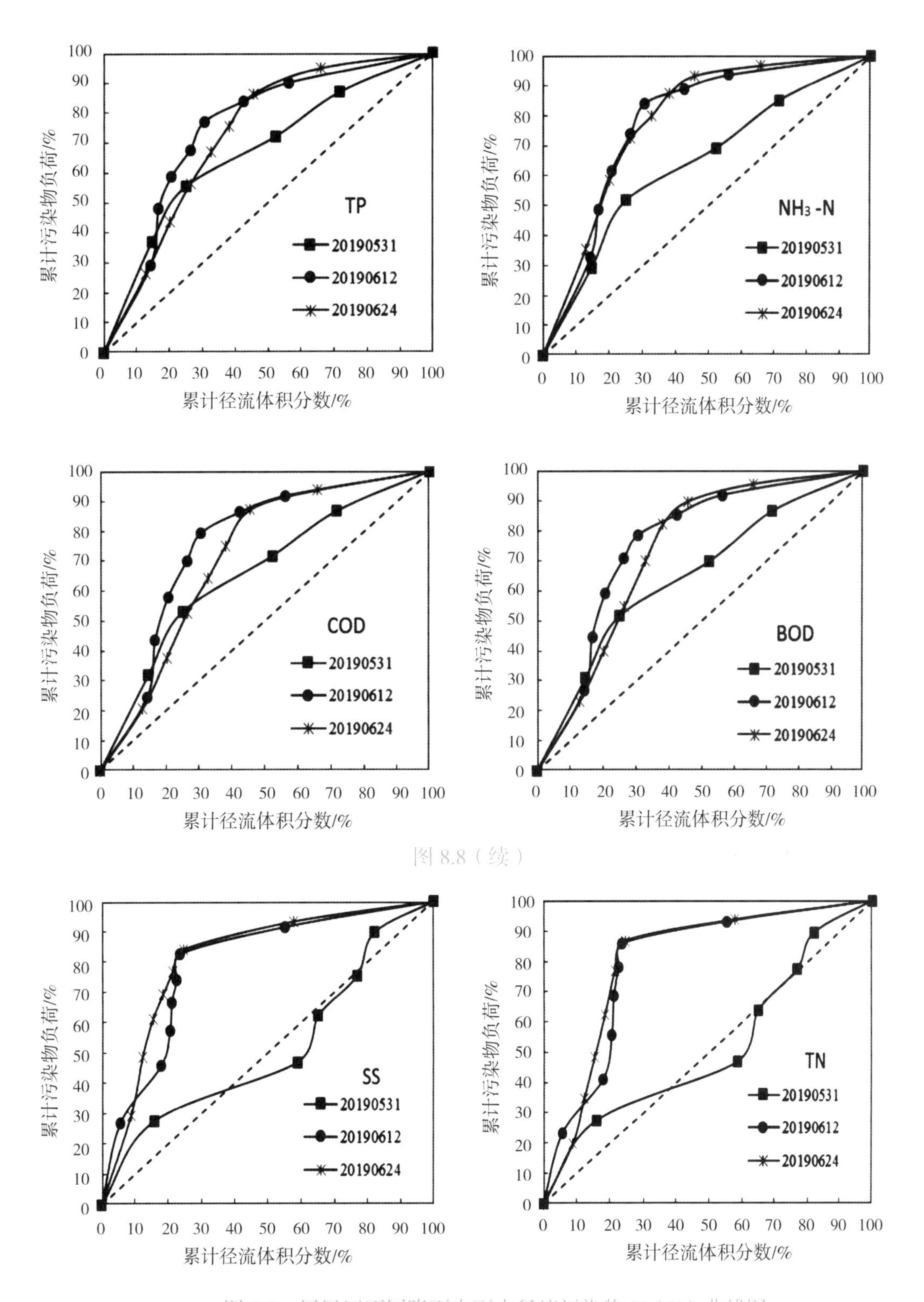

图 8.8（续）

图 8.9 居民区不同降雨中雨水径流污染物 M（V）曲线图

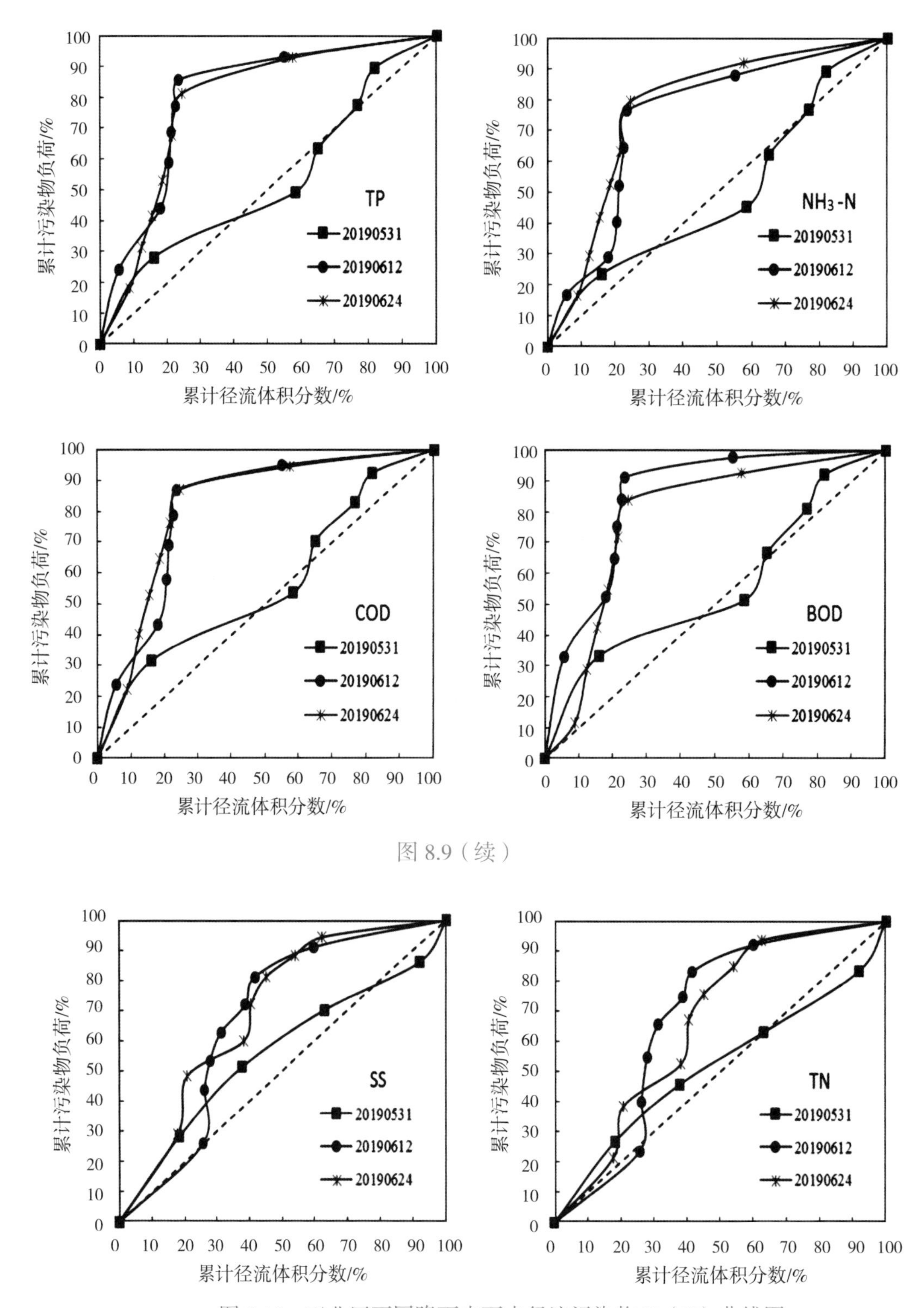

图 8.9（续）

图 8.10　工业区不同降雨中雨水径流污染物 M（V）曲线图

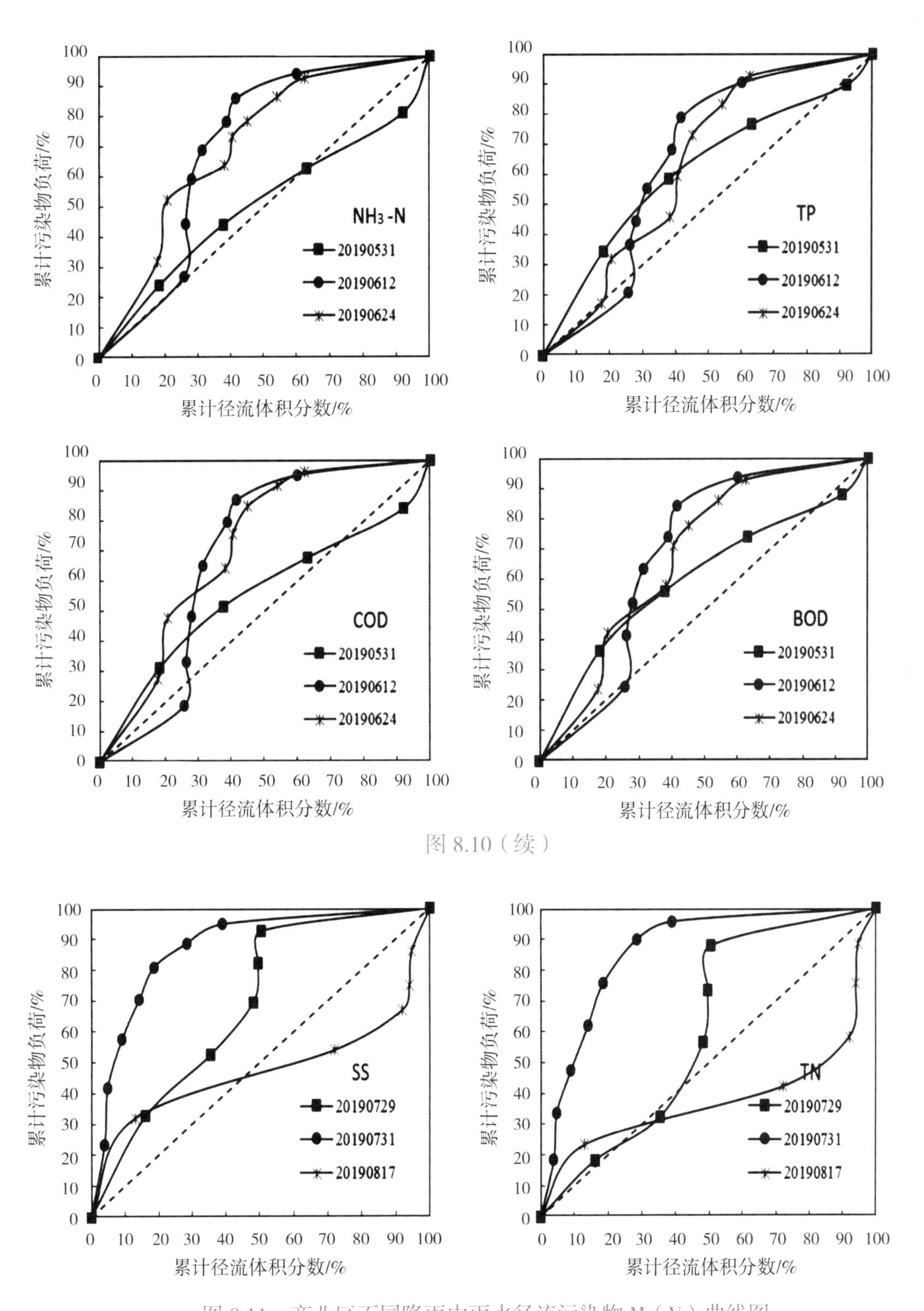

图 8.10（续）

图 8.11　商业区不同降雨中雨水径流污染物 M（V）曲线图

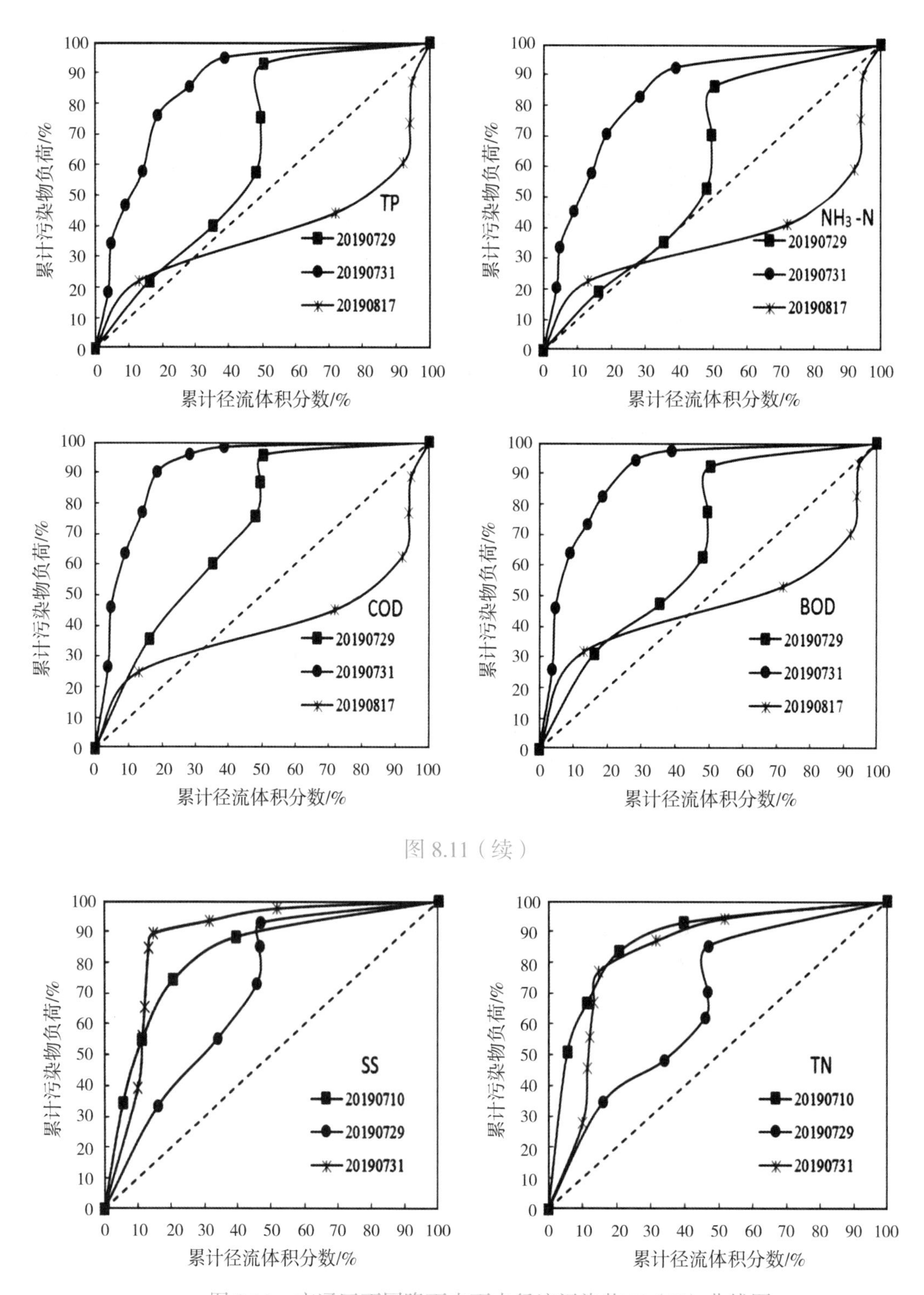

图 8.11（续）

图 8.12　交通区不同降雨中雨水径流污染物 M（V）曲线图

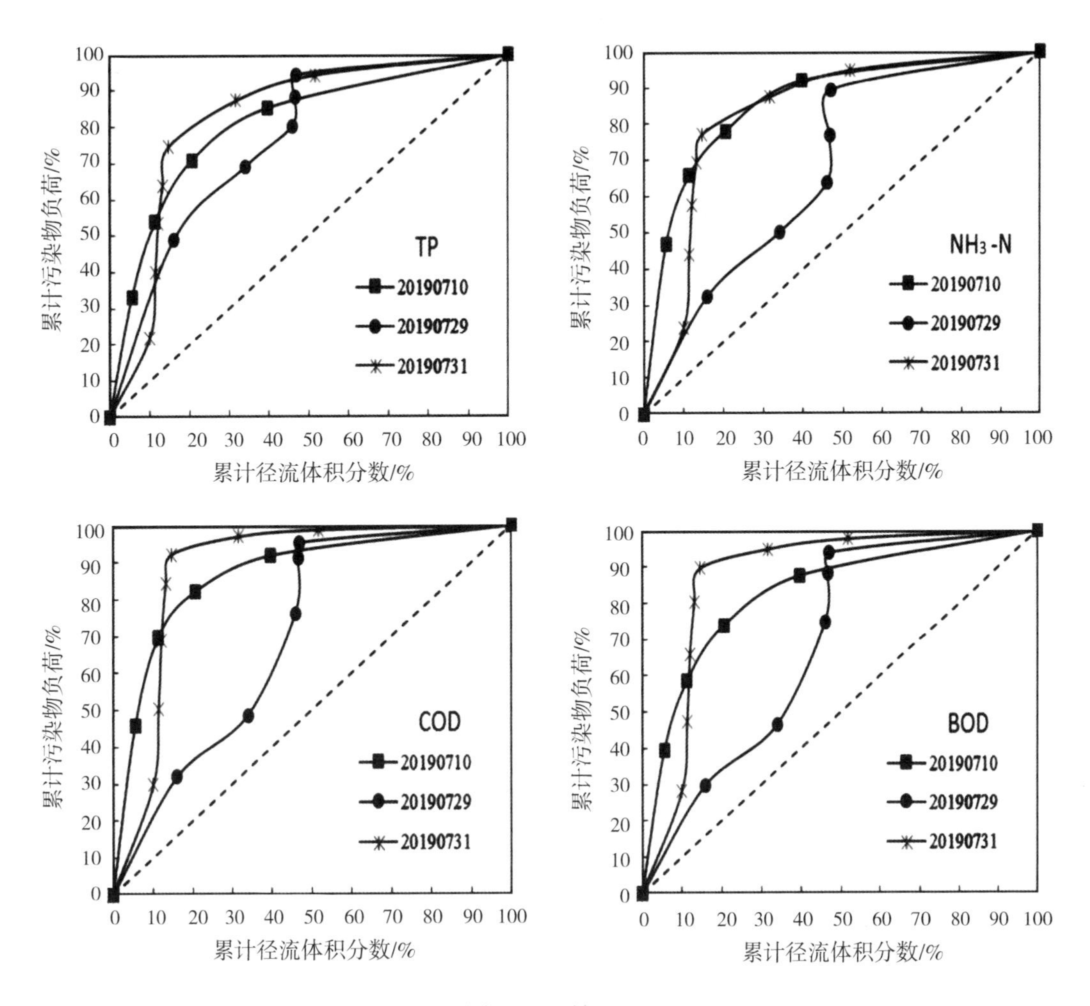

图 8.12（续）

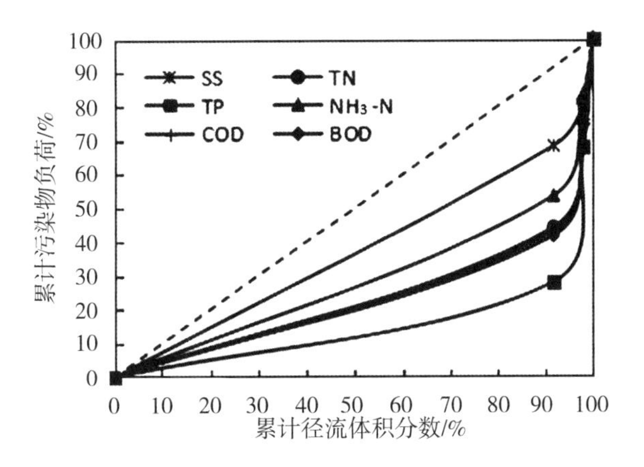

图 8.13　绿地区雨水径流污染物 M（V）曲线图

表8.3　不同功能区降雨径流初期冲刷指数

单位：%

功能区	降雨场次	指数	SS	TN	TP	NH_3-N	COD	BOD
文教区	20190531	FF30	68	78	59	56	58	57
		FF40	72	81	65	62	64	62
	20190612	FF30	80.5	73	77	83	79	78
		FF40	87	81	82	88	84	83
	20190624	FF30	62	64	62.5	77	60	63
		FF40	81	81	79	88	78	85
居民区	20190531	FF30	35	34	36	30	40	41
		FF40	39	38	40	36	44.5	44
	20190612	FF30	84	86	87	80	89	93
		FF40	87	89	90	83	91.5	95
	20190624	FF30	85	87	84	82	88	86
		FF40	88	90	88	87	90	88
工业区	20190531	FF30	43	39	50.5	37	45	50
		FF40	54	47	61	46	53.5	59
	20190612	FF30	60	62	53	67	61	61
		FF40	78	80	74	82	84	80
	20190624	FF30	55	46	40	59	57	51
		FF40	64	58	52	70	69	64
商业区	20190729	FF30	47.5	27.5	35	32	56	43
		FF40	94	39	45	40	66	52
	20190731	FF30	90	90	87	85	96	95.5
		FF40	95	95	96	92.5	98	98
	20190817	FF30	40	30	29	29	32	39.5
		FF40	44	33	33	32	35	43
交通区	20190710	FF30	84	90	80	86	88.5	83
		FF40	88	93	85.5	91	92	87
	20190729	FF30	51	46	66	47	44	42
		FF40	64	55	75	56.5	60	58
	20190731	FF30	93	86.5	86	87	96	94
		FF40	95	91	91.5	92	98	97
绿地区	20190825	FF30	22	13	8	17	12	12.5
		FF40	29.5	18	11	22	16	17

4. 降雨径流污染控制截流量

不同功能区SS的削减率为50%所对应径流比例及截流量见表8.4，深圳市年径流总量控制率与设计降雨量关系如图8.14所示。不同功能区降水径流瞬时水样中SS与其他污染物浓度的相关性较强，说明SS在一定程度上能够表征城市面源污染的整体情况，其变化规律为雨水径流污染治理与雨水资源利用提供科学依据。根据深圳地区年均溢流污染物SS总量控制率不宜低于50%要求时，建议深圳市初期雨水径流截流率的参考标准最低为30%，初期截流设计降雨量为9 mm。同时，对交通区（市政道路）、文教区、居民区、商业区和工业区初期截流设计降雨量建议分别不低于5.1 mm、6 mm、6 mm、6.9 mm和8 mm，绿地不做初期截流设计。

表8.4不同功能区SS的削减率为50%所对应径流比例及截流量表

区域	文教区	居民区	工业区	商业区	交通区	绿地区
径流比例 /%	21	21	28	23	18	68
初期雨水截流量 /mm	6	6	8	6.9	5.1	30.5

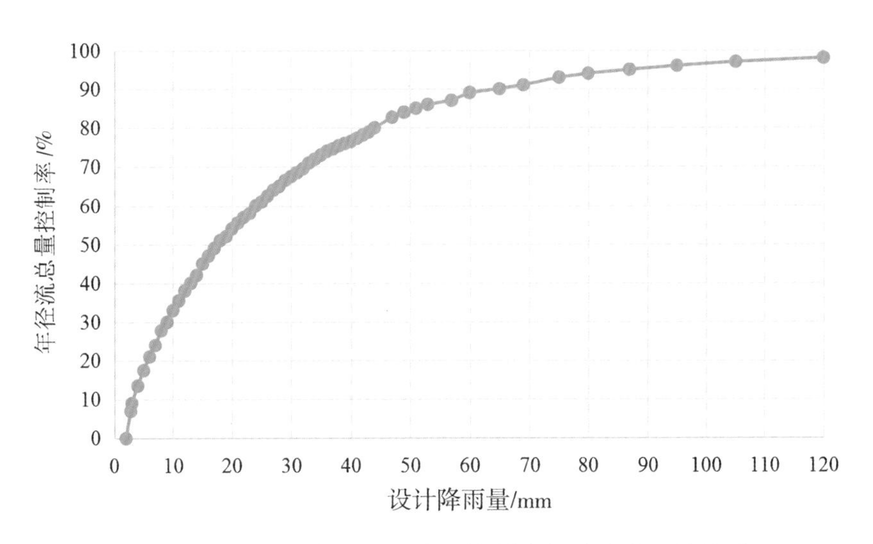

图 8.14　深圳市年径流总量控制率与设计降雨量关系

8.1.2　初期雨水径流污染控制技术及资源化利用研究

城市初期雨水径流中污染物含量高、水质恶劣，结合初期雨水径流水污染分析，初期雨水径流中悬浮颗粒污染物是多种污染物的迁移载体，未经处理无法达到排放或回用标准。针对初期雨水径流悬浮物为主要污染物，其他污染物并存的水质特点，比选了混凝沉淀、混凝超滤、混凝-臭氧/活性炭等组合处理工艺，对初期雨水径流展开了污染控制及工艺效能研究，通过模拟岸滤体系，评价利用自然技术处理雨水的可能性，应用纳滤、反渗透等深度处理技术，挖掘雨水径流作为高品质饮用水水源潜力，为初期雨水径流的污染防治及资源化利用提供了技术与理论支持。研究成果如下：

如图8.15所示，初期雨水径流经单独混凝工艺处理，浊度已基本满足杂用水10NTU的要求，DOC平均去除率也达到54.6 %，并在4 mg/L的Fe混凝剂下达到最好的处理效果。如图8.16所示，对于基于混凝的组合工艺，耦合沉淀时水质提升有限，而耦合超滤能有效去除颗粒物、胶体和微生物，出水浊度低于0.3NTU，同时混凝作为预处理，能显著缓解超滤膜污染。然而，超滤对有机物去除有限，利用臭氧/活性炭工艺，可有效去除水中有机物。关于自然处理的岸滤过程，对各污染程度雨水均有一定处理效果，尤其对浊度的去除极好，几乎满足所用杂用水回用要求，但对有机物的去除需要足够的处理场地，可作为周边区域回用或补水的备选方案。如图8.17所示，初期雨水径流经过纳滤或反渗透处理后，浊度、TDS和硬度均可得到显著去除，完全满足饮用水卫生标准，作为更加强劲的反渗透工艺，还对铁、锰以及重金属有接近100%的去除率，当高压膜滤技术前耦合超滤预处理保证稳定的进水水质时，初期雨水有作为特殊饮用水水资源进行利用的潜力。

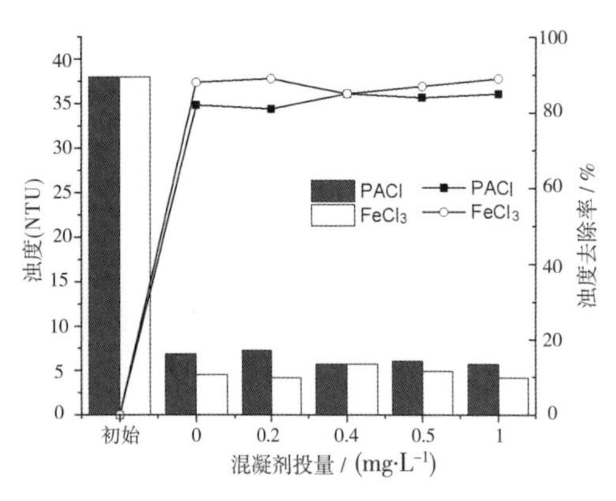

（a）混凝剂投量对浊度去除效果的影响

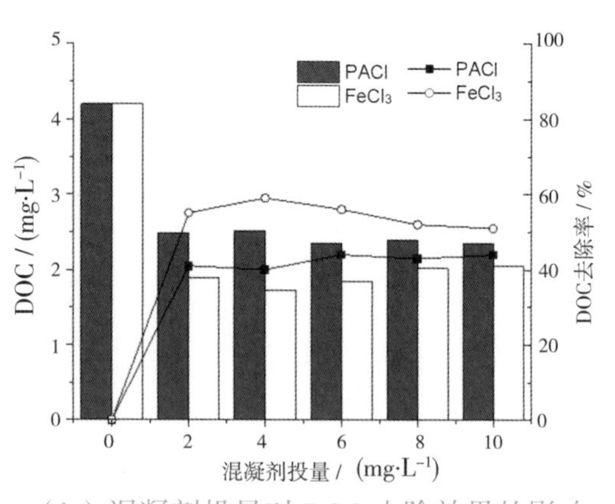

（b）混凝剂投量对 DOC 去除效果的影响

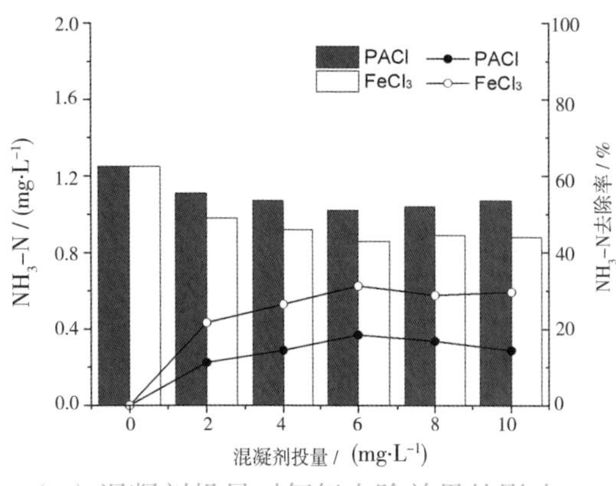

（c）混凝剂投量对氨氮去除效果的影响

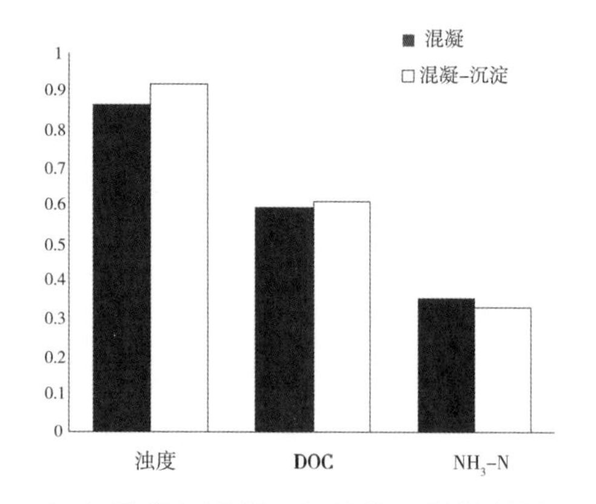

（d）混凝与混凝 – 沉淀处理效果差异

图 8.15　混凝 – 沉淀常规过程处理初期雨水径流效能研究

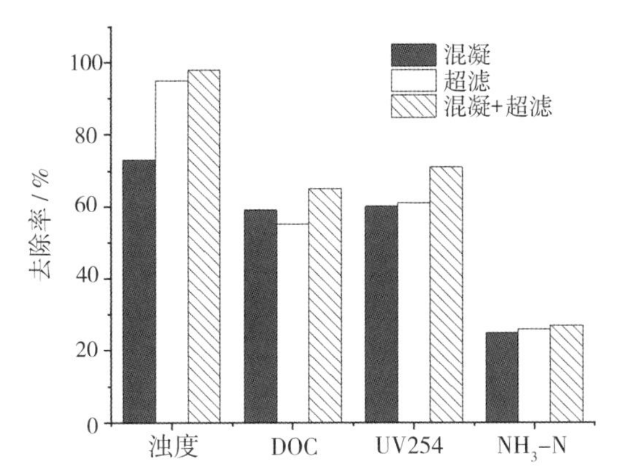

图 8.16 混凝 / 超滤工艺处理初期雨水径流效能研究

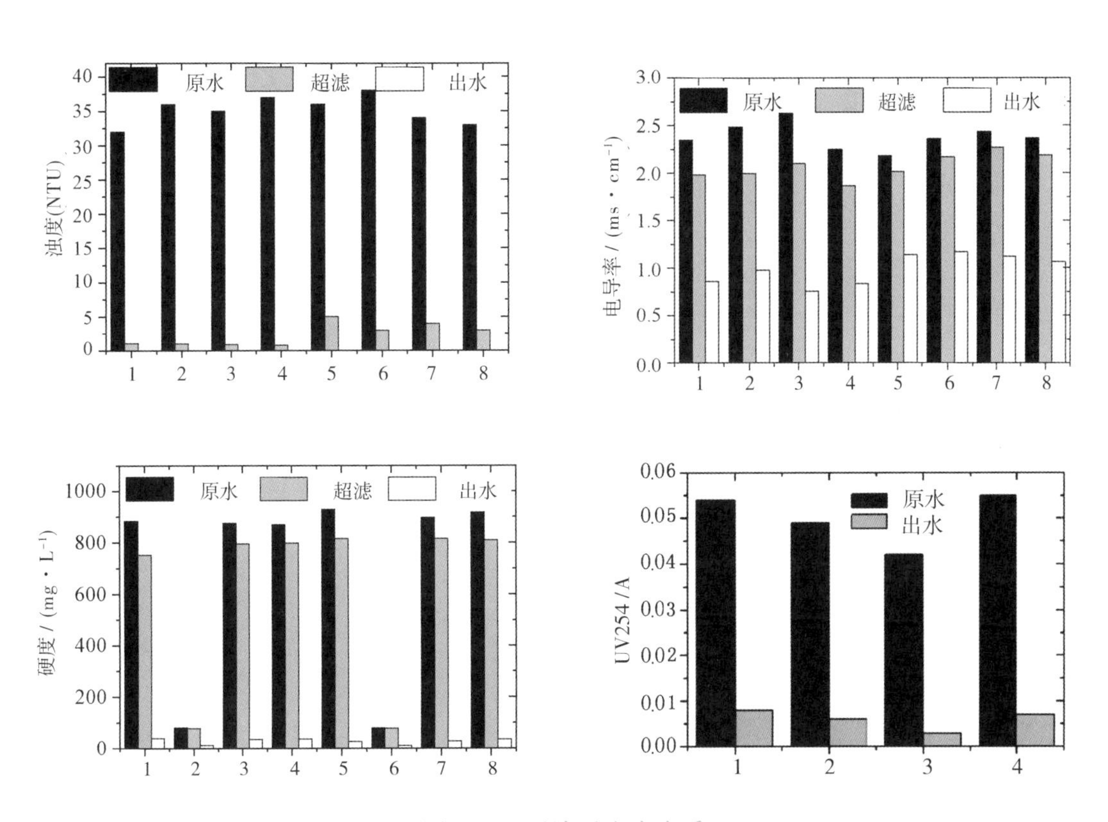

图 8.17 反渗透产水水质

8.1.3 初期雨水径流污染控制的调蓄系统研究

构建区域SWMM模型，并借助该模型模拟雨水弃流后调蓄池的不同布局方式，对调蓄后的雨水径流峰值和初期雨水径流污染控制效果进行研究，重点关注了调蓄池布置形式、降雨条件以及调蓄池工况特征对调蓄效果的影响，并通过滞留与弃流两种调蓄措施的对比，对初期雨水径流调蓄系统的污染控制效果进行评价，为区域调蓄设施的布设与城市面源污染控制方案提供了技术参考与理论支持。初雨弃流-调蓄池对污染物峰值的削减率如图8.18所示。通过SWMM模型模拟雨水调蓄池布设，发现雨水峰值削减率、峰值延迟时间以及污染物衰减效果都随着调蓄池分散程度的增大而增大，此规律在各种降雨条件下都适用，但越短的雨量重现期调蓄效果越好，需要注意的是，尽管更分散的调蓄池有更好效果，但也对设计和控制有了更高要求。如图8.19所示，在基于SWMM模型的初雨污染控制措施研究中发现，对于高度建成区域，滞留调蓄池、初雨弃流调蓄池及二者联合调蓄均可有效削减进入河道的面源污染，但滞留池在面对大雨、暴雨的调蓄效果更好，而弃流-调蓄池应对中小雨效果更好，同时在TP的去除中也表现出了更强的效果。

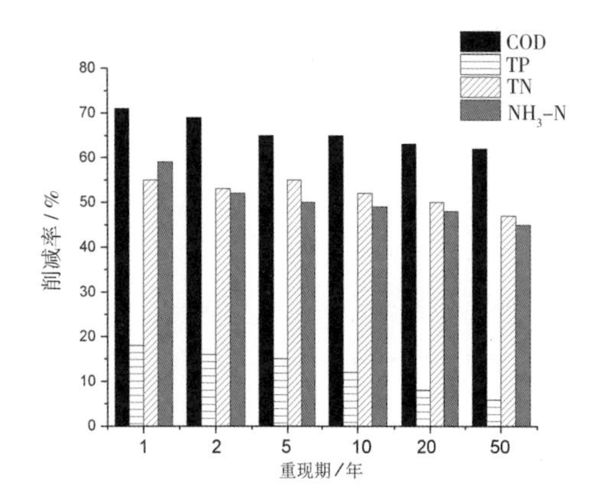

（a）滞留调蓄池对污染物峰值的削减率

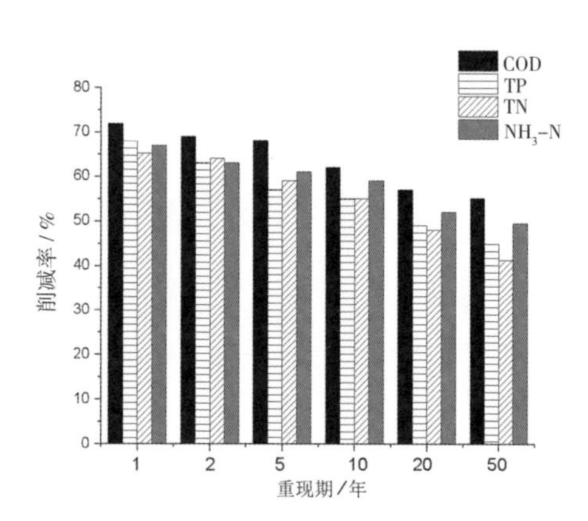

（b）初雨弃流－调蓄池对污染物峰值的削减率

图 8.18　初雨弃流－调蓄池对污染物峰值的削减率

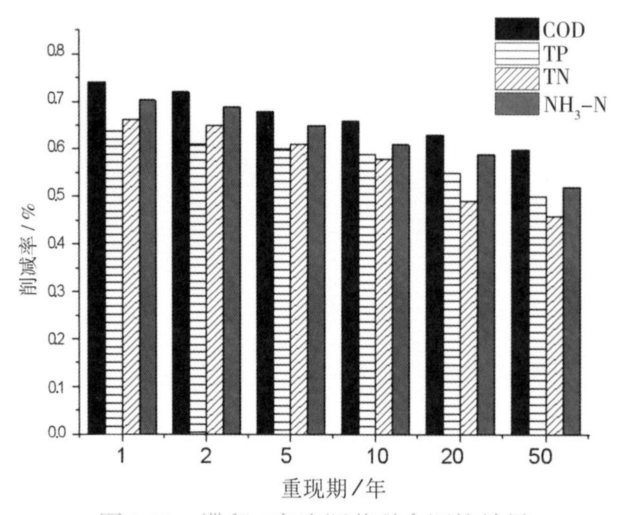

图 8.19　滞留/弃流调蓄联合调控效果

8.2 河道/管网底泥处理与综合利用技术研究

对河道和管网疏浚底泥的处置与利用以期实现无害化、减量化、资源化治理现已成为城市水环境综合整治中的重要内容。开展底泥污染特征分析、完善原位处理及异位处理技术，开发底泥资源化利用途径是实现底泥污染控制及水环境综合整治的重中之重。

8.2.1 管网 / 河道底泥污染特征研究

在摸清河道底泥和不同城市功能区不同类型管网沉积物的污染物分布规律的基础上，分析河道底泥重金属的环境污染程度并对潜在生态危害风险进行评估；针对城市河道污染较严重区域的底泥进行污染物释放规律研究，探讨不同水质及扰动状态下底泥污染物释放规律。

1. 管网沉积物污染特征分析

选取深圳市宝安区某商业园区污水管网（W）、雨水管网（Y）、合流制管网（P）3种不同排水方式中管道沉积物作为研究对象，结合实地调研进行采样点布设，在每类排水管网干管布设采样点，检测管网沉积物中各项污染指标，查明不同类型管网沉积物的污染物特征。

不同类型管网沉积污染物质量比统计见表8.5。不同类型管网3种营养物质（相对）质量比如图8.20所示；不同类型排水管网7种重金属（相对）质量比如图8.21所示。

研究表明，不同类型沉积物中有机质、TN、TP相对含量呈现不同趋势。其中，有机质、TN呈现合流制管网>雨水管网>污水管网的趋势，TP呈现污水管网>合流制管网>雨水管网。管网沉积物中重金属污染较为严重，不同类型管网中重金属的含量差异较大。其中，重金属Cu、Zn、Ni、Hg含量差异趋势一致，均表现为雨水管网>合流制管网>污水管网，Cu、Zn在雨水管网中富集严重；Pb含量表现为合流制管网>雨水管网>污水管网，雨水管网中对应含量为污水管网中的3.02倍。Cr、Cd含量与其他重金属元素不同，分别表现为：污水管网>雨水管网>合流制管网、合流制管网>污水管网>雨水管网。

表8.5 不同类型管网沉积污染物质量比统计表

样品名称	W/%	Y/%	P/%
有机质	0.17	0.11	0.27
全氮	13.13	8.21	22.33
全磷	51.69	25.97	34.67
氮磷合计	64.82	34.18	57.00
Cu	3.42	8.82	4.48
Zn	15.02	46.40	29.02
Cr	9.50	3.75	3.02
Ni	3.35	1.94	1.14
Hg	0.08	0.04	0.03
Cd	0.07	0.03	0.06
Pb	3.56	4.73	4.99
重金属合计	35.01	65.71	42.73

注：W 为污水管网；Y 为雨水管网；P 为合流制管网

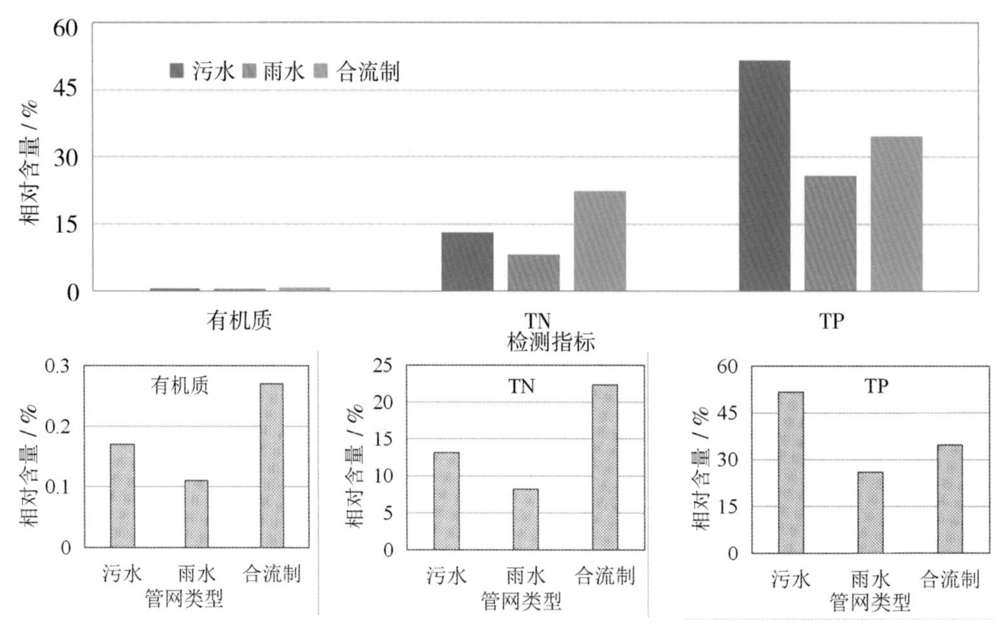

图 8.20 不同类型管网 3 种营养物质（相对）质量比

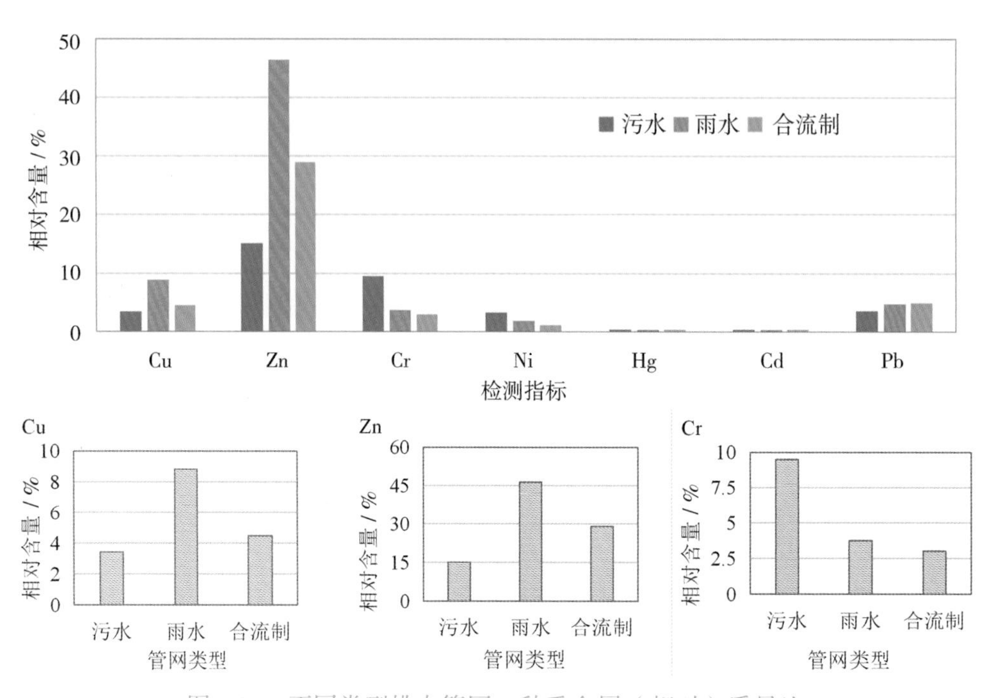

图 8.21 不同类型排水管网 7 种重金属（相对）质量比

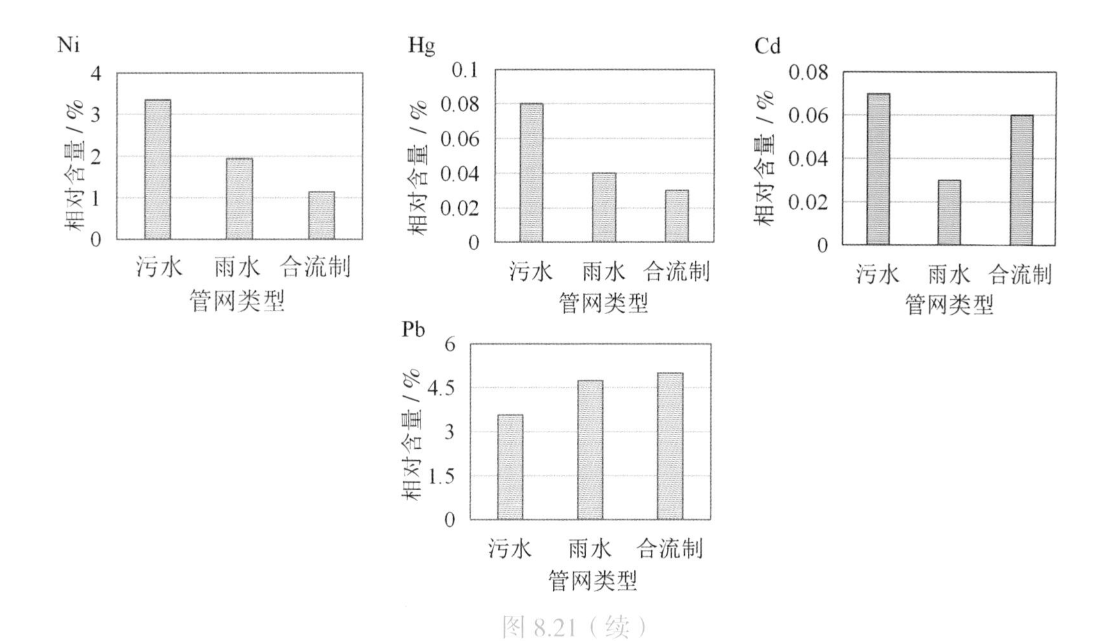

图 8.21（续）

2. 河道底泥污染特征分析及风险评估

以深圳市前海片区典型黑臭水体为研究对象，选取机场南排渠、新涌、南昌涌、固戍涌、共乐涌、新圳河、咸水涌、西乡河、铁岗排洪渠9条河流进行布点监测，通过调查河道黑臭底泥的污染状况，深入分析黑臭底泥的主要污染物分布规律和理化性质。

如图8.22所示，通过深圳前海片区黑臭水体底泥pH、含水率、有机质、氮磷及重金属含量分析表明：大部分为弱碱性底泥，有机质质量比低（<5%，大部分在1%左右），氮磷质量浓度较高（主要变化范围：总氮浓度在100~450 mg/L，总磷浓度在200~430 mg/L），河流底泥均受到不同程度的重金属污染，其中Cu污染比较严重，近50%的采样点都处于中度污染状态。超过一半的采样点都受到了Hg污染，且Hg污染主要集中在西乡河。前海铁石片区城市河流底泥RI值柱状图如图8.23所示，生态风险指数显示西乡河、南昌涌和机场南排渠河流处于高生态风险状态。因此对于这几条河流的治理，首先应当考虑全面清淤。对于固戍涌、共乐涌和铁钢水库排洪河，可根据各个河段重金属污染程度进行局部清淤，重点进行生态恢复。

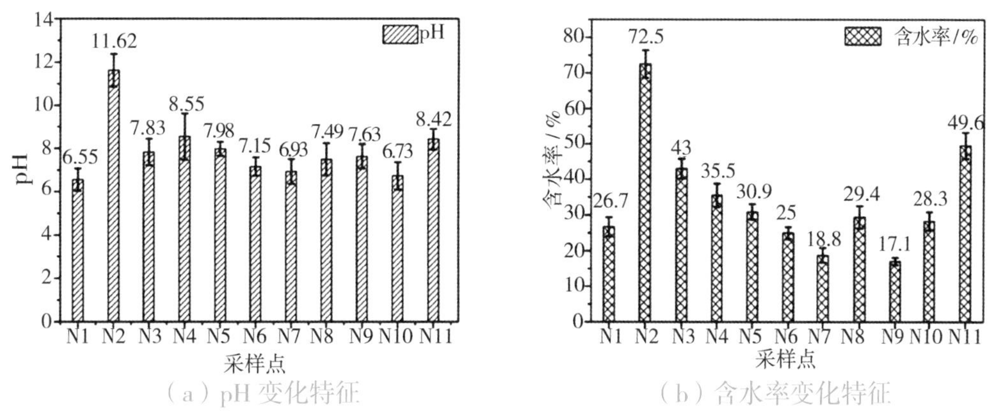

图 8.22 河道底泥污染特征

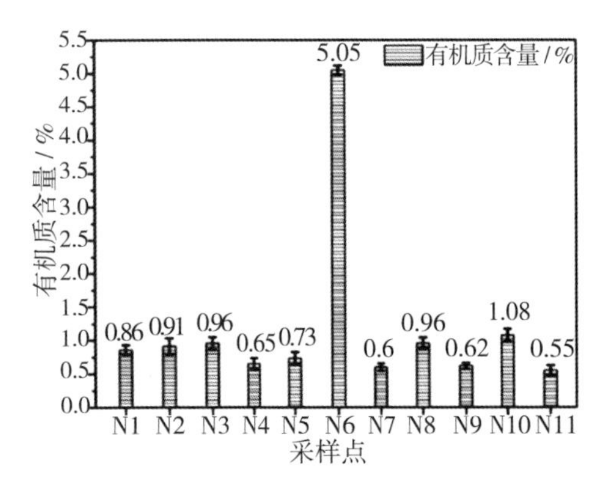

（c）有机质含量变化特征

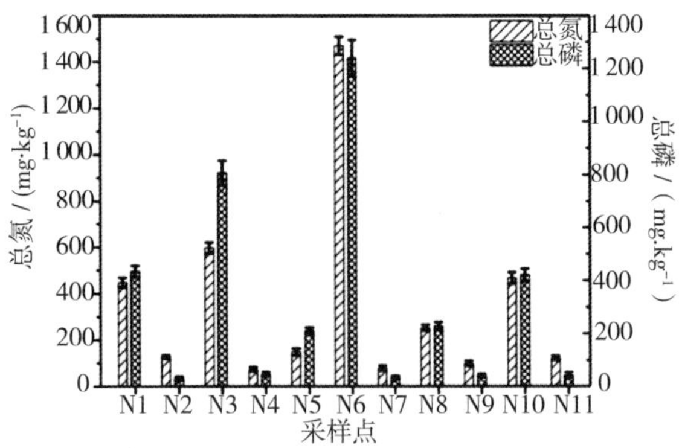

（d）总氮及总磷含量变化特征

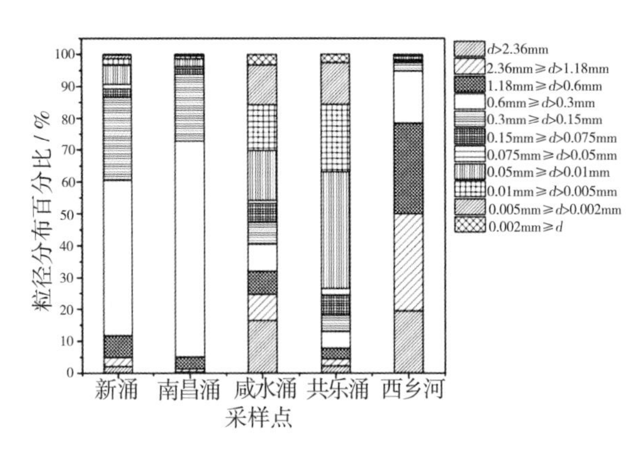

（e）颗粒粒径（d）变化特征

图 8.22（续）

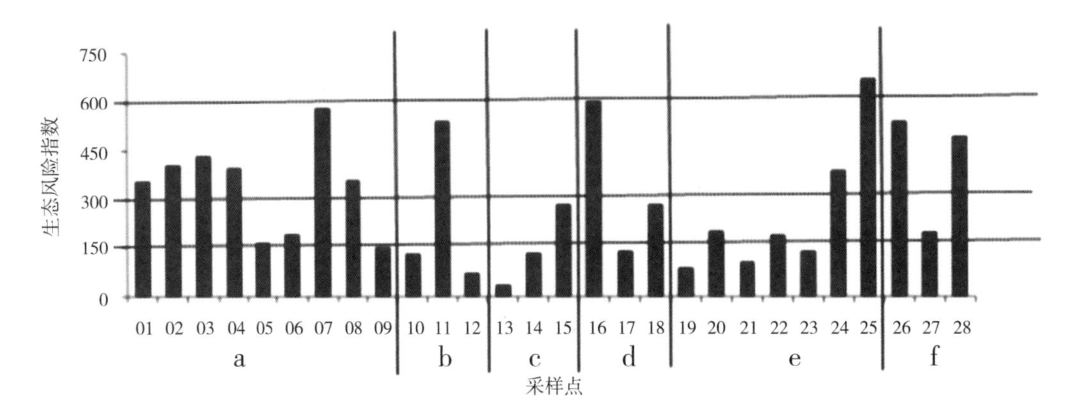

图 8.23　前海铁石片区城市河流底泥 RI 值柱状图

3. 河道底泥污染物释放规律研究

基于河道底泥污染特征分析及生态风险评价结果，研究不同扰动状态及上覆水质的条件下河道底泥污染物释放规律，为黑臭水体治理工作实践提供理论基础及技术支撑。

上覆水体NH_4^+-N浓度变化如图8.24所示，上覆水体各指标相关性分析见表8.6。与底泥静态释放相比，扰动使上覆水体pH增加，对其影响程度更大，同时维持DO含量，减缓DO浓度的变化程度；扰动也会增大上覆水体COD、TN浓度，减小NH_4^+-N浓度。与污染水样相比，清洁上覆水体的pH、DO、COD、TN浓度更低，NH_4^+-N、TP浓度更高。扰动状态以及清洁上覆水质会增大底泥泥水界面、产生污染浓度梯度，促进底泥污染物的释放，影响上覆水体酸碱度，从而对水体DO水平、底泥微生物活性、氮循环及有机物质的降解产生影响。因此在实际工程中，应减少底泥扰动产生的二次污染，同时进行生态补水改善河道水质。

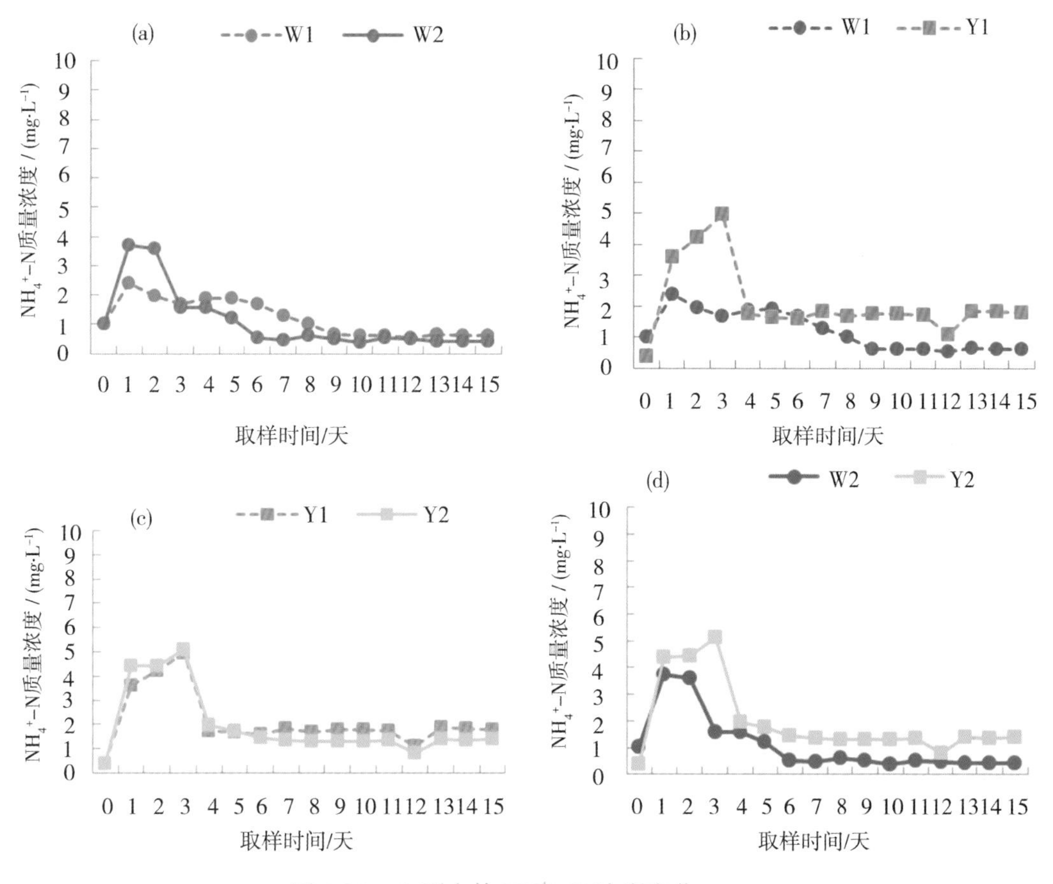

图 8.24 上覆水体 NH^{4+}-N 浓度变化

注：W 为再生水水厂尾水，W1 为静置状态下，W2 为扰动状态下；Y 为自配清洁水，Y1 为静置状态下，Y2 为扰动状态下。

表8.6　上覆水体各指标相关性分析

	pH	DO	COD	NH^{4+}–N	TP	TN
pH	1					
DO	0.708**	1				
COD	0.348**	0.234	1			
NH^{4+}–N	–0.146	0.184	0.135	1		
TP	–0.297*	–0.133	–0.434**	0.647**	1	
TN	0.350**	0.168	0.756**	–0.252	–0.527**	1

注：**在0.01 水平（双侧）上显著相关，*在0.05 水平（双侧）上显著相关。

8.2.2　河道 / 管网污染底泥处理技术

基于黑臭河道底泥污染物的释放规律，开展了污染底泥污染释放的控制研究，将原位帽封与复合药剂处理技术应用于底泥重金属污染控制，为受重金属污染底泥提出了安全且经济高效的处理方式，同步对合流制管网清淤后上层余水的处理方案进行了技术经济评价，为河道底泥与管沉积物的污染控制提供了科学方案。

1. 原位覆盖污染底泥处理

原位覆盖技术不需要对底泥进行大规模移动，工程量小，不会造成二次污染，具有明显的经济性与环境友好性。因此本研究对以沸石为主的混合材料原位覆盖对重金属污染严重的河道底泥的处理效果进行了探究，评价了混合材料的适用性和经济性，以期提出更加高效经济的原位覆盖处理方式，为受污染底泥的污染控制提供技术支持。

原位帽封抑制底泥中重金属释放的效果分析如图8.25所示；重金属形态占比及变化见表8.7。各种帽封材料之中，沸石原位覆盖对底泥重金属Fe、Cr、Pb释放的抑制率均在60%以上，Mn释放抑制率稍差，但也达到34.1%，底泥中可交换态重金属含量普遍降低。在砂类材料中，细沙效果虽优于粗砂，却不及沸石，对于除Pb以外的重金属释放抑制率均在40%左右。使用沸石和沙子的混合覆盖物对重金属释放的平均抑制率为49.9%。综合来看，混合材料覆盖是一种经济且高效的原位帽封方式。

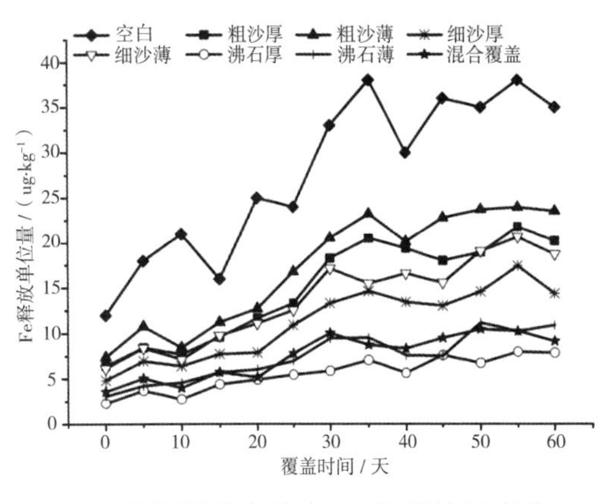

(a) 原位覆盖实验中 Fe 的释放量变化

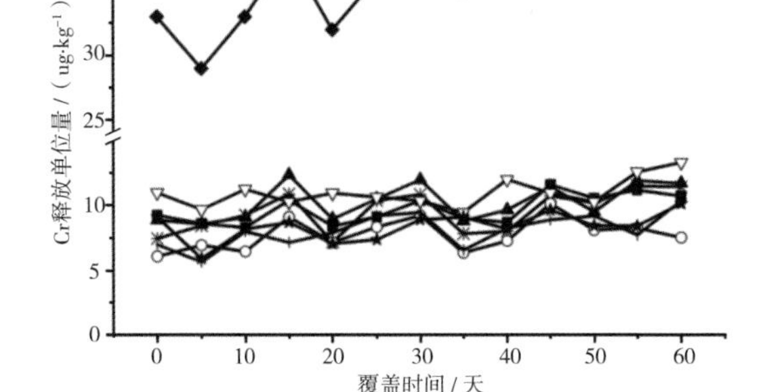

(b) 原位覆盖实验中 Cr 的释放量变化

图 8.25　原位帽封抑制底泥中重金属释放的效果分析

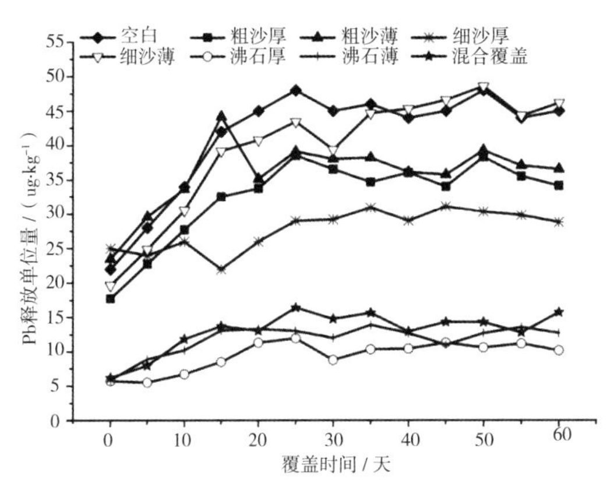

(c) 原位覆盖实验中 Pb 的释放量变化

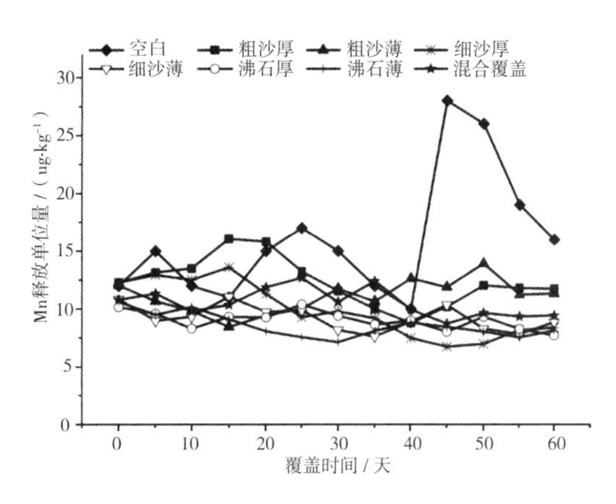

(d) 原位覆盖实验中 Mn 的释放量变化

图 8.25（续）

表8.7 重金属形态占比及变化

形态	重金属	空白占比	覆盖后占比变化		
			厚沸石	厚细沙	混合
残渣态	Fe	87.95%	+4.21%	+2.12%	+4.19%
	Cr	79.23%	+6.03%	+0.98%	+5.12%
	Pb	90.27%	+3.98%	+1.09%	+3.77%
	Mn	83.11%	+1.25%	+1.01%	+0.97%
可交换态	Fe	2.70%	−0.97%	−0.63%	−0.89%
	Cr	1.53%	−0.21%	−0.09%	−0.12%
	Pb	1.98%	−0.17%	−0.10%	−0.13%
	Mn	2.54%	+0.49%	−0.17%	+0.38%

2. 复合药剂污染底泥处理

对受污染底泥的原位化学药剂修复技术进行研究。应用硝酸钙、聚合氯化铝为单一药剂代表，使用复合氧化钙（氧化钙与过氧化钙复合药剂）研究使用修复剂对底泥释放有机物（氨氮、总磷）的影响，以期在源头将污染物质无害化或低毒性。

单一药剂对底泥释放有机物（氨氮、总磷）的影响如图8.26所示；复合药剂比例及扰动条件对上覆水的影响如图8.27所示。氧化钙药剂单独投加可抑制底泥中氨氮释放，聚合氯化铝和硝酸钙单独投加都会使上覆水氨氮升高，而三种药剂单独投加对底泥中的磷均产生明显抑制作用。聚合氯化铝与氧化钙药剂的复合投加，在水体受扰动时对底泥中污染物释放有着更好的控制效果，此外还具有更高的经济性。

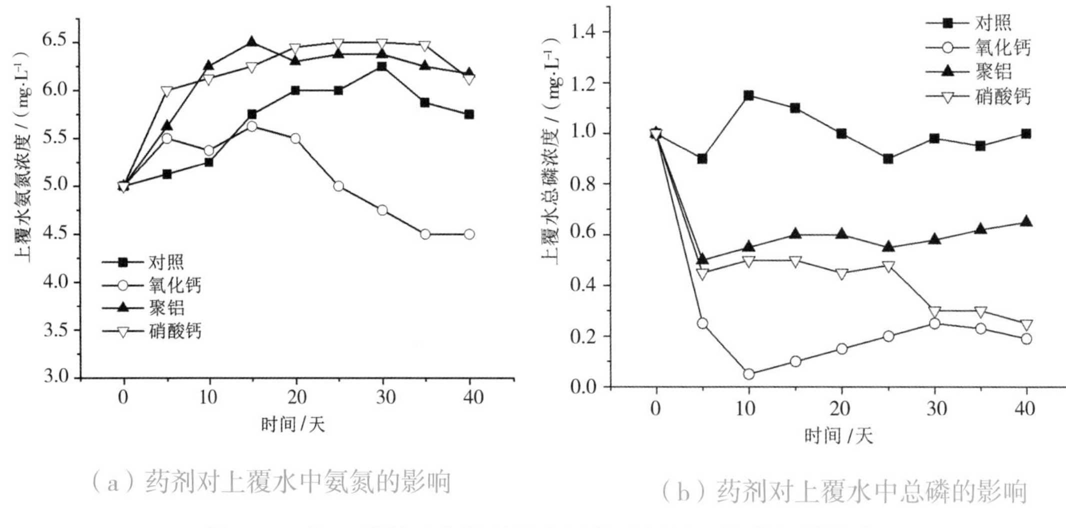

(a)药剂对上覆水中氨氮的影响

(b)药剂对上覆水中总磷的影响

图 8.26 单一药剂对底泥释放有机物(氨氮、总磷)的影响

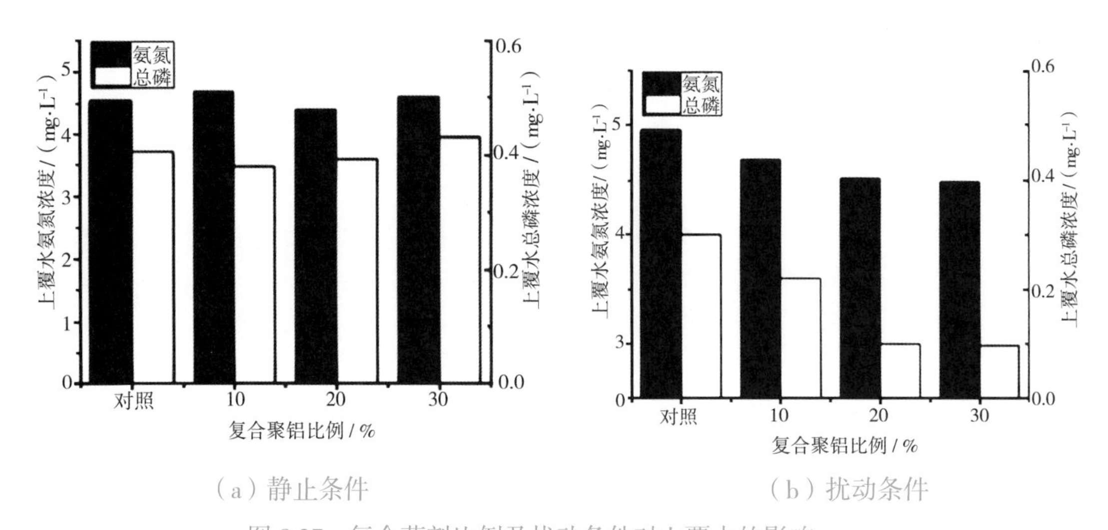

(a)静止条件

(b)扰动条件

图 8.27 复合药剂比例及扰动条件对上覆水的影响

3. 管网余水处理技术

通过对合流管网余水的无害处理和资源化利用研究，使其满足杂用水质要求。

混凝处理合流制余水效果如图8.28所示。对于合流制管网清淤后的上层余水，在投加混凝剂后，浊度去除率可达73.1%，Fe盐投量为3 ~ 6 mg/L时，浊度去除效果最佳，此时的浊度指标接近于初期雨水，后续进入调蓄池或进一步处理具有一定的经济可行性。

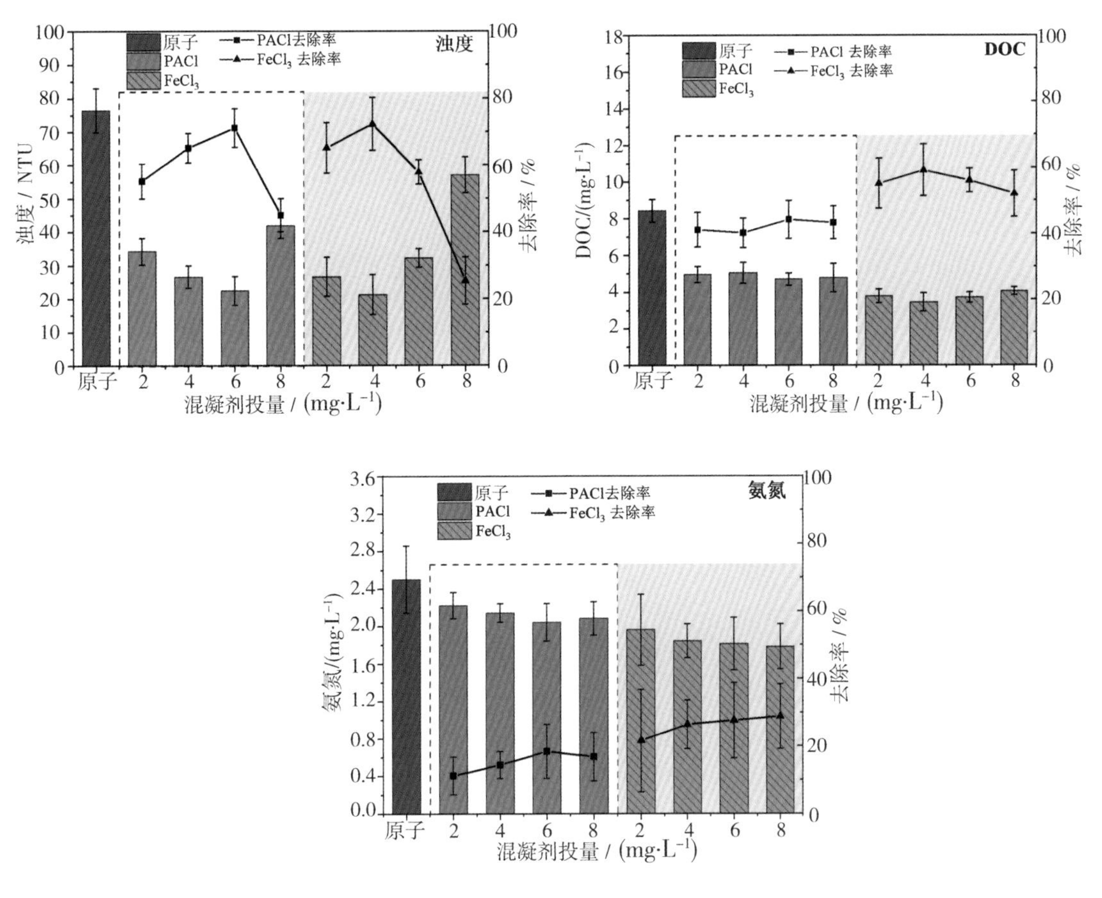

图 8.28 混凝处理合流制余水效果

4. 底泥脱水与重金属固化

为了更好地得到制备陶粒的底泥，需要对底泥进行预脱水，以获得含水率更低的底泥。而底泥中存在各类自由水和结合水，简单的静止或挤压难以脱除，需要投加药剂，同时需要外界强化其去除过程。分析脱水絮凝剂（聚合硫酸铁、聚丙烯酰胺和聚合氯化铝）的不同投加量对底泥脱水性能的影响。

三种药剂以及超声强化底泥脱水性能效果如图8.29所示；陶粒重金属释放量见表8.8。研究表明：加药后底泥 CST（毛细吸水时间） 随着聚铁、聚铝和聚丙烯酰胺投加量增加而升高，由于添加的这些物质，吸收了部分水而降低了底泥自身的含水率，而含水率对CST的影响很大，从 CST 的表征可见，无论是单独投加这三种物质或者同时使用超声调理，底泥的 CST 都要比原始底泥高。主要由于这些药剂增加了底泥固体浓度并且延长了底泥沉降所需时间。另外，三种脱水处理后底泥制备的陶粒重金属虽存在重金属释放的现象，但释放浓度很低，不存在二次污染问题，具有稳定效果。

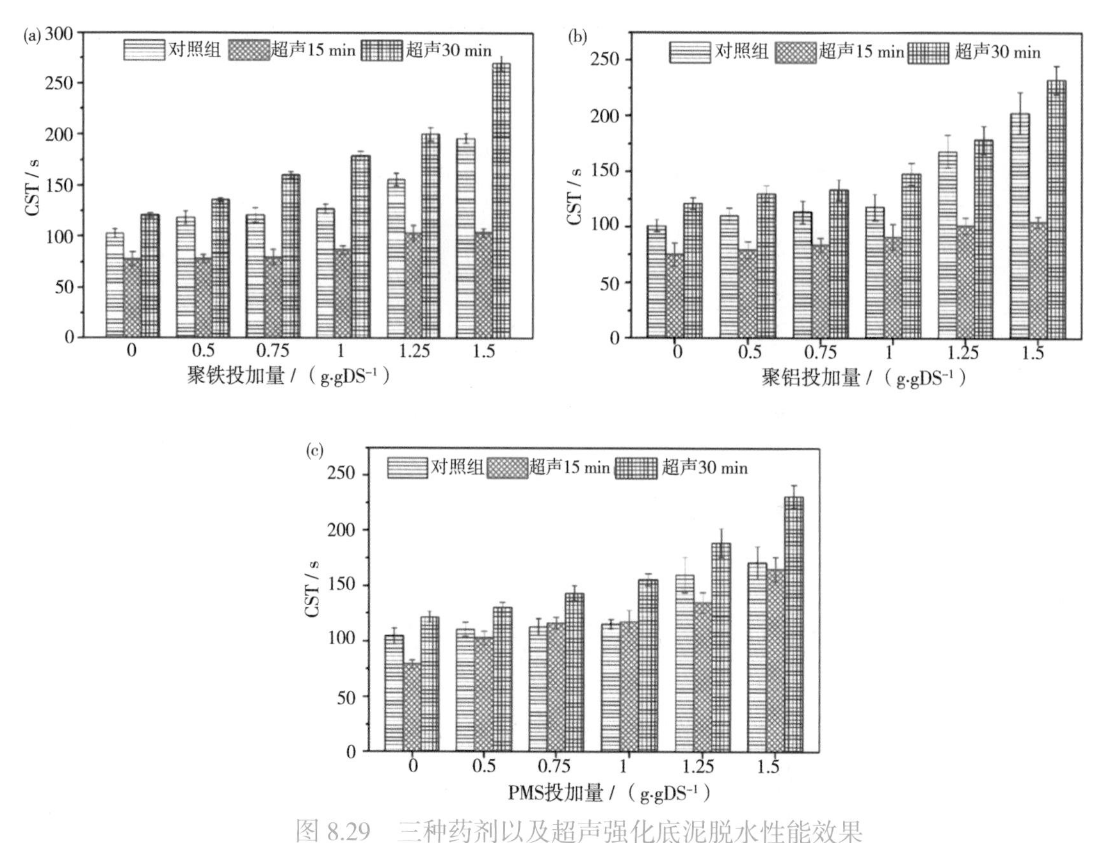

图 8.29　三种药剂以及超声强化底泥脱水性能效果

表8.8　陶粒重金属释放量

单位：mg/L

样品	聚铁	聚铝	PMS
Cu	0.096 2	0.132 5	0.119 4
Zn	0.118 9	0.252 1	0.100 2
Pb	0.009 8	0.019 2	0.017 7
Cr	0.190 5	0.110 8	0.205 0
Cd	0.025 2	0.011 0	0.000 1
Hg	0.000 1	0.000 1	0.000 1

8.2.3　河道 / 管网疏浚底泥资源化技术

底泥资源化利用是实现底泥同步污染物固定与降低环境风险的良好手段，同时也是降低底泥处理成本的潜在方式。以疏浚底泥为原料，分别运用高温热解与碱溶两种方法，制作了陶粒与活化吸附剂两种吸附材料，并对其性能与污染物释放风险进行了评价。还将陶粒与膜滤工艺结合，应用于重金属突发污染的应急预处理之中，以评判疏浚底泥资源化利用的可能性。

1. 吸附陶粒的性能表征

利用河道疏浚底泥为原料，添加粉煤灰、膨润土等材料，以最为常用的高温热解法烧制了陶粒，并通过正交实验探究烧结过程中工艺条件对成品陶粒性能的影响，对陶粒制成后污染物释放的环境风险进行评价后，应用于水中Cu^{2+}突发性污染的应急处理。

以河道疏浚底泥为原料，添加粉煤灰、膨润土后高温烧制成陶粒，陶粒孔道特性见表8.9；陶粒重金属释放量见表8.10。其主要晶体为SiO_2，对氨氮去除率在50%以上，且氨氮去除率与陶粒投量成正比。25 ℃下陶粒对Cu^{2+}等温吸附结果见表8.11；陶粒对Cu^{2+}在25 ℃下静态吸附曲线如图8.30所示；Langmuir模型线性拟合结果如图8.31所示；陶粒动态吸附正交试验组别与计算分析见表8.12。正交实验表明，陶粒量是影响陶粒吸附效果的主要因素，其次是进水浓度负荷，最后是液体通过陶粒的流速；陶粒作为滤料或吸附剂，在Cu^{2+}浓度较低时，陶粒能够对Cu^{2+}保持约40 %的静态吸附能力。而对于Cu^{2+}突发性污染，组合工艺对重金属离子去除效果见表8.13，陶粒与纳滤结合的吸附–膜组合工艺对重金属离子去除率可达97.9%~99.4%。其中，吸附柱对高浓度的重金属去除效果明显，能将进水重金属浓度控制在10 mg/L以内，同时有效缓解了纳滤膜不可逆污染，有效保障了后续膜工艺的长期稳定运行。

表8.9 陶粒孔道特性

批次	1	2	3	4	5
比表面积 / ($m^2 \cdot g^{-1}$)	4.333 50	6.356 87	2.843 75	5.429 33	2.188 17
孔容 / ($10^{-2}cm^3 \cdot g^{-1}$)	7.581 2	1.617 8	0.553 3	1.418 2	0.398 8

表8.10 陶粒重金属释放量

单位：mg/L

样品	1	2	3
Cu	0.162 6	0.114 7	0.205 0
Zn	0.125 5	0.200 7	0.159 7
Pb	0.025 8	0.023 2	0.024 4
Cr	0.110 5	0.099 8	0.135 0
Cd	0.016 2	0.021 0	0.012 6
Hg	0.000 1	0.000 1	未检出

表8.11 25℃下陶粒对Cu^{2+}等温吸附结果

初始浓度 C_0/ ($mg \cdot L^{-1}$)	平衡浓度 C_e/ ($mg \cdot L^{-1}$)	吸附量 q/ ($mg \cdot g^{-1}$)	吸附率 Y/%
1	0.502 8	0.0497 2	49.71
5	2.804 6	0.2195 4	43.91
10	5.810 6	0.4189 4	41.89
25	15.134	0.986 6	39.47
50	32.353	1.764 7	35.29
100	79.061	2.093 9	20.94

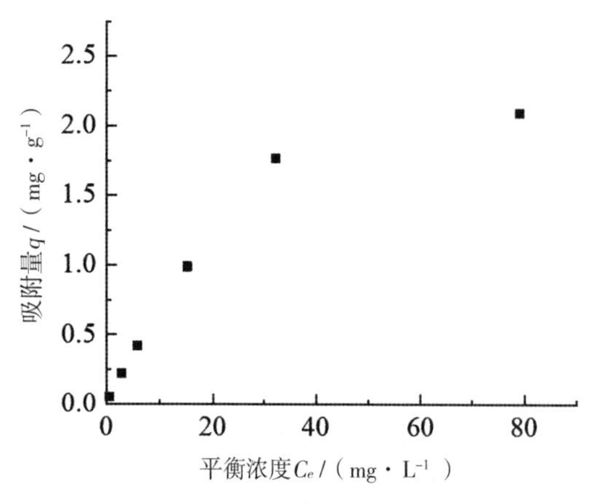

图 8.30　陶粒对 Cu^{2+} 在 25 ℃下静态吸附曲线

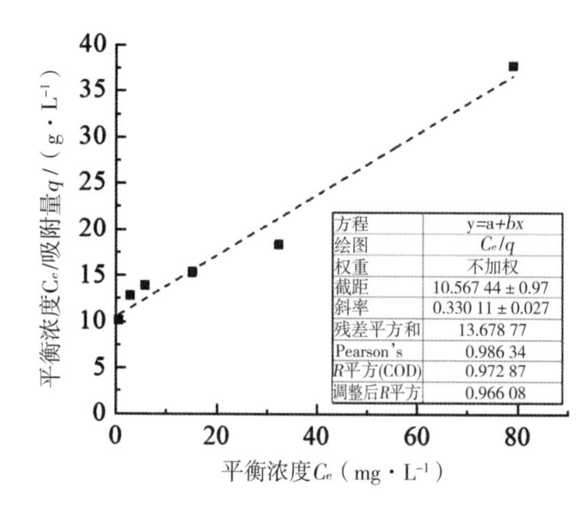

图 8.31　Langmuir 模型线性拟合结果

表8.12　陶粒动态吸附正交试验组别与计算分析

试验序列	流量 /（$mL \cdot s^{-1}$）	陶粒量 /g	浓度负荷 /（$mg \cdot L^{-1}$）	试验结果[①] /min
1	0.4	20	90	108
2	0.4	25	100	119
3	0.4	30	110	104
4	0.5	20	100	50
5	0.5	25	110	88
6	0.5	30	90	122
7	0.6	20	110	60
8	0.6	25	90	110
9	0.6	30	100	115
Ⅰ[②]	331	218	340	T=876[④]
Ⅱ	260	317	284	
Ⅲ	285	341	252	
K_1[③]	110.3	72.7	113.3	
K_2	86.7	106.7	94.7	
K_3	95	113.7	84	
R	23.6	41	29.3	

注：①实验结果指该组动态穿透实验中，出水 Cu^{2+} 浓度达到浓度负荷的80 %时所经历的时间。

②Ⅰ、Ⅱ、Ⅲ值为该同一水平实验结果的总和。

③ K_1、K_2、K_3 值为该同一水平实验结果的均值。

④ T 为实验结果总量。

⑤ R 值称为极差，表明因子对结果的影响幅度。

表8.13 组合工艺对重金属离子去除效果

指标	进水浓度 /（mg·L^{-1}）	吸附柱出水浓度 /（mg·L^{-1}）	纳滤出水浓度 /（mg·L^{-1}）	平均去除率 /%
Cd^{2+}	0.033~0.281	0.031~0.219	0.0007~0.0038	98.57
Zn^{2+}	4.021~40.185	1.213~9.845	0.0095~0.0712	98.82
Mn^{2+}	0.413~4.585	0.397~4.21	0.0141~0.0682	98.35
Cu^{2+}	5.198~19.875	1.078~5.162	0.0158~0.0823	99.61
Pb^{2+}	0.051~0.419	0.048~0.356	0.0031~0.0082	97.59
Cr^{6+}	0.211~1.663	0.185~1.234	0.0008~0.0079	99.53
硬度	573~926	481~863	17~25	97.24
TDS	1950~2680	1730~2240	67~85	96.69

2. 活化吸附剂的性能表征

底泥资源化利用过程中，除了制备陶粒与其他工艺耦合进行水处理外，还可以考虑将底泥功能化，通过制备吸附材料原位治理河道水体，实现源自河道、回归河道、治理河道的绿色循环。对以疏浚底泥来制备吸附剂进行了探索，并使用了对疏浚底泥这种含碳量较低原材料更加适用的碱熔法进行了实验。

原始疏浚底泥的红外光谱如图8.32所示；疏浚底泥活化后形成吸附剂的红外光谱如图8.33所示。结果表明，经过碱溶法活化后的底泥吸附剂表面有了更多的含氧极性基团，颗粒表面呈现出更强的极性，显示出优秀的吸附潜力。同时，疏浚底泥吸附剂成分与原始底泥基本一致，性能稳定，浸出液中重金属离子浓度（表8.14）也符合国家现行环保标准，具有应用潜力。不同吸附剂用量下疏浚底泥活化吸附剂对溶液中Cu^{2+}去除率如图8.34所示，综合经济成本考虑，确定吸附剂的最佳用量为2 g/L。同时在研究中发现，如图8.35和图8.36所示，吸附剂的吸附效果分别受到初始Cu^{2+}浓度和吸附时间的影响。当Cu^{2+}初始浓度为50 mg/L时，吸附剂对溶液中铜离子的去除率最大，达到99.93%，并且最佳吸附时间为180 min。疏浚底泥活化吸附剂对Cu^{2+}的Langmuir吸附等温线如图8.37所示；疏浚底泥活化吸附剂对Cu^{2+}的Freundlich吸附等温线如图8.38所示。在吸附等温线的拟合过程中发现，其符合Langmuir单分子层吸附机制，饱和吸附量为40.62 mg/g。

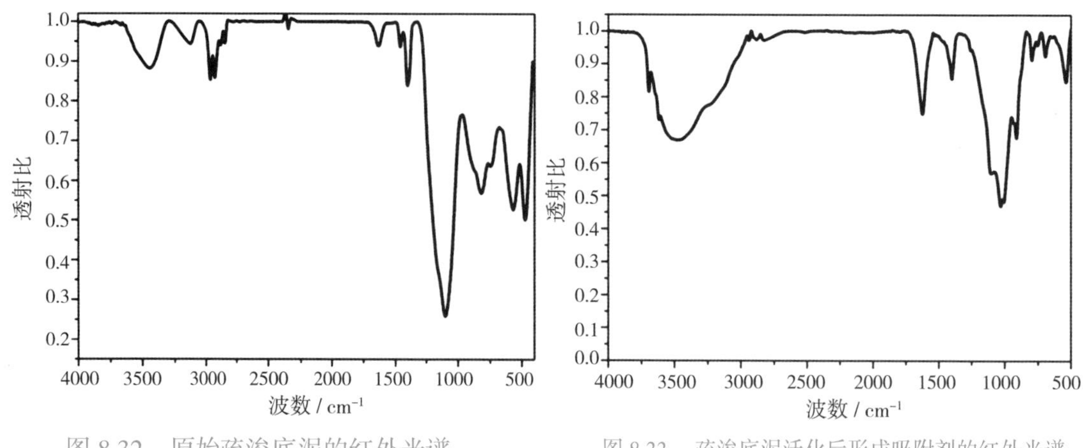

图 8.32　原始疏浚底泥的红外光谱

图 8.33　疏浚底泥活化后形成吸附剂的红外光谱

表8.14　吸附剂盐酸浸出液中的重金属浓度

单位：mg/L

金属	浸出液中浓度
总铬	0.02
总镉	0.003
总锌	0.023
总铜	0.01
总汞	0.000 02
总铅	0.005
总镍	0.045
总砷	0.035

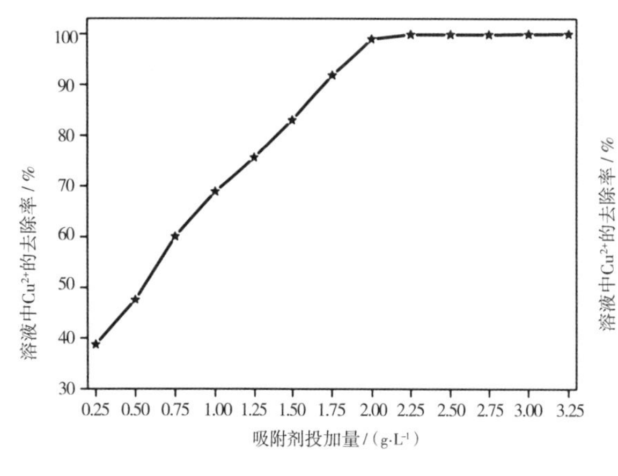

图 8.34　不同吸附剂用量下疏浚底泥活化吸附剂对溶液中 Cu^{2+} 去除率

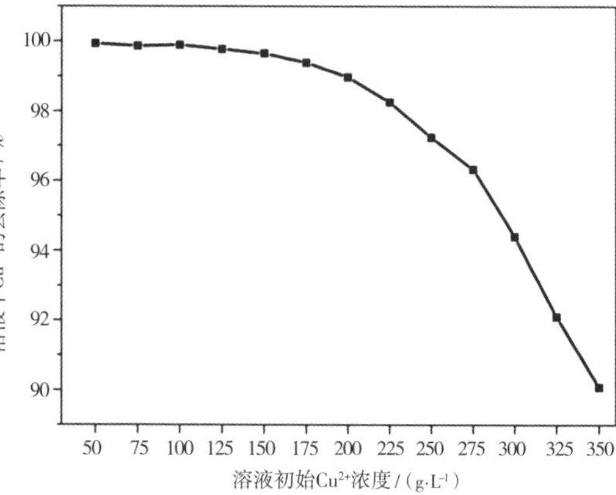

图 8.35　不同初始浓度的 Cu^{2+} 下疏浚底泥活化吸附剂对溶液中 Cu^{2+} 去除率

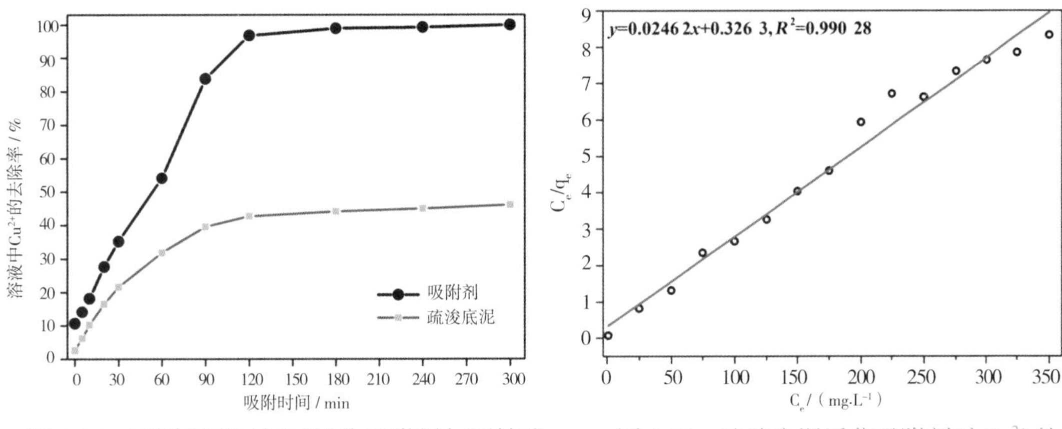

图 8.36 不同吸附时间下活化吸附剂与原始疏浚底泥对溶液中 Cu^{2+} 去除率

图 8.37 疏浚底泥活化吸附剂对 Cu^{2+} 的 Langmuir 吸附等温线

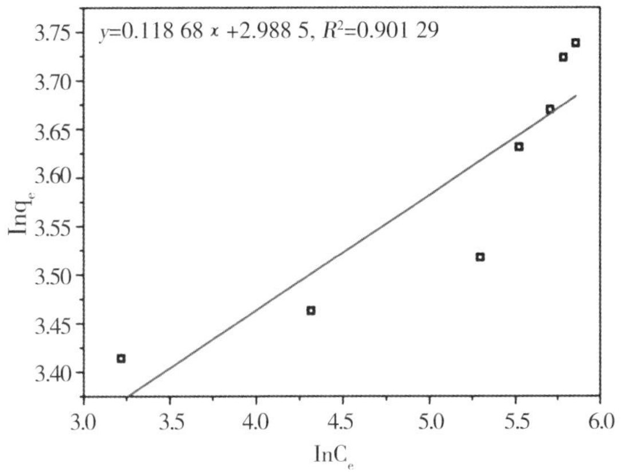

图 8.38 疏浚底泥活化吸附剂对 Cu^{2+} 的 Freundlich 吸附等温线

8.3 河道水体综合治理技术研究

河道水体综合治理技术研究主要研究了城市河道水体主要污染特征识别和污染物空间分布与变化规律，以掌握城市河道水体治理主要矛盾，在治理前理清河道污染脉络。在河道水体污染研究基础上，开展了河道水质提升和生境改善技术的研究，重点关注以自然水处理技术为核心，构建多屏障的类人工湿地强化河道边沿及护岸区域对外源污染的屏障作用，以提升治理后河道的生态特性和自适应能力。最后基于PSR模型构建了城市水环境综合治理评价工具，从方法、指标、权重等角度完善模型构建，并以深圳前海铁石水环境治理项目为例进行了体系的使用和验证，为将来开展城市水环境治理工作提供了科学量化的评价体系。

8.3.1 城市河道水体污染特征及分布规律研究

选择西乡河及咸水涌为代表性河道，开展代表性河道不同断面空间变化规律研究，对各河道不同断面河道参数、表观情况、护岸情况、排污口情况、水生生态及底泥情况等进行全面调查，分析黑臭河道水体不同断面空间变化规律。

黑臭水体分级判定见表8.15；河道不同断面主要污染类型分析见表8.16；西乡河主成分分析如图8.39所示；咸水涌主成分分析如图8.40所示；西乡河主成分分析结果及各变量的主成分载荷见表8.17；咸水涌主成分得分及综合得分见表8.18。可以看出，污水排放口污染源、雨水排放口污染源、海水反灌等外源污染及河道底泥内源污染为造成水体污染的关键因素，氨氮、粪大肠菌群、锰、COD、总磷、氯化物、石油类、硫化物为水污染治理重点指标，西乡河应对上游河段的总磷、氯化物、石油类、溶解氧、氨氮、硫化物超标进行重点治理，咸水涌应对上游河段的石油类、氨氮、总磷、氯化物进行重点治理。

表8.15　黑臭水体分级判定

采样点	透明度 /cm	溶解氧 /（$mg \cdot L^{-1}$）	氧化还原电位 /mV	氨氮 /（$mg \cdot L^{-1}$）	级别判定
R_1	29.0	7.01	4.8	1.96	轻度黑臭
R_2	29.0	5.83	−7.6	0.899	轻度黑臭
R_3	> 30	6.95	−14.1	0.269	轻度黑臭
R_4	> 30	4.92	−4.4	1.29	轻度黑臭
R_5	> 30	7.72	−19.6	0.796	轻度黑臭
R_6	27.3	5.78	−13.8	1.53	轻度黑臭
R_7	12.5	1.79	−14.7	24.6	重度黑臭
R_8	20.7	7.09	−48.3	12.8	轻度黑臭
R_9	17.8	5.83	−35.6	10.5	轻度黑臭
R_{10}	3.7	5.6	−31.7	11.4	重度黑臭
R_{11}	16.8	1.44	−5.3	14.4	轻度黑臭
R_{12}	12.0	1.11	−2.3	15.5	重度黑臭
R_{13}	19.2	1.27	−11.6	13.5	轻度黑臭
R_{14}	26.8	0.88	−6.0	10.6	轻度黑臭
R_{15}	15.1	1.21	−10.3	34.6	重度黑臭
	10.0	1.56	−0.5	44.3	重度黑臭
R_{16}	25~10	0.2~2.0	−200~50	8.0~15	轻度黑臭
	<10	<0.2	<−200	>15	重度黑臭

表8.16 河道不同断面主要污染类型分析

项目	R1	R4	R6	R7	R8	R9	R10	R11	R12	R13	R14	R15	R16
氟化物	0	0	0	0	0	0	0	0	0	0	0.03	0	0
硫化物	0	0	0	0	0	0	0	0	0	0	0	0	1.22
高锰酸盐指数	0	0	0	0	0	0	0	0	0.0	0	0.59	0.39	0.88
总氮	0.75	0	0.16	12.7	6.35	6.3	7.2	7.15	8.05	7.9	6.05	19.35	21.6
总磷	0	0	5.17	3.82	4.37	3.57	5.37	2.87	1.3	2.15	1.35	4.6	11.45
BOD_5	0	0	0	3.2	1.6	1.4	8.6	1.1	2.8	0.8	5.9	6	5.9
COD	0	0	0	1.55	0.95	0.57	9.4	1.2	1.55	1.07	7.65	4.5	7.15
石油类	0	0	0	0	0	0	0	0	0	0	0	0.05	0.08
粪大肠菌群	1.75	2.5	2.25	7.75	6	229	4.5	134	6	1.75	22	0	22
阴离子表面活性剂	0	0	0	3.53	2.6	1.73	1.1	2.33	2.67	2.4	2.07	3.83	4.87
锰	0	0	0	2.2	0	0.03	0	2.39	2.12	1.93	0.66	3.56	0.41

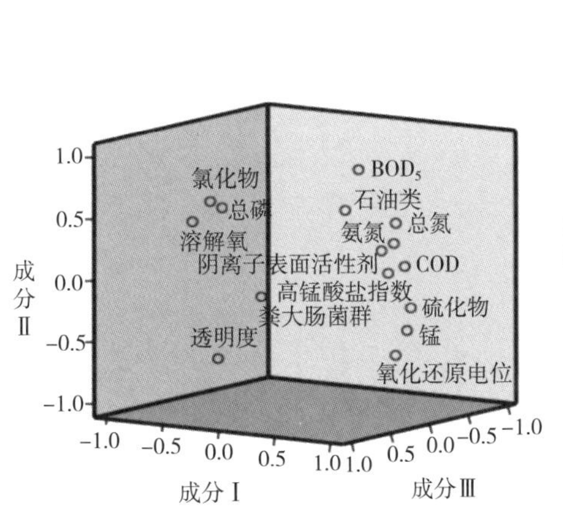

图 8.39 西乡河主成分分析

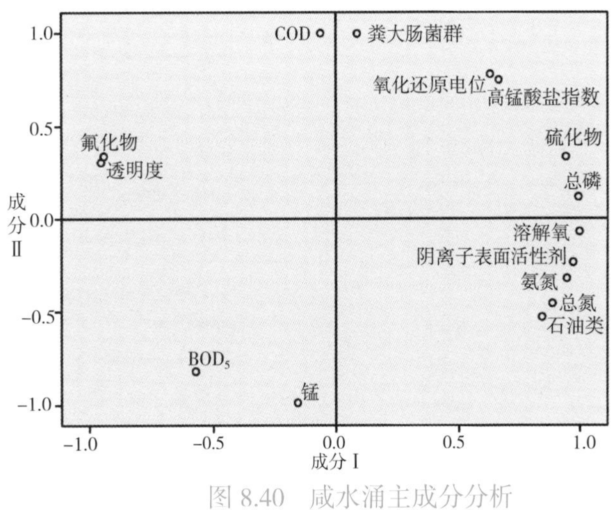

图 8.40 咸水涌主成分分析

表8.17　西乡河主成分分析结果及各变量的主成分载荷

指标	主成分Ⅰ	主成分Ⅱ	主成分Ⅲ
特征值	8.107	3.193	1.618
贡献率/%	54.047	21.284	10.787
累积贡献率/%	54.047	75.331	86.118
透明度	−0.380	0.641	−0.575
溶解氧	−0.845	−0.377	−0.235
高锰酸盐指数	0.936	−0.138	−0.275
氧化还原电位	0.497	0.680	0.446
氨氮	0.889	−0.354	−0.136
总氮	0.843	−0.501	−0.046
总磷	−0.785	−0.453	0.057
BOD_5	0.047	−0.760	0.616
COD	0.963	−0.172	−0.103
石油类	0.569	−0.617	−0.304
锰	0.888	0.379	0.031
氯化物	−0.847	−0.506	−0.005
硫化物	0.671	0.269	0.394
粪大肠菌群	−0.077	0.126	−0.456
阴离子表面活性剂	0.891	−0.319	−0.297

表8.18　咸水涌主成分得分及综合得分

指标	R14	R15	R16
透明度	−0.744	0.531	0.213
溶解氧	−0.074	−0.457	0.531
高锰酸盐指数	0.290	−1.735	1.445
氧化还原电位	−0.018	−0.459	0.477
氨氮	1.400	−0.391	−1.009
总氮	−0.700	0.270	0.430
总磷	1.130	0.017	−1.147
BOD_5	−0.217	−0.338	0.555
COD	−0.969	−0.648	1.617
石油类	1.633	−0.296	−1.336
锰	0.522	−1.135	0.613
氯化物	1.034	−0.518	−0.516
硫化物	−0.747	1.249	−0.503

续表8.18

指标	R14	R15	R16
粪大肠菌群	-0.077	0.235	-0.158
阴离子表面活性剂	0.930	-0.107	-0.823
综合得分	-0.486	0.150	0.336
排序	3	2	1

8.3.2 城市河道水质提升及生境改善技术研究

城市河道水体治理属于系统性工作，除了需要开展初期雨水治理、面源污染治理、河道底泥清淤等措施解决污染来源问题外，还需要开展一系列措施改善河道水质，例如强化曝气恢复水体溶解氧等。更重要的是城市河道是长期融入城市发展和生活的重要部分，因此在短期快速治理外，更需要考虑治理后城市河道水质的长期发展环境，在根本上恢复河道的生态和自净属性基础上，为城市河道构建可持续的水体循环，这样才能真正构建具有生命的城市水系。基于此目的，本节重点使用基于自然水处理技术的生态水质提升技术，构建城市河道生态污染屏障，并研究了城市生态补水对河道稳定性的影响，让治理后的河道也能长治久清。

1. 类人工湿地水质提升技术

类人工湿地实验装置示意图如图8.41所示。利用人工湿地技术作为屏障，能快速有效地去除水中的污染物，实现环境水体的改善，通过搭配合适的表层下渗填料，可以构建城市河道污染控制屏障，如图8.42所示。

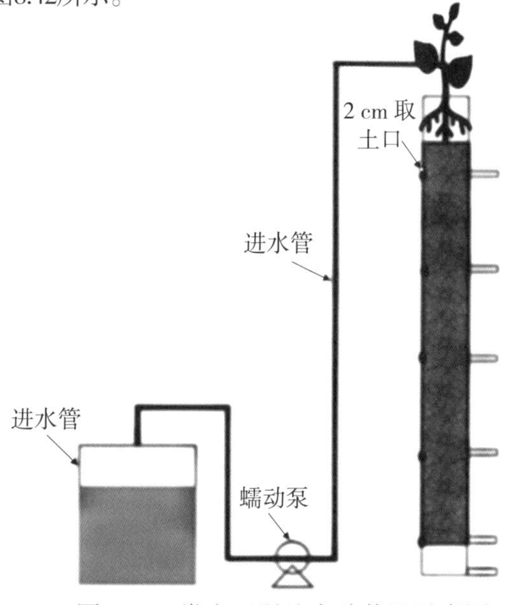

图 8.41 类人工湿地实验装置示意图

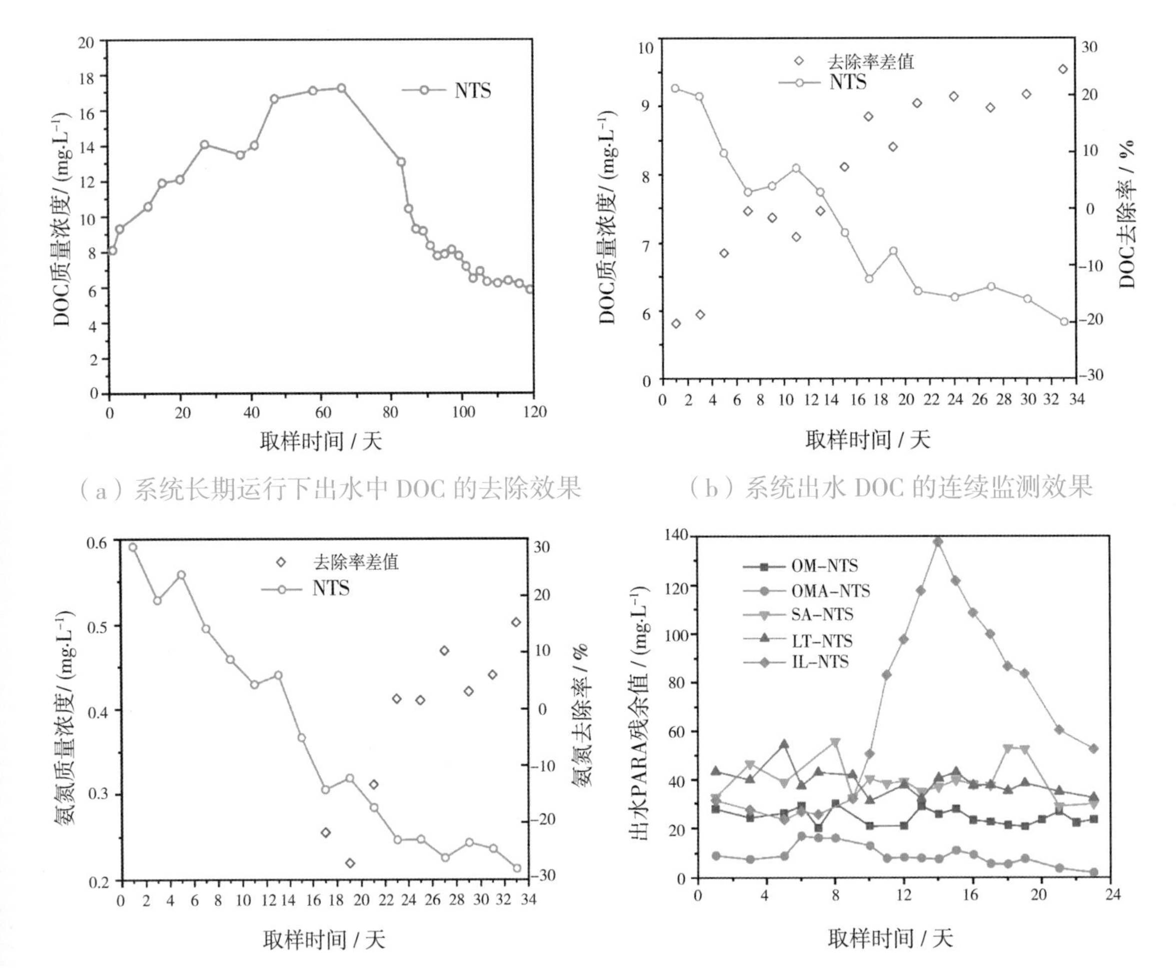

（a）系统长期运行下出水中 DOC 的去除效果

（b）系统出水 DOC 的连续监测效果

（c）系统出水氨氮的连续监测效果

（d）不同运行条件下的人工湿地系统出水 PARA 残余值变化规律

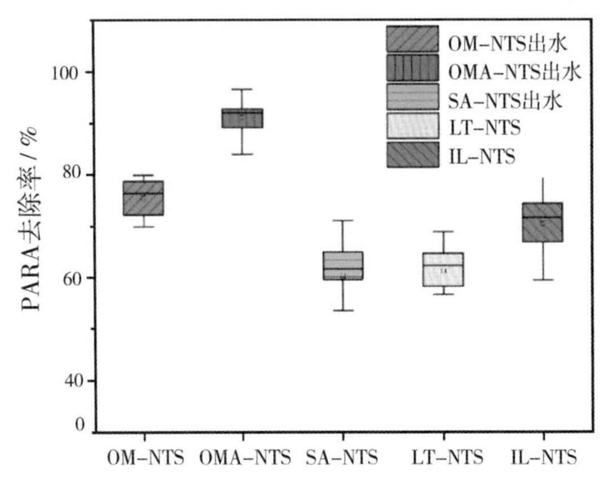

（e）不同运行条件下的人工湿地系统对 PARA 的去除规律

图 8.42　类人工湿地水质提升技术

2. 多种措施强化浮岛/生态组合提升技术

BF系统运行期间DOC质量浓度和SUVA值变化情况如图8.43所示；不同时期原水中DOC和BDOC质量浓度见表8.19；各系统运行期间BDOC浓度变化以及DOC和BDOC去除率如图8.44所示。构建表层下渗、植物辅助、河岸过滤相结合的生态型处理技术具有很好的运行效果，对于河道水质波动有很好的抗冲击负荷效果，在周期性的海水潮汐冲击下，也能持续缓解水质问题。此外自然处理技术表现出外部强化对其调控效果有限的特点，曝气及臭氧曝气都难以有效提高系统处理效果。

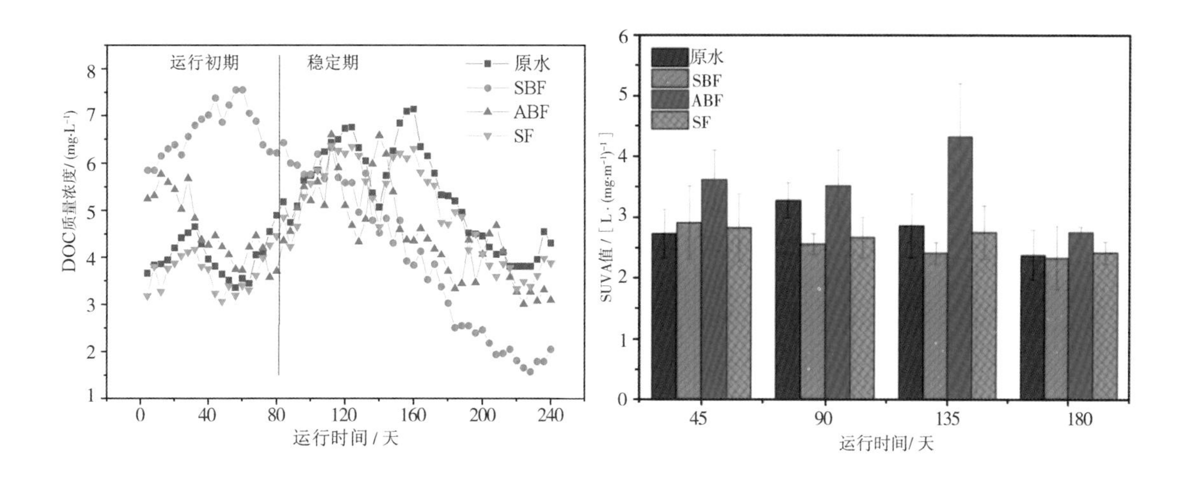

（a）DOC质量浓度变化情况

（b）SUVA值变化情况

图8.43 BF系统运行期间DOC质量浓度和SUVA值变化情况

注：ABF—只有植物吸附和代谢作用的表层植物浮岛作用区；SBF—结合植物与滤层或河道基质复合作用的组合生物式湿地作用区

表8.19 不同时期原水中DOC和BDOC质量浓度

单位：mg/L

水样	DOC	$BDOC_5$	$BDOC_{10}$	$BDOC_{20}$	$BDOC_{28}$
常规水质	4.80	0.44	0.96	0.98	0.98
夏季水质	7.82	0.92	1.29	1.40	1.39
冬季水质	3.14	0.61	0.87	0.89	0.89

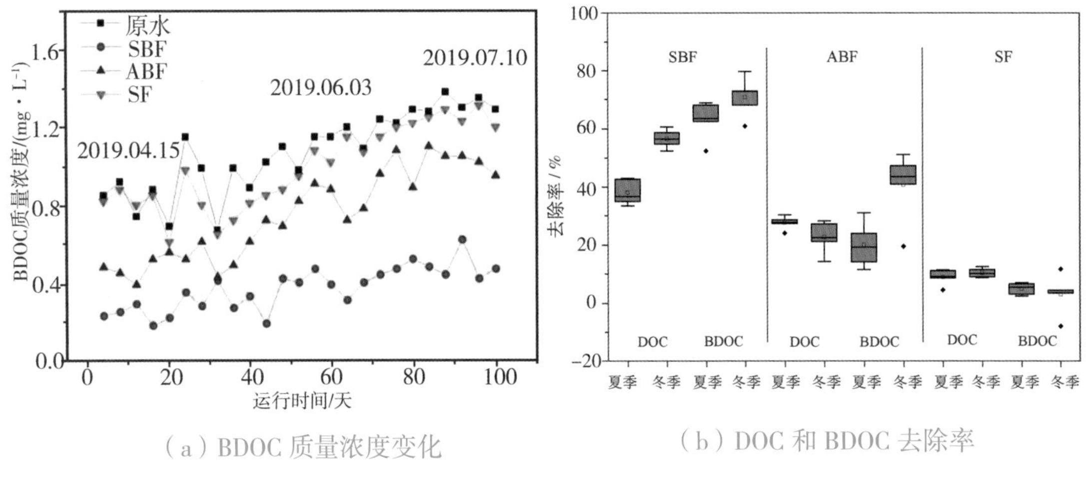

（a）BDOC 质量浓度变化　（b）DOC 和 BDOC 去除率

图 8.44　各系统运行期间 BDOC 质量浓度变化以及 DOC 和 BDOC 去除率

3. 近岸海水高盐分冲击对系统的运行效能影响

如图8.45所示，高盐分冲击时，人工湿地出水的DOC也略高于常规进水环境，且出水较为稳定，呈现出随时间缓慢下降的DOC。对于氨氮，高盐分冲击下，人工湿地也有着不错的应对能力，其出水略高于常规工况。在长期运行后，人工湿地对于间歇性高盐水有着较强的适应能力，出水中UV、DOC以及氨氮的响应值与常规进水环境下差异不大。人工湿地系统对于海水侵袭，在长时间驯化后，将存在较好的应对与适应的能力。

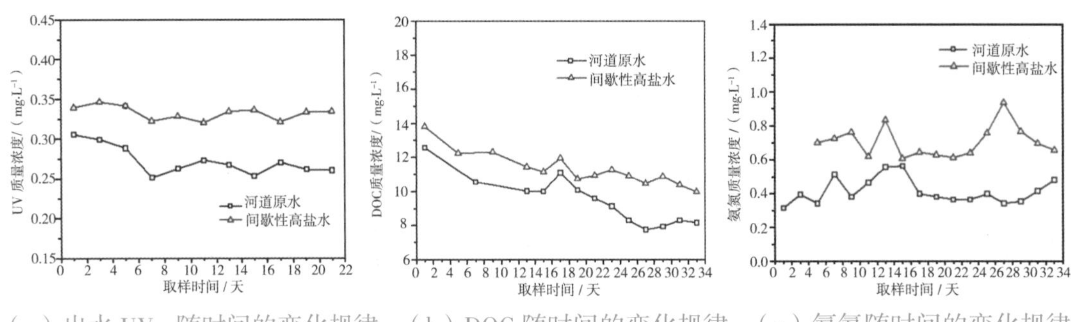

（a）出水 UV_{25} 随时间的变化规律　（b）DOC 随时间的变化规律　（c）氨氮随时间的变化规律

图 8.45　不同进水环境下出水 UV、DOC 及氨氮随时间的变化规律

8.3.3　再生水补水对河道底泥菌群结构的影响研究

研究再生水补水与城市纳污河道底泥微生物的响应关系，解析影响微生物群落结构变化的主次要环境因素，可以探明能够降解污染物的优势菌属，提升城市河道水质。

河道底泥的Rank-abundance曲线如图8.46所示；各底泥样点门分类水平上微生物如图8.47所示；各底泥样点优势均属热图如图8.48所示；西乡河不同样点底泥理化性质及

重金属分布见表8.20。再生水中的氮、磷、有机物和Cu和Fe重金属等物质对补水口附近的底泥反硝化菌属和脱硫菌属的多样性及其丰度具有显著的影响，而对距离较远的珠江口底泥微生物影响较小。

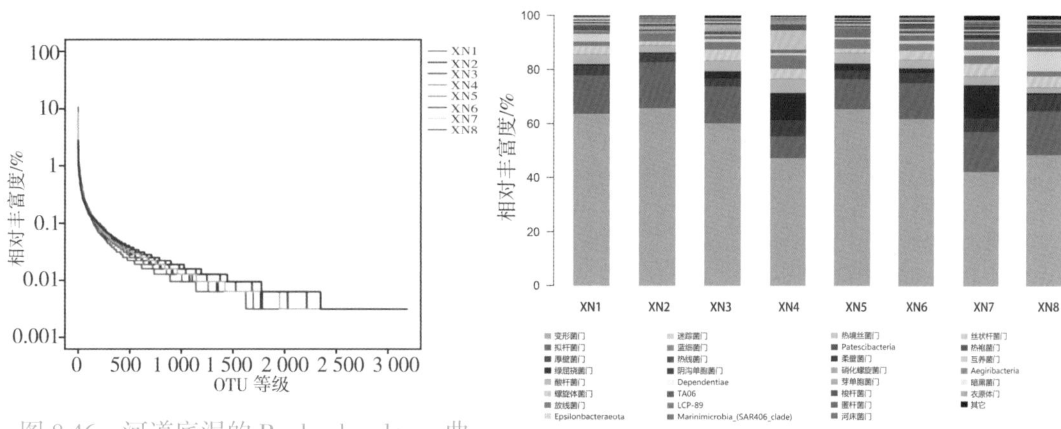

图 8.46 河道底泥的 Rank-abundance 曲线（微生物丰度和均匀度比较）

图 8.47 各底泥样点门分类水平上微生物

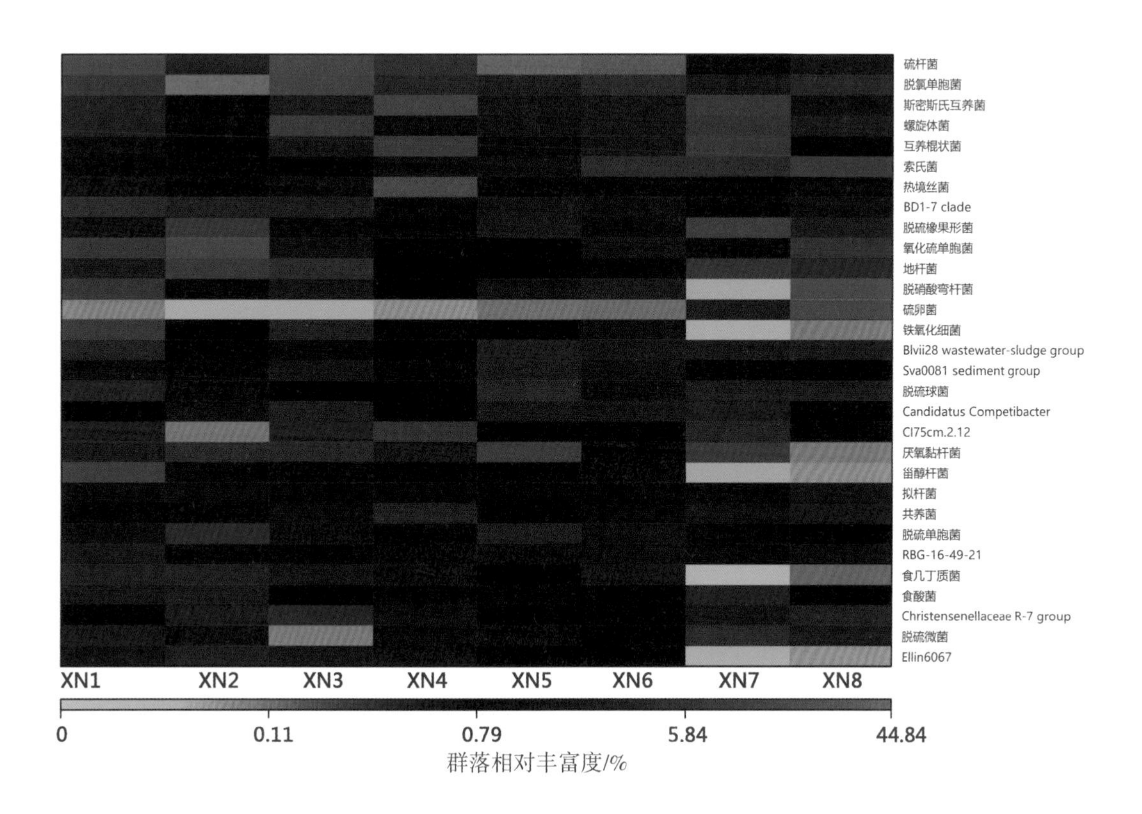

图 8.48 各底泥样点优势均属热图

表8.20 西乡河不同样点底泥理化性质及重金属分布

参数	XN1	XN2	XN3	XN4	XN5	XN6	XN7	XN8
TN/（$g \cdot kg^{-1}$）	11.8	16.6	16.0	16.1	16.5	15.2	12.9	12.5
TP/（$mg \cdot kg^{-1}$）	0.20	0.21	0.20	0.28	0.24	0.25	0.15	0.13
TOC/（$mg \cdot kg^{-1}$）	7.0	10.2	8.3	11.0	13.2	11.4	13.2	13.4
NH_4^+–N/（$mg \cdot kg^{-1}$）	0.52	0.73	0.50	1.55	1.82	2.44	1.82	2.1
NO_3^-–N/（$mg \cdot kg^{-1}$）	8.23	14.35	14.76	14.34	13.47	12.89	11.23	11.46
Cu/（$mg \cdot kg^{-1}$）	45	79	72	68	58	43	44	32
Zn/（$mg \cdot kg^{-1}$）	78	112	145	178	254	370	231	354
Fe/（$mg \cdot kg^{-1}$）	43	84	78	64	58	54	45	38
Pb/（$mg \cdot kg^{-1}$）	24	32	48	60	58	64	46	51

8.3.4 城市水环境综合整治效果评价体系研究

城市水环境系统评价PSR框架模型如图8.49所示。通过对城市水环境系统综合整治全过程进行分析，提出处理厂、管网、污染源、河道四个方面的评价指标及标准，构建城市水环境系统综合整治评价体系，并在深圳前海铁石片区水环境综合整治项目中成功应用。城市水环境综合整治评价指标体系见表8.21；城市水环境系统评价指标及权重见表8.22；城市水环境系统综合整治评价标准见表8.23；前海铁石片区河道评价结果见表8.24。

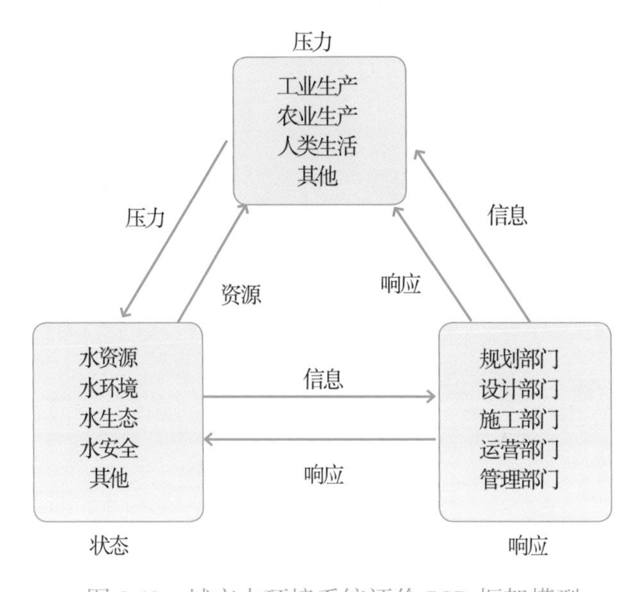

图 8.49 城市水环境系统评价 PSR 框架模型

表8.21 城市水环境综合整治评价指标体系

<table>
<tr><th rowspan="2">指标类型</th><th>一级指标</th><th>二级指标</th><th>三级指标</th><th rowspan="2">得分</th><th rowspan="2">指标</th><th rowspan="2">得分</th></tr>
<tr><th>指标</th><th>得分</th><th>指标</th></tr>
<tr><td rowspan="5">压力层</td><td rowspan="5">污染源</td><td rowspan="5">14</td><td rowspan="3">点源污染</td><td rowspan="3">9</td><td>正本清源率 A_1</td><td>3</td></tr>
<tr><td>工业用水重复利用率 A_2</td><td>3</td></tr>
<tr><td>工业废水处理率 A_3</td><td>3</td></tr>
<tr><td rowspan="2">面源污染</td><td rowspan="2">5</td><td>年径流总量控制率 A_4</td><td>3</td></tr>
<tr><td>面源污染整治 A_5</td><td>2</td></tr>
<tr><td rowspan="24">状态层</td><td rowspan="24">河道</td><td rowspan="24">58</td><td rowspan="3">水资源</td><td rowspan="3">7</td><td>雨水资源利用率 A_6</td><td>3</td></tr>
<tr><td>供水保证率 A_7</td><td>2</td></tr>
<tr><td>水资源可持续承载力 A_8</td><td>2</td></tr>
<tr><td rowspan="5">水环境</td><td rowspan="5">18</td><td>水质改善效果 A_9</td><td>8</td></tr>
<tr><td>水功能区水质达标率 A_{10}</td><td>3</td></tr>
<tr><td>水环境容量 A_{11}</td><td>2</td></tr>
<tr><td>养护管理 A_{12}</td><td>2</td></tr>
<tr><td>公众满意度 A_{13}</td><td>3</td></tr>
<tr><td rowspan="3">水生态</td><td rowspan="3">13</td><td>生态流量保障程度 A_{14}</td><td>3</td></tr>
<tr><td>底泥层状态 A_{15}</td><td>2</td></tr>
<tr><td>河流连通阻隔状况 A_{16}</td><td>2</td></tr>
<tr><td rowspan="4">水安全</td><td rowspan="4">4</td><td>生物入侵情况 A_{17}</td><td>2</td></tr>
<tr><td>水生动植物存活状况 A_{18}</td><td>2</td></tr>
<tr><td>物种丰富度 A_{19}</td><td>2</td></tr>
<tr><td>防洪排涝能力 A_{20}</td><td>2</td></tr>
<tr><td rowspan="2">水景观</td><td rowspan="2">10</td><td>河岸稳定性 A_{21}</td><td>2</td></tr>
<tr><td>空间开放性 A_{22}</td><td>2</td></tr>
<tr><td rowspan="7">水文化</td><td rowspan="7">6</td><td>护岸形式 A_{23}</td><td>2</td></tr>
<tr><td>植被状况 A_{24}</td><td>2</td></tr>
<tr><td>景观多样性 A_{25}</td><td>2</td></tr>
<tr><td>与周边景观融合程度 A_{26}</td><td>2</td></tr>
<tr><td>宣传展示 A_{27}</td><td>2</td></tr>
<tr><td>人水和谐状态 A_{28}</td><td>2</td></tr>
<tr><td>公众认知度 A_{29}</td><td>2</td></tr>
</table>

续表8.21

指标类型	一级指标	二级指标	三级指标	得分	指标	得分
	指标	得分	指标			
响应层	处理厂	14	污水处理厂	12	污水处理率 A_{30}	4
					水质综合达标率 A_{31}	4
					污水再生利用率 A_{32}	4
			底泥处理厂	2	底泥无害化处理率 A_{33}	1
					底泥资源化利用 A_{34}	1
	管网	14	建管纳污	3	截污率 A_{35}	3
			排水体制	8	合流制排水系统截流倍数 A_{36}	3
					雨污分流率 A_{37}	3
					初期雨水控制 A_{38}	2
			管网清淤	3	管网清淤率 A_{39}	3

表8.22　城市水环境系统评价指标及权重

一级指标	权重	二级指标	权重	综合权重	三级指标	权重	综合权重
污染源	0.143	点源污染	0.333	0.095	正本清源率 A_1	0.333	0.032
					工业用水重复利用率 A_2	0.333	0.032
					工业废水处理率 A_3	0.333	0.032
		面源污染	0.667	0.048	年径流总量控制率 A_4	0.667	0.032
					面源污染整治 A_5	0.333	0.016

续表8.22

一级指标	权重	二级指标	权重	综合权重	三级指标	权重	综合权重
河道	0.572	水资源	0.122	0.070	雨水资源利用率 A_6	0.500	0.035
					供水保证率 A_7	0.250	0.018
					水资源可持续承载力 A_8	0.250	0.018
		水环境	0.309	0.177	水质改善效果 A_9	0.454	0.080
					水功能区水质达标率 A_{10}	0.177	0.031
					水环境容量 A_{11}	0.096	0.017
					养护管理 A_{12}	0.096	0.017
					公众满意度 A_{13}	0.177	0.031
		水生态	0.222	0.127	生态流量保障程度 A_{14}	0.286	0.036
					底泥层状态 A_{15}	0.143	0.018
					河流连通阻隔状况 A_{16}	0.143	0.018
					生物入侵情况 A_{17}	0.143	0.018
					水生动植物存活状况 A_{18}	0.143	0.018
					物种丰富度 A_{19}	0.143	0.018
		水安全	0.061	0.035	防洪排涝能力 A_{20}	0.500	0.018
					河岸稳定性 A_{21}	0.500	0.018
		水景观	0.177	0.101	空间开放性 A_{22}	0.200	0.020
					护岸形式 A_{23}	0.200	0.020
					植被状况 A_{24}	0.200	0.020
					景观多样性 A_{25}	0.200	0.020
					与周边景观融合程度 A_{26}	0.200	0.020
		水文化	0.108	0.062	宣传展示 A_{27}	0.333	0.021
					人水和谐状态 A_{28}	0.333	0.021
					公众认知度 A_{29}	0.333	0.021
处理厂	0.143	污水处理厂	0.857	0.123	污水处理率 A_{30}	0.333	0.041
					水质综合达标率 A_{31}	0.333	0.041
					污水再生利用率 A_{32}	0.333	0.041
		底泥处理厂	0.143	0.020	底泥无害化处理率 A_{33}	0.500	0.010
					底泥资源化利用 A_{34}	0.500	0.010

续表8.22

一级指标	权重	二级指标	权重	综合权重	三级指标	权重	综合权重
管网	0.143	建管纳污	0.200	0.029	截污率 A_{35}	1.000	0.029
		排水体制	0.600	0.086	合流制排水系统截流倍数 A_{36}	0.400	0.034
					雨污分流率 A_{37}	0.400	0.034
					初期雨水控制 A_{38}	0.200	0.017
		管网清淤	0.200	0.029	管网清淤率 A_{39}	1.000	0.029

表8.23　城市水环境系统综合整治评价标准

评价结果	分值	含义说明
较差	<60	城市水环境系统综合整治效果较差，水生态破坏后未恢复，水环境自净能力较差
一般	60~80	城市水环境系统综合整治效果一般，黑臭水体总体得到消除，水环境自净能力较强
良好	81~90	城市水环境系统综合整治效果良好，达到了水清、岸绿、景美的效果，满足了公众对水环境的需求
优秀	91~100	城市水环境系统综合整治效果优秀，恢复了河流的自然属性，实现了生态与发展双赢

表8.24　前海铁石片区河道评价结果

序号	河道	评价分值	整治效果
1	西乡河	82	良好
2	新圳河	83.5	良好
3	咸水涌	71	一般
4	铁岗排洪河	93	优秀
5	机场南排渠	70	一般
6	黄麻布河	86	良好
7	固戍涌	85	良好
8	共乐涌	84	良好
9	南昌涌	87	良好
前海铁石片区水环境综合整治综合评价		83	良好

8.4　水环境综合整治施工关键技术研究

根据城市高度建成区的自身特点，归纳城市高度建成区市政雨污分流管网建设过程中遇到的问题及类型，结合施工中遇到的问题，进行城市高度建成区市政雨污分流管网建设技术研究；对比传统检测方法与智能检测方法在不同工程条件中的适用性及经济性，进行非开挖智能检测技术和以施工机械为主导的清淤技术研究；针对项目施工工期短、施工地多雨等特点，进行复合装配式初雨弃流装置研究和成套城市初期雨水弃流装置快速施工技术研究；结合雨水管道、污水管道及连接井潜在的运营渗漏风险及特征分析，进行城市现有雨污分流管网快速清淤与非开挖修复技术研究。

8.4.1 河道箱涵清淤技术

河道暗涵施工难度大、施工风险高，结合施工机械设备和历年来类似工程的施工实践经验，提出以泥浆泵、推土机、挖掘机、高压冲洗车及吸污车等施工机械为主导的清淤方案和人员安全保障措施，重点进行清淤方法、施工流程、标准化作业和暗涵通风、检测、防毒等安全措施等方面的研究。

1. 清淤方法

（1）作业流程研究。

由于施工质量控制包括施工准备、施工过程、施工验收等全过程的质量控制，清淤作业流程也应以施工准备、施工过程、施工验收为基础，结合暗涵清淤的特点，重点从施工人员安全的角度出发，确定施工过程的关键控制点，分析各个环节的作业内容、优化作业程序、形成标准操作规程。

①暗涵长期处于黑暗、较密闭的空间，极易产生厌氧发臭、淤泥沉积，“打开”后大量的H2S、CO等有毒有害气体将对人体产生严重的危害，因此对箱涵顶板进行破除开孔前必须先通风，然后进行气体检测评估，待评估达到作业要求后方可进行下一步工序。

②为保持暗涵内良好的通风条件，应设置通风口进行空气循环；为保证人员、机械和材料的进出和突发事件下的人员疏散，须设置出入口及逃生口。

③为使施工人员熟悉暗涵内部的环境，同时为施工作业提供充足的亮度，暗涵内作业必须安装照明设备。

④考虑到暗涵中无法满足淤泥强抽强排的要求，围堰作为施工的重要临时性挡水结构，需要采取暗涵分段围堰施工技术，为施工提供良好的条件。为统计清淤效果，在清淤前及清淤后应测量淤泥层厚度。

⑤清淤结束后，应对箱涵顶板进行恢复。

综上，确定清淤作业流程如下：施工准备→通风及气体检测评估→箱涵顶板开孔→设置通风口、出入口、逃生口→安装照明设备→测量淤泥层厚度（清淤前）→设置围堰→暗涵清淤→测量淤泥层厚度（清淤后）→恢复洞口、拆除构筑物、设备→验收。

（2）清淤方法研究。

①机械清淤及适用条件。机械清淤主要适用于孔洞较大、通风良好的涵洞，通常采用小型铲车结合反铲挖机清理的方法。小型铲车一般高2 m左右，考虑施工安全距离，内净空大于2.5 m的暗涵，采用机械清淤。

首先利用小型铲车把箱涵的淤泥和积土及杂物推到箱涵通风口，再用挖机抓挖装载淤泥至密封泥头车，然后统一运到底泥处理厂进行处理。作业时箱涵内作业人员2人，1人负责驾驶小型铲车，1人负责实时检测有毒有害气体含量，并且与箱涵外面监测人员保持通信畅通。

②人工清淤及适用条件。人工清淤适用于尺寸较小、不能采用机械清淤的箱涵，因此，内净空小于2.5 m的暗涵，采用人工清淤。

主要采用高压水枪清理的方法。作业时箱涵内作业人员2人，1人负责控制高压水枪，1人负责给管、实时检测有毒有害气体含量，并且与箱涵外面监测人员保持通信畅通。从上游出入口利用高压清洗车配置的高压管对箱涵底泥进行高压冲水，由上游冲洗至下游，不断地来回冲洗，使淤泥稀释，稀释后的底泥和污水流入集水坑，通过大型吸污车把污水吸走，直至清理干净，稀释后的底泥统一运到底泥处理厂进行处理。

③通风口、出入口、逃生口设置。《室外排水设计规范》（GB 50014—2016）4.4.2规定：检查井在直线管段的最大间距应根据疏通方法等具体情况确定，一般宜按表8.25取值。

表8.25　检查井最大间距

管径或暗渠净高 /mm	最大间距 /m	
	污水管道	雨水（合流）管道
200 ~ 400	40	50
500 ~ 700	60	70
800 ~ 1 000	80	90
1 100 ~ 1 500	100	120
1 600 ~ 2 000	120	120

工程暗涵净高大多为1 ~ 2.5 m，根据上述规定，检查井最大间距应为80 ~ 120 m。

依据《地下有限空间作业安全技术规范第2部分：气体检测与通风》（DB 11—852.2—2013）5.3.1：作业区横断面平均风速不小于0.8 m/s或通风换气次数不小于20次/h。选择铁岗水库排洪河航城大道段暗涵进行通风计算，孔净空尺寸2 m × 2 m，长度1 200 m，该箱涵机械通风需要96 000 m³/h，选用鲁式鼓风机，流量范围0.14~159 m³/min（最大9 540 m³/h），需要10台鼓风机；根据经验施工通风基本参数，通风最远距离100　m，因此按满足地下有限空间作业通风要求，通风口最大间距为100 m。

清淤主要设备高压水枪管长一般为10 ~ 20 m，射程3 ~ 6 m，考虑由相邻的人员出入口同时向暗涵中部进行清淤的首尾距离，出入口最大间距为50 m。

根据《城市综合管廊工程技术规范》（GB 50838—2015）5.4.3：综合管廊人员出入口宜与逃生口、吊装口、进风口结合设置。

根据以上分析，综合考虑出入口、通风口施工及规范要求的最大间距，并从安全角度考虑逃生口的位置，通风口、出入口、逃生口这样设置：每隔50 m左右开一个通风口兼出入口，每两个出入口之间设置一个逃生口。

2. 清淤流程

河道暗涵人工清淤施工流程如图8.50所示；河道暗涵机械清淤施工流程如图8.51所示。

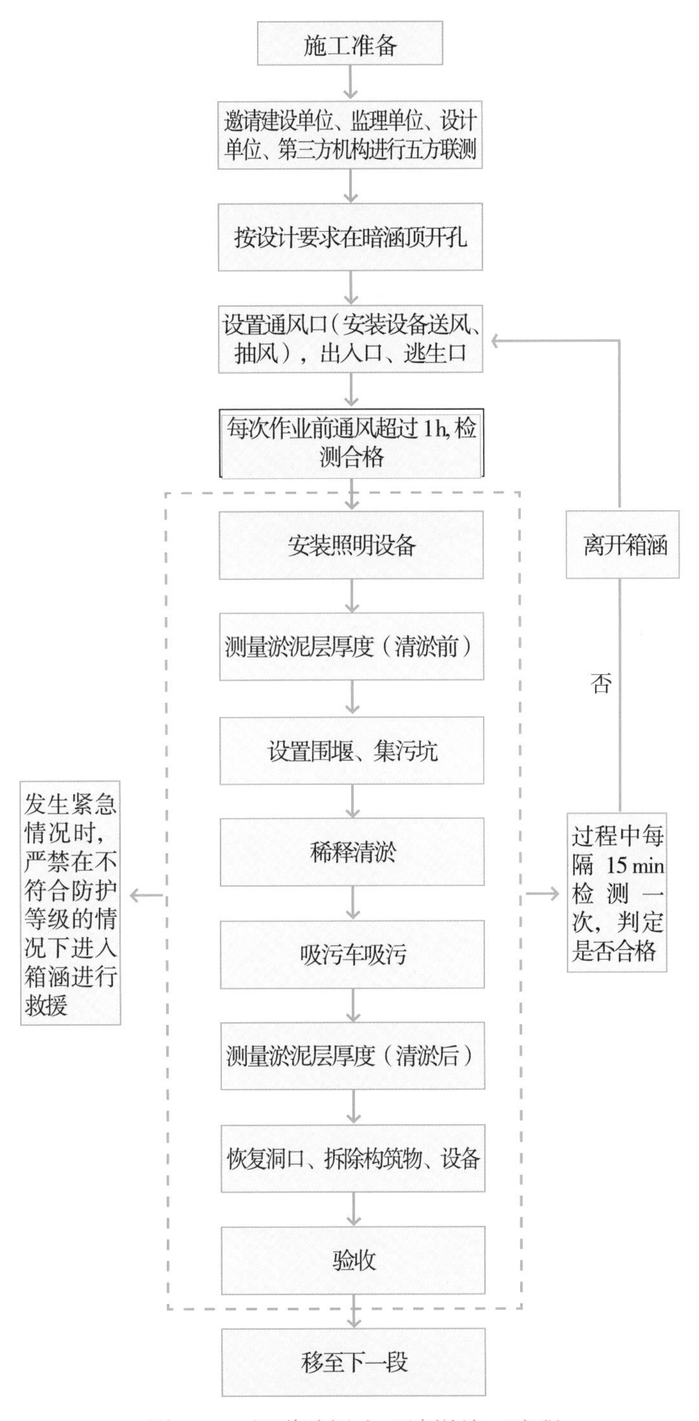

图 8.50　河道暗涵人工清淤施工流程

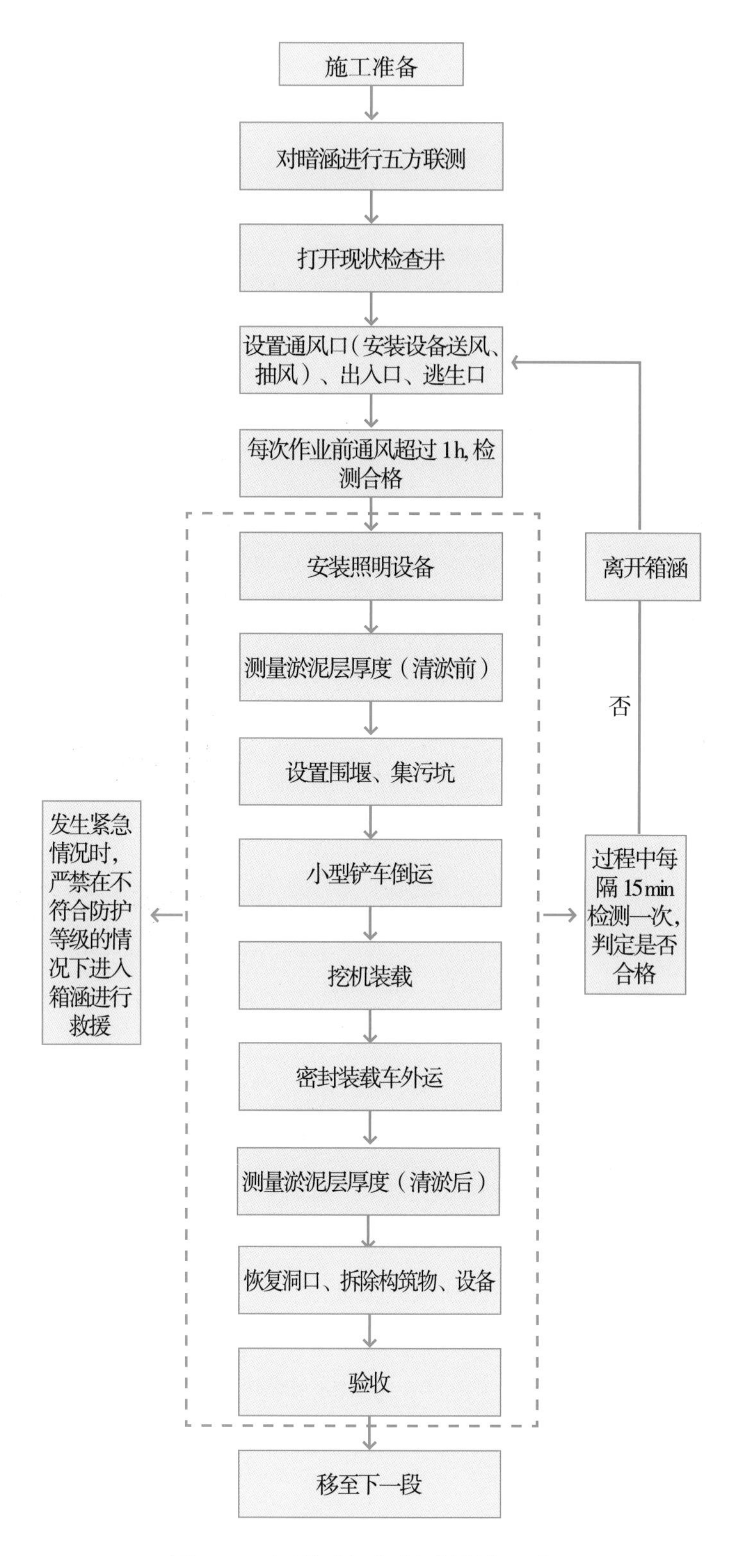

图 8.51　河道暗涵机械清淤施工流程

3. 标准化作业

（1）施工准备。

施工准备包括人员准备、材料准备、机械准备、仪器设备准备、熟悉箱涵结构、测量放线及临时围蔽等。特种作业人员必须持证上岗，施工设备主要包括鼓风机、吸污车、高压清洗车、垂直升降车、小型钩机、小型铲车等，仪器设备主要包括水准尺、气体检测仪等，测量放线要把暗涵检查井、通风口、出入口等位置标识清晰。

（2）通风及气体检测评估。

箱涵内作业空间气体流动性较差，可能存在大量的有毒有害气体，主要包括硫化氢、一氧化碳、氨气、瓦斯等可燃性气体。为了确保施工作业安全，施工前应委托具有相关专业检测资质的单位进行检测，并专业评估、确定作业环境等级，提出建议及应急处理措施。

专业检测公司检测合格后，项目部遵循“先通风、后检测、再作业”的原则，每次进行有限空间施工前必须按要求进行气体检测，气体检测按照氧气、可燃性气体、有毒有害气体的顺序进行，其中有毒有害气体至少包括硫化氢和一氧化碳，气体检测值满足相关的标准后方可开工，施工过程中每隔15 min进行一次气体检测。气体检测方法如下：

①在施工段（50 m）的中间（25 m处）进行钻孔，孔径为4 cm，采用1寸软管插入箱涵内，插入口软管与孔壁的间隙用水泥砂浆封堵，插入深度根据箱涵的高度确定，分别插入箱涵的上、中、下方，检测箱涵各层空间范围内有毒有害气体含量，从而保证在不进入箱涵空间的情况下通过气孔进行检测，确保整个箱涵空间的施工安全性。

②检测时，保持正常的鼓风机送风、抽风机抽风及检查井井盖打开，才能准确地反映箱涵清淤过程中箱涵内有毒有害气体含量。

③直至检查结果满足标准要求，才能进行下一道工序施工。依据《地下有限空间作业安全技术规范第2部分：气体检测与通风》（DB 11—852.2—2013），气体检测标准见表8.26。

表8.26 气体检测标准

单位：mg/m^3

气体名称	预警值		报警值	
硫化氢	3	2	10	7
一氧化碳	9	7	30	25
氧气	—	—	19.5	—

注：①应至少检测：氧气、硫化氢、一氧化碳；

②可燃性气体预警值应为爆炸下限的5%，报警值应为爆炸下限的10%。

（3）箱涵顶板开孔。

根据测量放样位置，对围堰、集污坑、通风口、出入口位置的箱涵顶板顶进行破除。顶板采用手持式混凝土取芯机破除，破除之前由测量人员在顶板放出的通风口、出入口位置，确保切割线直顺，减少顶板对后道工序的影响。破碎完成后，采用挖机为主、人工辅助的方法，将破碎的混凝土块和碎渣清运。

（4）设置通风口（安装设备）、出入口、逃生口

①设置通风口（安装设备）。将箱涵顶板破除处清理干净，并确保钢筋头不外露，用卷尺测量通风口的尺寸，合格后，用砂浆抹面，确保孔口平整。为了确保箱涵内有毒有害气体不超标，气体符合清淤施工作业条件，分别在施工段上游通风口安装鼓风机，在下游通风口设置抽风机，风管插入箱涵内，对箱涵内的气体进行强制置换。

②设置出入口。利用箱涵通风口作为出入口。先将箱涵顶板破除处清理干净，用卷尺测量通风口的尺寸，合格后，用砂浆抹面，确保孔口平整。再安装钢梯，梯底插至箱涵底部，顶部与箱涵顶板固定牢固。确保施工作业人员出入时，钢梯不晃动、不掉落。

③设置逃生口。每两个出入口之间设置一个逃生口。

（5）安装照明设备。

根据现场的环境条件，采用2条飞利浦24 V灯带作为箱涵内工作照明，每条灯带光通量为1 200 lm/m，单位长度发光强度为40 cd，维护系数K为0.85，照射角度θ为45度，水平方位角度为24度，水平方位系数为0.396。为确保进一步提高工作面的照度，作业工人应将头戴满足安全电压的矿灯作业。

（6）测量淤泥层厚度（清淤前）。

箱涵淤泥层厚度作为后期计量的重要依据，采用回声测探仪、钢钎或开挖标准断面测量方法。

（7）设置围堰。

在非汛期进行箱涵清淤，清淤施工每隔50 m左右设置一道横向土袋围堰。

①设置围堰。暗涵采用土袋围堰的形式，围堰高度按照箱涵内水位以上0.5 m控制，每50 m左右设置一处围堰。箱涵内土袋围堰布置于通风口（出入口）上游50 cm处，先将底部清理干净，底部铺一层彩条布，在箱涵两侧底角位置箱涵底板上，彩条布上面用土袋填实，宽度1 m，清理完成后拆掉围堰。

②设置集污点。利用下游的围堰处作为暗涵清淤的集污点，并设置在箱涵段出入口处，清淤的顺序是由上游往下游进行施工，利用小型设备、高压水枪或者人力清理的方式，将上游的积淤汇集到下游围堰处。

（8）暗涵清淤。

内净空小于2.5 m的暗涵，由于箱涵尺寸较小，因此采用人工高压水力冲洗的方法。清理底泥完毕后搞好周围卫生，并拆除围堰或砌墙、回填集水坑，恢复箱涵底板。对于厚度超过0.8 m的淤泥层、砂土、垃圾等，采用铁铲配合高压水枪的方式进行清理。

内净空大于2.5 m的暗涵，由于涵洞孔较大通风良好，箱涵内具备小型机械施工的条件，因此采取小型推土机结合反铲挖机的方式进行清淤。

水力冲洗和机械清淤过程中，鼓风机送风、抽风机抽风始终不间断。作业人员在井下每隔2 min不断进行传话，下井作业时间不超过1 h。

（9）测量淤泥层厚度（清淤后）。

清淤完成后，用钢尺测量。测量过程中，钢尺必须平行靠紧箱涵底板，保证钢尺的垂直度。

（10）恢复洞口，拆除构筑物、设备。

先拆除围堰，移除箱涵内的垂直升降车，拆除地面鼓风机和抽风机，再将通风口（出入口）按照原状恢复箱涵顶板。

（11）验收。

清淤完成后采用闭路电视检测技术检测清淤效果，应符合相关规范、标准的规定，工程质量达到国家及相关行业工程施工质量合格标准。

4. 人员安全保障措施

由于箱涵多年未清理，在清淤装袋和冲洗搅动污泥时可能会挥发产生大量有毒有害气体以及易燃易爆气体，为了确保安全，应采取以下保护措施。

（1）施工区域安全围蔽措施。

①暗涵清淤前施工红线范围路段采用标准化围挡做好全封闭措施，占道施工路段提前按经交警部门审批后的交通疏解方案做好交通疏导措施，施工出入口周边显著位置设置重大危险源预防预控公示牌等安全警示标识、安全警示灯、安全反光标识（安全标识标牌应符合《安全色》（GB 2893—2008）、《安全标志及其使用导则》（GB 2894—2008）、《工作场所职业病危害警示标识》（GBZ 158—2003）中的有关规定，以下安全警示标识标准同上）。

②箱涵施工范围内的应急通道禁止停放车辆，禁止堆放杂物、材料等，应当保持应急通道畅通。现场应急通道示意图如图8.52所示。

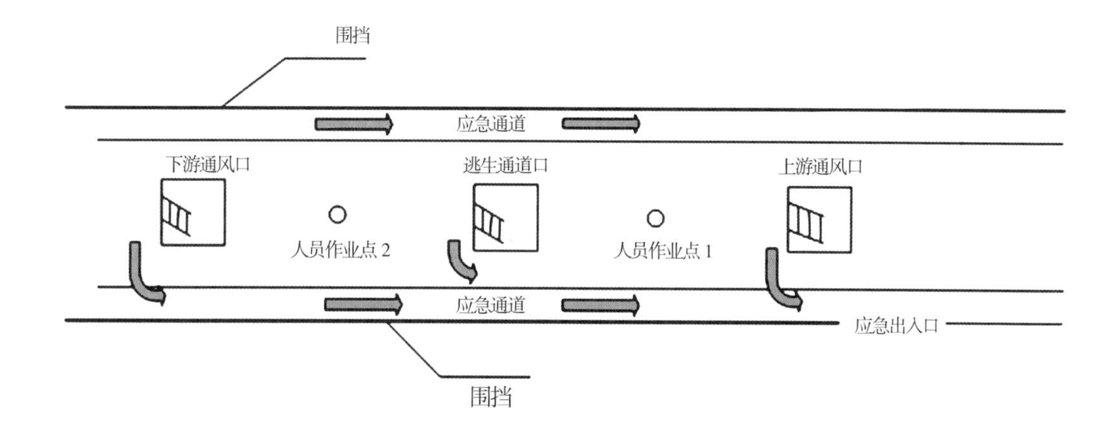

图 8.52　现场应急通道示意图

③机械或工人开启暗涵出入口、通风口时，禁止在洞口明火作业，并应做好防爆措施，防止暗涵内易燃易爆气体、蒸气发生爆炸。

④洞口开启完成后，及时在各洞口临边做好固定式安全围蔽措施并安装安全警示标识标牌、安全警示灯、夜间反光标识。

（2）暗涵通风安全措施。

①暗涵清淤前应当将沿线的检查井、作业区通风口、上下游出入口应当全部打开进行通风，通风时间不应低于1 h。

②通风系统应符合《工业企业设计卫生标准》的规定并应满足下列要求：

a. 通风设备应采用防爆型，通风换气次数不小于20次/h。

b. 通风时应当在邻近作业人员处进行送风，远离作业人员处进行排风。必要时，可设置挡板或改变吹风方向以防止出现通风死角。

c. 送风设备吸风口应置于洁净空气中，应向暗涵内输送清洁空气，不得使用纯氧进行通风，出风口应设置在作业区，不应直对作业人员。

d. 当有毒气体的评估检测、准入检测、监护检测或个体检测，其检测结果存在其中之一达到预警值时，应当及时进行连续机械通风。

（3）暗涵内气体检测安全措施。

暗涵清淤施工前须对涵洞内有害气体含量进行检测。检测方式有评估检测、准入检测、监护检测、个体检测等。

（4）作业环境分级及判定。

根据暗涵清淤作业危险有害程度由高至低，将暗涵清淤作业环境分为3级。

①符合下列条件之一的环境为1级。

a. 氧质量分数小于19.5%或大于23.5%。

b. 可燃性气体、蒸气浓度大于爆炸下限(LEL)的10%。

c. 有毒有害气体、蒸气浓度大于《工作场所有害因素职业接触限值》（GBZ 2.1—2019）规定的限值。

②氧质量分数为19.5%~23.5%，且符合下列条件之一的环境为2级。

a. 可燃性气体、蒸气浓度大于爆炸下限(LEL)的5%且不大于爆炸下限(LEL)的10%。

b. 有毒有害气体、蒸气浓度大于《工作场所有害因素职业接触限值》（GBZ 2.1—2019）规定限值的30%且不大于《工作场所有害因素职业接触限值》规定的限值。

c. 作业过程中易发生缺氧，如热力井、燃气井等地下有限空间作业。

d. 作业过程中有毒有害或可燃性气体、蒸气浓度可能突然升高，如污水井、化粪池等地下有限空间作业。

③符合下列所有条件的环境为3级。

a. 氧质量分数为19.5%~23.5%。

b. 可燃性气体、蒸气浓度不大于爆炸下限(LEL)的5%。

c. 有毒有害气体、蒸气浓度不大于《工作场所有害因素职业接触限值》（GBZ2.1—2019）规定限值的30%。

d. 作业过程中各种气体、蒸气浓度值保持稳定。

（5）个体防护装置的分级原则及防护措施。

箱涵清淤个体防护装置可分为 C级防护和D级防护。其中进入箱涵的作业人员采用C级防护，在箱涵外的监护人员采用D级防护。

（6）暗涵作业个体安全防护措施。

入涵施工的工人必须做好安保措施，防止安全事故发生，入涵作业人员个体防护措施应满足下列要求：

a. 下暗涵工作必须从楼梯上下，当作业人员进入2级、3级环境，根据个体防护装备分级原则，作业人员应按C级防护配置个体防护装置。

b. 暗涵外监护人员应当按C级防护配置正压式呼吸器、防爆式对讲机，其他非靠近洞口的工作人员可佩戴简易口罩。

c. 作业人员应佩戴全身式安全带、安全绳、安全帽等防护用品，并符合《坠落防护安全带》（GB 6095—2021）、《坠落防护安全绳》（GB 24543—2009）、《头部防护安全帽》（GB 2811—2019）等标准的规定。安全绳应固定在可靠的挂点上，连接牢固，连接器应符合《坠落防护连接器》(GB/T 23469—2009)的规定，入涵作业人员应配置防水服、防水胶鞋、防护眼镜等劳保用品。

d. 宜选择速差式自控器、缓冲器等防护用品配合安全带、安全绳使用。速差式自控器、缓冲器应符合《坠落防护 速差自控器》（GB 24544—2009）、《坠落防护 缓冲器》（GB/T 24538—2009）等标准的规定。

e. 作业现场应至少配备1套自给开路式压缩空气呼吸器和1套全身式安全带及安全绳作为应急救援设备。

f. 下箱涵作业人员工作超过1 h必须上地面休息至少15 min再下箱涵内施工作业，每位作业人员每天工作总时间不能超过4 h。

g. 安排专人负责安全监督和警戒，避免发生安全生产事故。配备（防爆）对讲机3套，方便箱内施工人员和监督警戒进行即时沟通。

h. 为了确保作业人员安全，避免意外发生，应配备足够的氧气袋，作业人员进入暗涵施工前劳保用品佩戴情况应当通过监督人员检查合格，禁止作业人员携带打火机等物品进入暗涵。

i. 有限空间作业属于高风险作业，作业人员上岗前应先进行体检，患有心血管疾病、糖尿病、呼吸道疾病不得从事此工作。

j. 由于涵内黑暗、潮湿，施工人员进洞施工应配备安全电压的照片明灯，防爆明灯设备应不大于24 V且临时用电应符合《用电安全导则》（GB/T 13869—2017）的规定，手持防爆照明设备电压不大于24 V。

（7）作业期间发生下列情况之一时，作业人员应立即撤离暗涵。

a. 作业人员出现身体不适。

b. 安全防护设备或个体防护装备失效。

c. 气体检测报警仪报警。

d. 施工区域潮位上升。

e. 突发应急情况。

f. 施工作业环境存在危险。

g. 安全监护人（专职安全员）或现场负责人下达撤离命令。

8.4.2 初雨弃流装置快速施工技术

1. 复合装配式初雨弃流装置研究

针对项目施工工期短、施工地多雨等特点，重点将传统的混凝土浇筑结构初雨弃流装置转向为以型钢+高聚物为主的复合装配式结构，通过对初雨弃流装置的结构安全、使用功能需求、施工工序、施工周期、弃流水量等方面进行系统研究，首先借助型钢优良的力学性能和机械加工性能，进行装配式构件加工，然后进一步研发单侧锚固技术，最后采用高聚物注浆技术对装配式构件与侧壁土体、装配式构件接缝等进行防渗处理，最终研发出一种或多种规格的复合装配式初雨弃流装置。

（1）型钢装配式构件研究。

构建新型基坑支护结构体系，并将支护结构与地下结构一体化建造，用于地下空间开发，其中一种可靠的途径是维持原有基坑支护构件功能特征不变，采用材料及断面性价比更高的新型支护构件代替原构件。借助型钢与高聚物注浆技术的融合再创造，构建新型的型钢—高聚物复合基坑支护结构体系，二者的有机组合具备合理控制基坑开挖过程中基坑侧壁主动土压力的能力，又可实现基坑支护结构的标准化装配式施工，然后辅以混凝土封底及高聚物渗漏控制，即可将复合装配式结构用于初雨弃流装置的标准化设计施工，回收重复利用价值高，具有显著的技术经济、社会资源优势。

（2）单侧锚固技术研究。

从传统五金件、高强螺栓的构造、基坑支护结构受力特征和基坑开挖过程中单侧装配式施工的需求出发，结合型钢—高聚物复合装配式基坑支护结构受力特征以弯矩为主、剪力和轴力相对较小的特点，研究发明了一种新型三瓣式可拆卸回收锚固螺栓，可实现单侧锚固施工，解决了上述问题。三瓣式锚固螺栓大样图如图8.53所示；三瓣式锚固螺栓穿孔示意图如图8.54所示；三瓣式锚固螺栓实物图如图8.55所示。

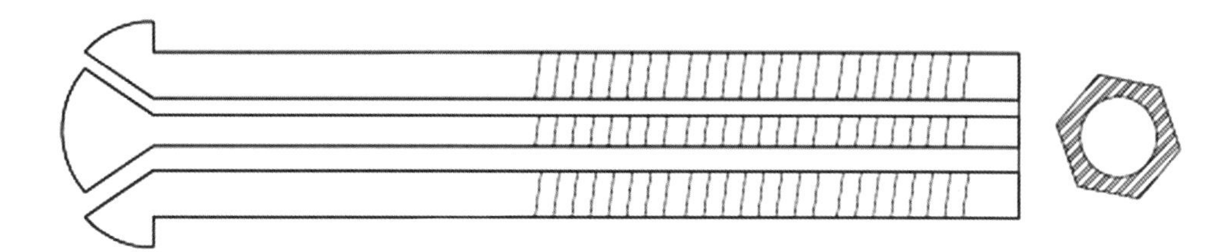

图 8.53 三瓣式锚固螺栓大样图

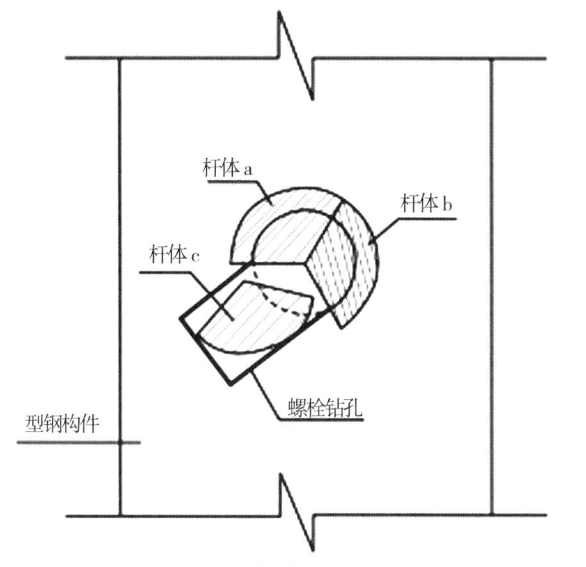

图 8.54 三瓣式锚固螺栓穿孔示意图

图 8.55 三瓣式锚固螺栓实物图

（3）高聚物注浆技术研究。

在型钢—高聚物复合装配式基坑支护结构中，采用钢面板代替传统的喷射混凝土面层，尤其是环境保护及扬尘治理要求日益提升的今天，优势不言而喻，但仍存在钢面板与型钢支护构件侧壁土体之间空隙控制及钢面板接缝控制等问题。无论基坑土方开挖精度如何控制，上述第一个问题均会不同程度地出现并危及基坑安全，第二个问题是装配式基坑支护结构创新带来的次生技术问题。

精确控制土方开挖方式，可尽最大可能地减少空隙的存在，同时加快钢面板的安装施工，一方面可降低处理成本和处理难度，另一方面可降低基坑支护结构风险。常规水泥注浆、膨胀止水条等技术显然不能满足施工需要，处理此类空隙、接缝最好的办法是选择一种快速膨胀凝固、节能环保、成本较低且作业灵活的化学注浆技术。基于对高聚物材料的流动特性、扩散机理、反应时间、工艺流程、膨胀特性和相关力学性能的掌握，并经技术经济比较分析，选择高聚物注浆技术进行钢面板板后注浆，可同步快速实现上述空隙、接缝的处理。

高聚物注浆集成系统如图8.56所示；板后高聚物注浆实景图如图8.57所示；板后高聚物注浆效果图如图8.58所示。

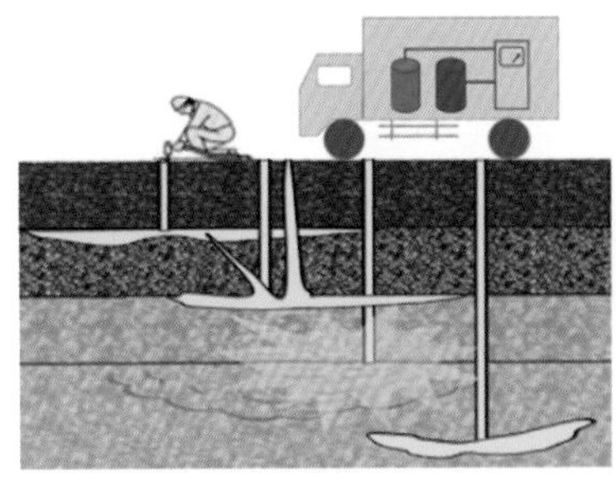

图 8.56　高聚物注浆集成系统

图 8.57　板后高聚物注浆实景图

图 8.58　板后高聚物注浆效果图

（4）一种或多种规格的复合装配式初雨弃流装置。

结合复合装配式初雨弃流装置研发需要，提出了基于型钢装配式支护结构的复合装配式初雨弃流装置，如图8.59～8.62所示。

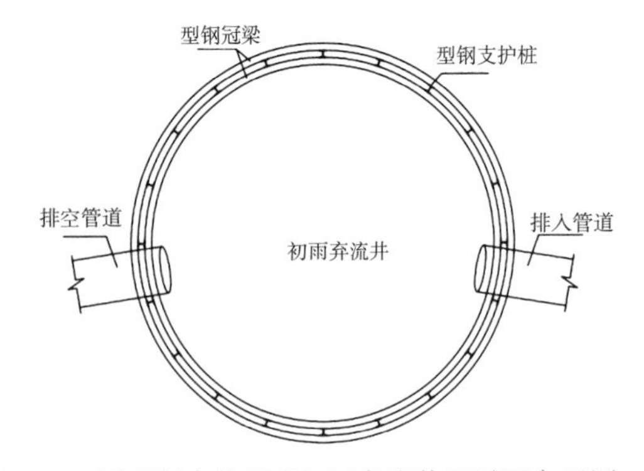

图 8.59　圆形复合装配式初雨弃流装置平面布置图

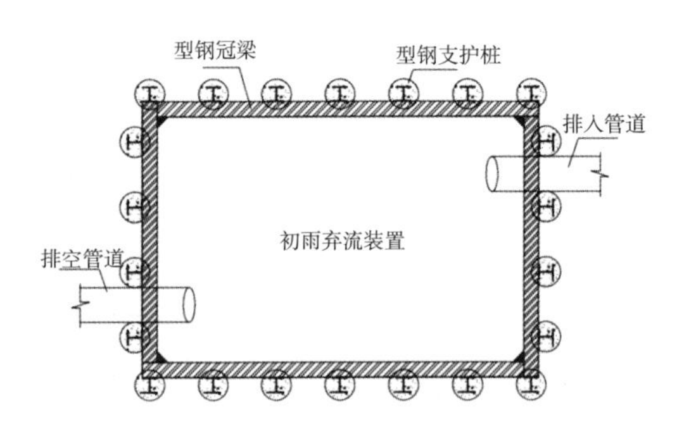

图 8.60　矩形复合装配式初雨弃流装置平面布置图

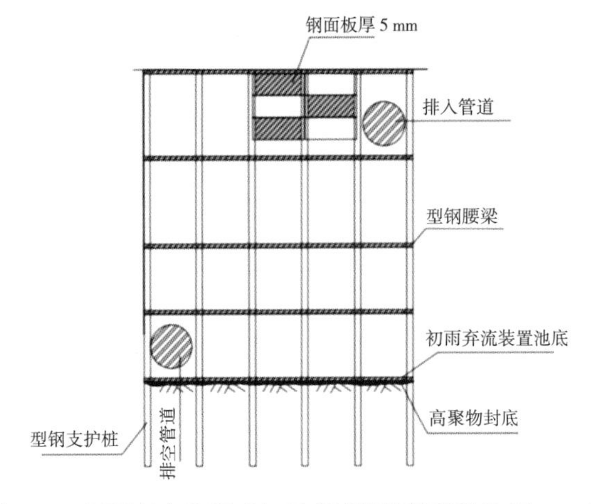

图 8.61　圆形复合装配式初雨弃流装置剖面构造图

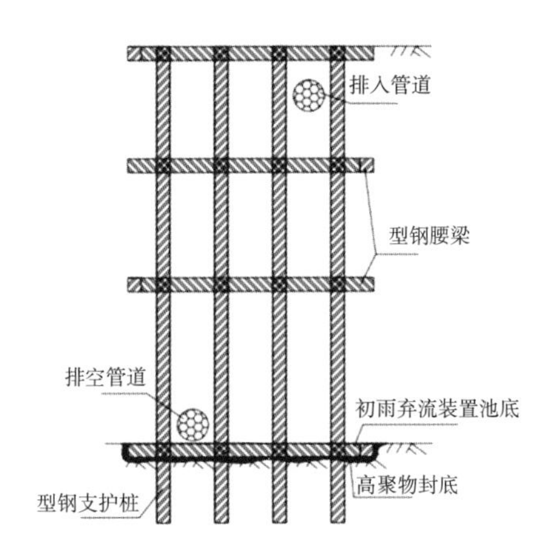

图 8.62　矩形复合装配式初雨弃流装置剖面构造图

2. 成套城市初期雨水弃流装置快速施工技术研究

（1）结构防腐措施研究。

埋设于地下的复合装配式初雨弃流装置，作为永久性地下结构使用，需要考虑其耐久性要求，对于型钢、钢面板等构件来说，抗腐蚀、锈蚀破坏，是确保装配式钢结构体系正常工作的核心因素。结合工程实践证明，板后高聚物注浆，可以有效地起到钢面板的抗腐蚀、锈蚀破坏。但对于装配式支护结构体系而言，仅仅是钢面板的防护是不够的。为此需要进一步讨论型钢的防腐蚀、锈蚀的工艺技术。型钢构件防腐设计施工示意图如图8.63所示；型钢防腐工艺选择见表8.27。

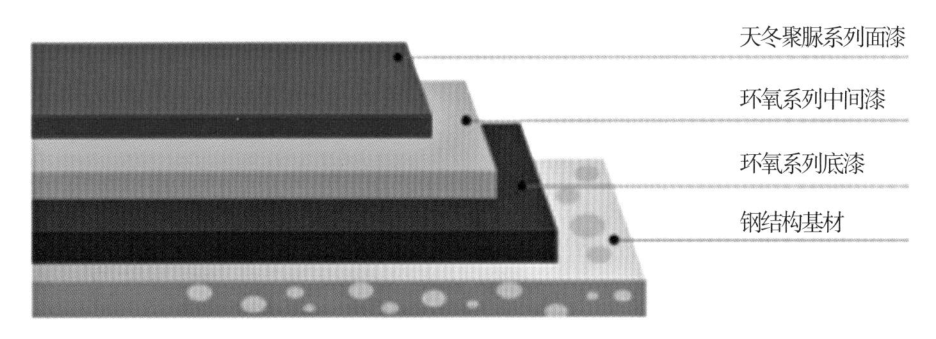

图 8.63 型钢构件防腐设计施工示意图

表8.27 型钢防腐工艺选择

	水上及干湿交替区	水下区	高、中速含泥沙水流冲磨作用下的设备结构－压力管内壁
腐蚀等级	ISO 12944–2 C4 或 C5	ISO 12944–2 lm1	ISO 12944–2 lm1
设计使用年限	15 年以上		
表面处理	喷射清理至 Sa2.5，表面粗糙度 Rz40 ~ 70 μm		
底漆	EP1302 环氧富锌底漆	EP1302 环氧富锌底漆	EP1302 环氧富锌底漆
中间漆	EP 1305–001 环氧云铁中间漆	EP 1305–001 环氧云铁中间漆	EP 1305–001 环氧云铁中间漆
面漆	PH9503 天冬聚脲面漆	PH9503/N 天冬聚脲耐磨防腐面漆	PH9503/N 天冬聚脲耐磨防腐面漆

（2）复合装配式初雨弃流装置的标准化设计。

结合具体项目需求，归并初雨弃流装置的平面尺寸、深度及放空阀位置，为标准化设计和建造提供基础条件。在复合装配式初雨弃流装置的设计中，通过空间杆系单元法进行计算，因复合装配式初雨弃流装置采用了与支护结构一体化的建造模式，其构件本身就具备相应的支护构件功能，因此其具体计算过程可首先采用基坑支护结构计算，然后校核整体结构抗浮稳定即可。一般计算过程包括下述四个步骤：连续体的离散→建立位移模式→单元分析→整体分析。空间杆系单元法计算模型如图8.64所示；三维数值模型如图8.65所示；雨水检查井结构平面模型参数设定如图8.66所示；雨水检查井结构三维模型如图8.67所示；各土层物理及力学参数见表8.28；雨水检查井数值计算结果如图8.68所示。

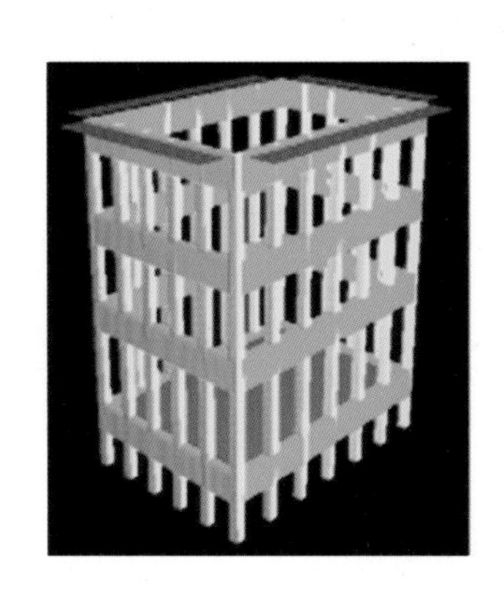

图 8.64　空间杆系单元法计算模型

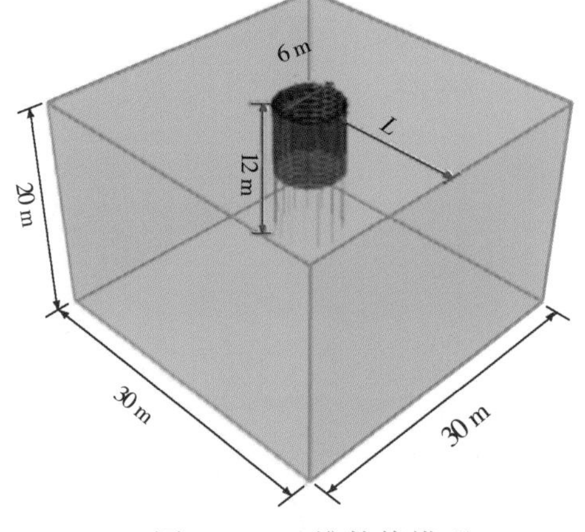

图 8.65　三维数值模型

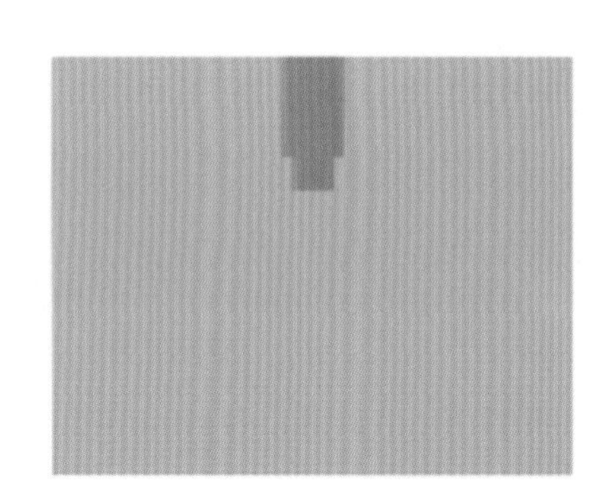

图 8.66　雨水检查井结构平面模型参数设定

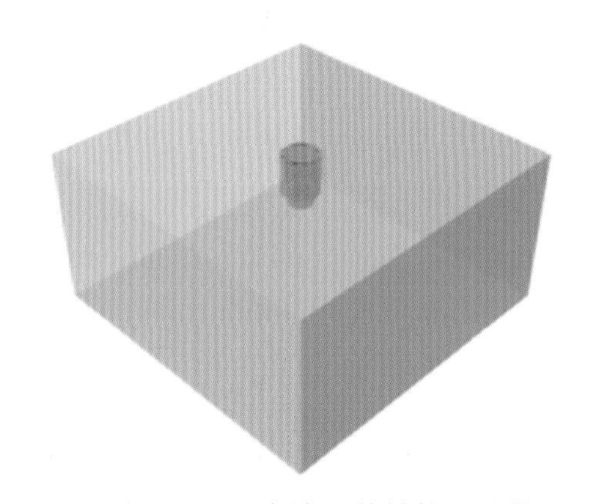

图 8.67　雨水检查井结构三维模型

表8.28　各土层物理及力学参数

岩土名称	土层厚度 h/m	重度 Γ/(kN · m^{-3})	黏聚力 c/kPa	内摩擦角 ϕ/°	地基承载力特征值 f_{ak}/kPa	孔隙比或液性指数
杂填土	1.5	17.0	6.0	15.0	—	—
粉土	4.0	18.5	15.0	25.0	110	0.764
粉土	10.0	18.8	16.0	25.0	120	0.652

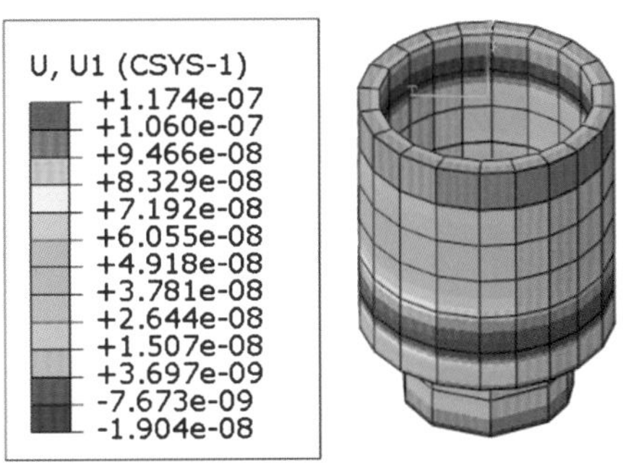

（a）混凝土径向位移 /m

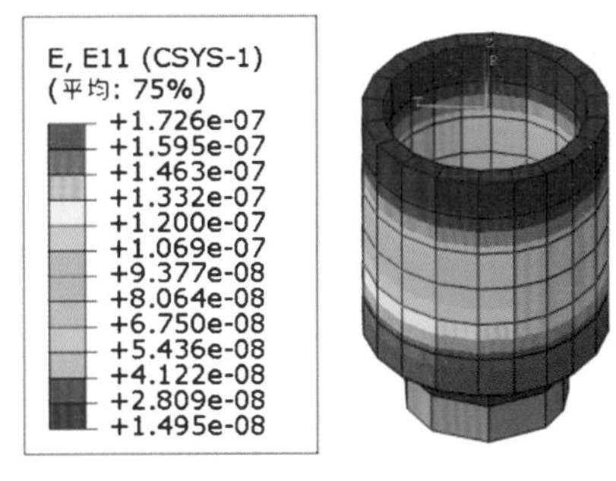

（b）混凝土径向应变

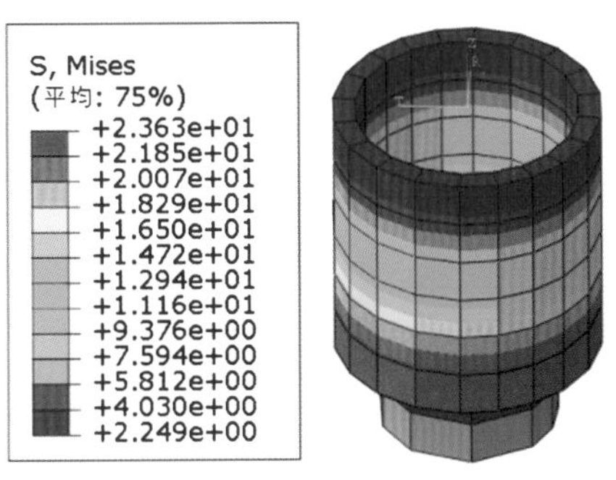

（c）混凝土 miss 应力 /kPa

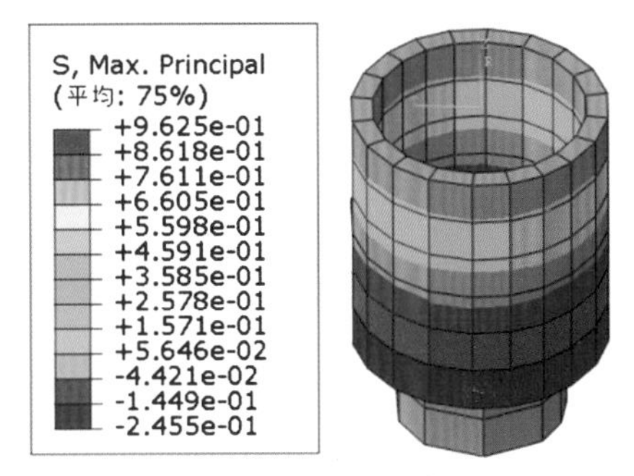

（d）混凝土最大主应力 /kPa

图 8.68 雨水检查井数值计算结果

（3）复合装配式初雨弃流装置的标准化制造。

为解决型钢骨架支撑构件的构造稳定及重复使用需求，钢板厚度应适中，且屈服强度较高最为有利，此时需借助工作效率高的大型机床实现钢板分割、裁剪、冲孔、焊接、弯曲等环节，不仅加工尺寸标准，而且便于现场拼接安装。对于型钢–高聚物复合装配式初雨弃流装置中的型钢支护构件，应优选成品型钢，必要时采用高频焊接工艺定制加工；对于部分弧形或其他异形状型钢构件，选择冷拉弯曲加工，如图8.69所示；型钢支护构件的拼接和现场安装，首选高强螺栓连接。螺栓孔、回收孔等局部节点的处理需考虑一定的施工允许偏差，不能统一加工成圆形孔，否则将影响基坑支护结构体系的现场装配施工效率及节点工作可靠性。螺栓孔加工平面示意图如图8.70所示；磁座钻实物如图8.71所示；磁座钻钻孔效果如图8.72所示。

图 8.69 型钢的冷拉弯曲加工图

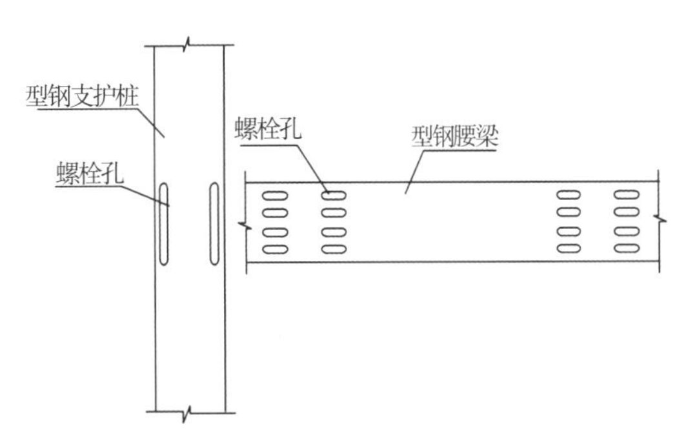

图 8.70 螺栓孔加工平面示意图

图 8.71　磁座钻实物

图 8.72　磁座钻钻孔效果

（4）成套城市初期雨水弃流装置快速施工技术。

复合装配式初雨弃流装置结构体系中，主要的基坑支护构件均可采用提前预制，现场装配式施工，无须养护。支护结构施工工艺的改变，不仅会影响基坑工程的造价，也在很大程度上影响基坑工程的安全。典型标准化设计的复合装配式基坑支护结构平面布置图、剖面图如图8.73所示；装配式基坑支护结构如图8.74所示。决定复合装配式初雨弃流装置结构实施成败的关键施工环节如下。

①初雨弃流装置开挖前的型钢支护桩、连续墙等前置型钢骨架支撑构件的施工精度控制，包括平面定位精度及垂直定位精度。

②初雨弃流装置分层分段开挖过程中，钢面板、型钢腰梁等的单侧锚固技术。

③板后高聚物注浆填充封闭的快速实施方法。

④型钢构件的防腐处理。

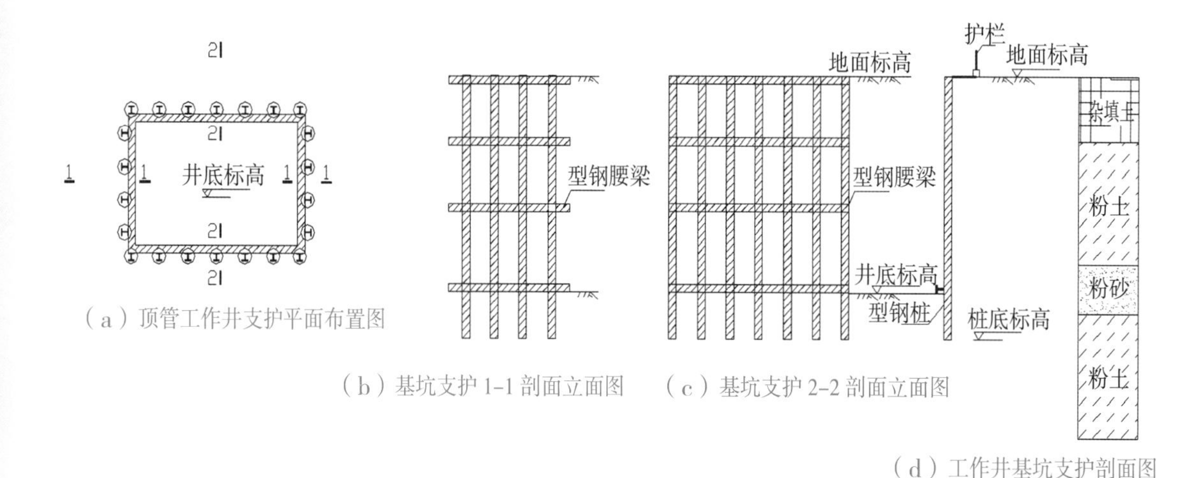

（a）顶管工作井支护平面布置图

（b）基坑支护 1-1 剖面立面图　（c）基坑支护 2-2 剖面立面图

（d）工作井基坑支护剖面图

图 8.73　典型标准化设计的复合装配式基坑支护结构平面布置图、剖面图

图 8.74 装配式基坑支护结构

8.4.3 城市现有雨污分流管网快速清淤与非开挖修复技术

1. 地下管道淤泥量快速检测技术

（1）基于动力式声呐检测机器人的地下管道淤积快速检测技术。

动力声呐检测机器人，俗称鸭嘴兽，主要由声呐、机器人、线缆车和控制终端组成，如图8.75所示。动力声呐检测机器人技术参数见表8.29。在高水位和满水状态中无须使用牵引绳，快速高效，可实现单次长距离检测，适用于DN500以上的高水位、满水管道箱涵检测。OTTER-S搭载扫描声呐，能识别管道淤积、变形等缺陷。管道声呐检测图像记录如图8.76所示；管道声呐扫描预览如图8.77所示；典型淤积声呐图谱如图8.78所示。

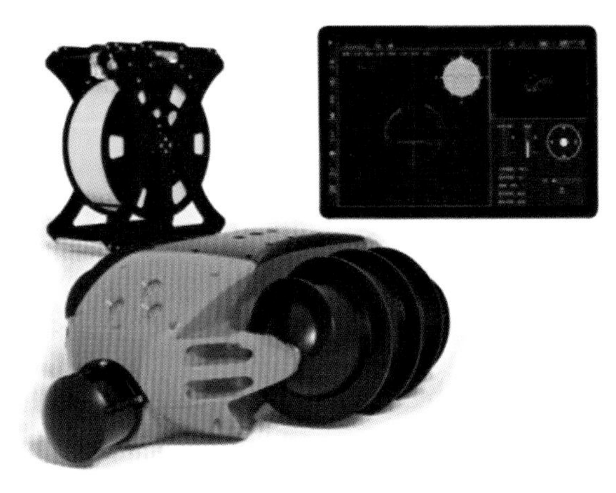

图 8.75 动力声呐检测机器人组成

表8.29　动力声呐检测机器人技术参数

机器人	尺寸	570 mm × 375 mm × 175 mm（含声呐）
	质量	11.2 kg（含一块电池）
	适用管径	≥ DN500
	防护等级	IP68；10 m 防水，防爆
	前灯	3 W；LED
	前置摄像头	300 万像素
	顶向灯	3 W；LED
	顶部摄像头	300 万像素
	声呐	SCANFISH–II（标配）
动力系统	驱动方式	螺旋双轮驱动，单轮双螺旋
	静水最大拉力	2 kg
	静水最大速度	0.3 m/s
	适用逆水速度	≤ 0.2 m/s
电池	容量	7 Ah
	标称电压	22.2 V
	续航时间	连续工作 1.5 h
	配置数量	2
线缆车	尺寸	490 mm × 260 mm × 570 mm
	质量	25 kg
	防护等级	IP 65
	通信距离	标配 150 m
	线缆抗拉能力	50 kg
	收线方式	电动
	续航时间	6 ~ 8 h
	无线通信	Wi–Fi
	线缆材质	浮力线缆
控制终端	尺寸	248 mm × 173 mm × 7.8 mm
	质量	46 g
	存储	64GB
	续航时间	8 h
	接口	Type–C 兼容手机接口与充电器
声呐	型号	SCANFISH–II
	频率一	667 kHz
	频率二	2 MHz
	开角一	7.5 × 2.6°
	开角二	2.5 × 0.9°
	最小检测距离	50 mm
	最大检测距离	2 MHz：6 m 667 kHz：12 m
	适用最大深度	1 000 cm
	精度	2.00 mm@2 MHz,1 m 2.60 mm@2 MHz,2 m 5.00 mm@2 MHz,6 m
	数据刷新频率	1 Hz@1 m
	水中质量	0.4 kg

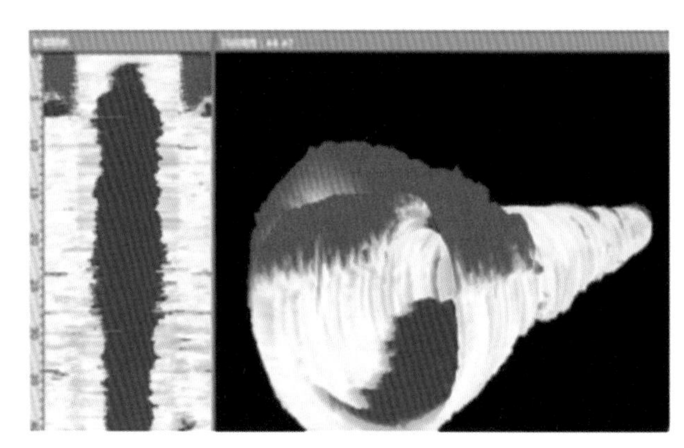

图 8.76 管道声呐检测图像记录

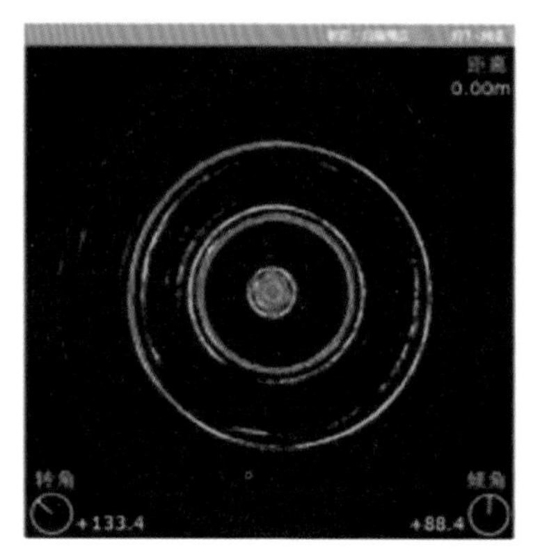

图 8.77 管道声呐扫描预览

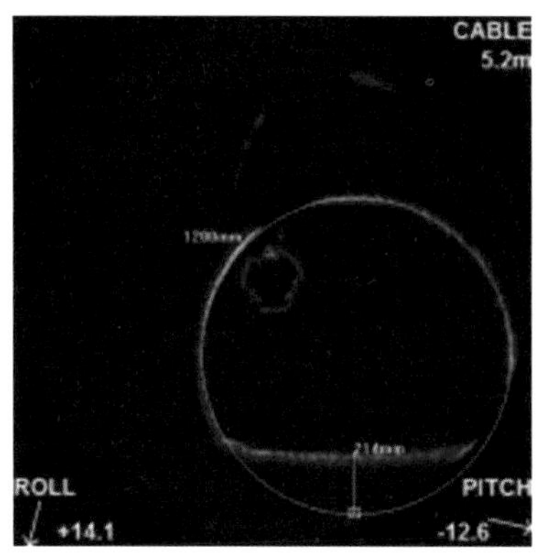

1 级淤积（17.8%）

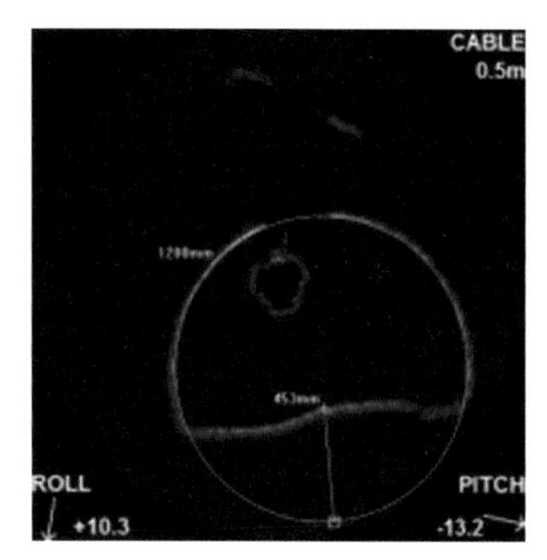

2 级淤积（38.8%）

图 8.78 典型淤积声呐图谱

（2）基于管内雷达的地下管道外部病害检测技术。

①基于Mask R-CNN实例分割算法的排水管道缺陷分割模型。针对地下排水管道复杂、相似缺陷特征，优化残差神经网络结构单元，为避免重要的管道缺陷特征在传递过程中被层层过滤，研发了缺陷特征重用方法，对不同网络层特征进行不同程度重用，如图8.79所示，研究病害特征图权重学习方法，构建由多个池化层组成的降维通道，为同一层的每个特征图分配新权重；基于优化的残差结构单元和目标特征融合方法，构建了不同形式的ResNet神经网络，并在排水管道缺陷数据集上进行测试，选择最优的残差神经网络作为地下排水管道缺陷特征提取网络。

如图8.80所示，基于Mask R-CNN实例分割算法研发了排水管道典型缺陷像素级别的分割模型。当执行分割任务时，将原始管道缺陷图像输入CNN中，基于研发的ResNet和特征金字塔网络（Feature Pyramid Network，FPN）自顶向下的组合网络来提取管道缺陷基本特征，生成系列缺陷感兴趣区RoI；基于结构中的RPN网络生成若干候选区域，这些候选区域映射到最后一个卷积层上，生成病害特征图；使用ROIAlign层代替Faster R-CNN中的ROI池化层，提高病害掩码的预测精度；随后，将固定尺寸的特征图输入全连接层，并经过多次全连接操作后，最终检测管道是否存在结构性缺陷（破裂、变形、腐蚀、错口、接口材料脱落、渗漏）和功能性缺陷（沉积、结垢、障碍物、浮渣）等各种异常，以及判断管道缺陷位置和像素级别的缺陷分割掩码信息，为管道缺陷量化分析提供数据支撑。

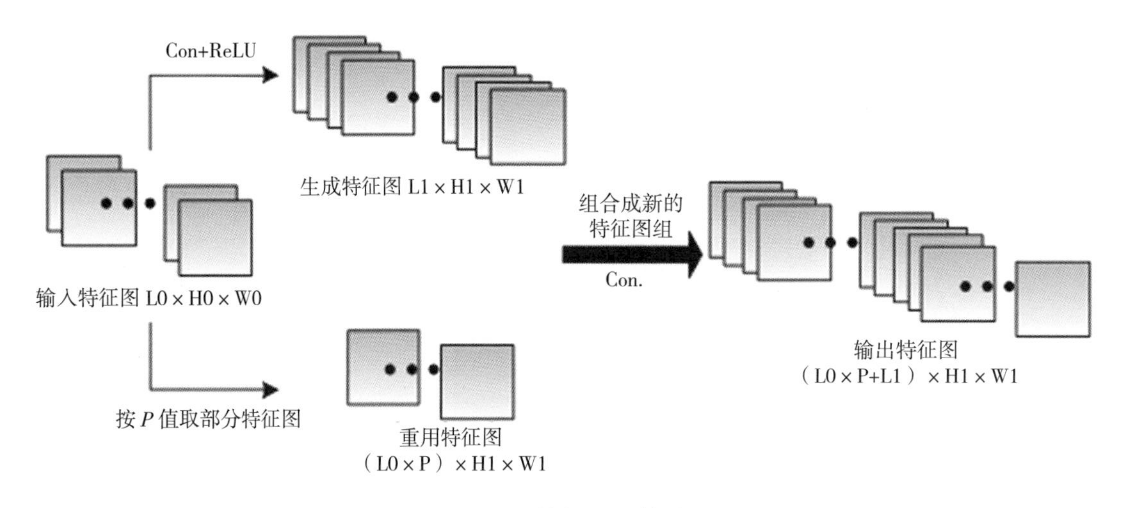

图 8.79　特征重用策略

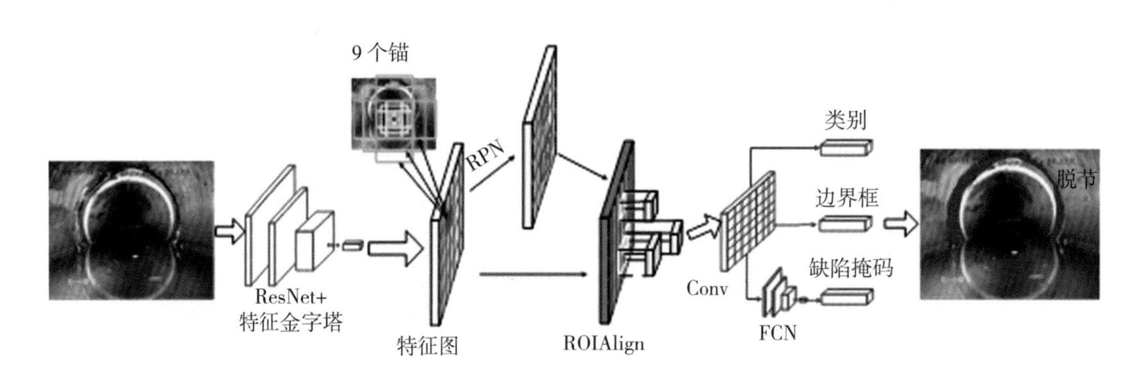

图 8.80　排水管道缺陷精细化分割原理图

②基于Faster R-CNN目标探测算法的探地雷达管线识别模型。针对传统识别探地雷达管线目标图像时速度较慢、难以识别多个相交的双曲线特征的缺点，本课题研发了基于Faster R-CNN目标探测算法的探地雷达管线识别模型，实现对探地雷达管线目标图像的快速、智能化识别。地下管线的雷达图像在输入网络时，可以是任意尺寸的，即归一化的过程是不必要的。输入的雷达图像在共享卷积层进行卷积操作，随着网络层数的加深，逐步进行对地下管

线特征信息的提取过程。通过共享卷积层获得的特征信息有两个去向：一部分传输到ROI池化层，进行池化操作，进一步提取地下管线特征信息；另一部分传输到RPN网络，在候选区域特征提取后，获得对应的区域建议和区域得分。区域建议输入ROI池化层，同样进行池化操作。然后是全连接层，与原始的CNN网络设计类似，其功能为分类判断和候选框回归。最后输出与候选区域相对应的图像定位回归包围框、图像分类得分。数据集扩增如图8.81所示；检测实例图8.82所示。

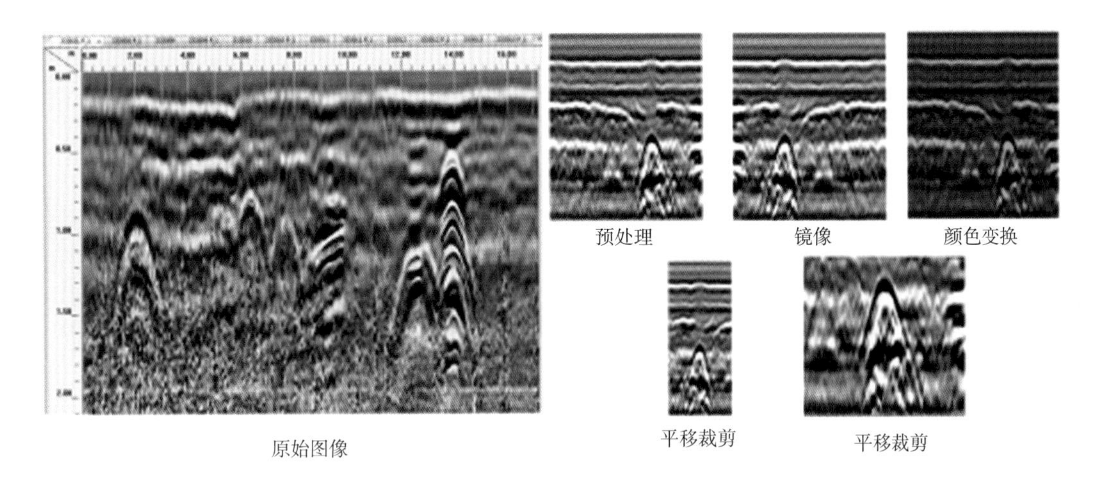

图 8.81 数据集扩增

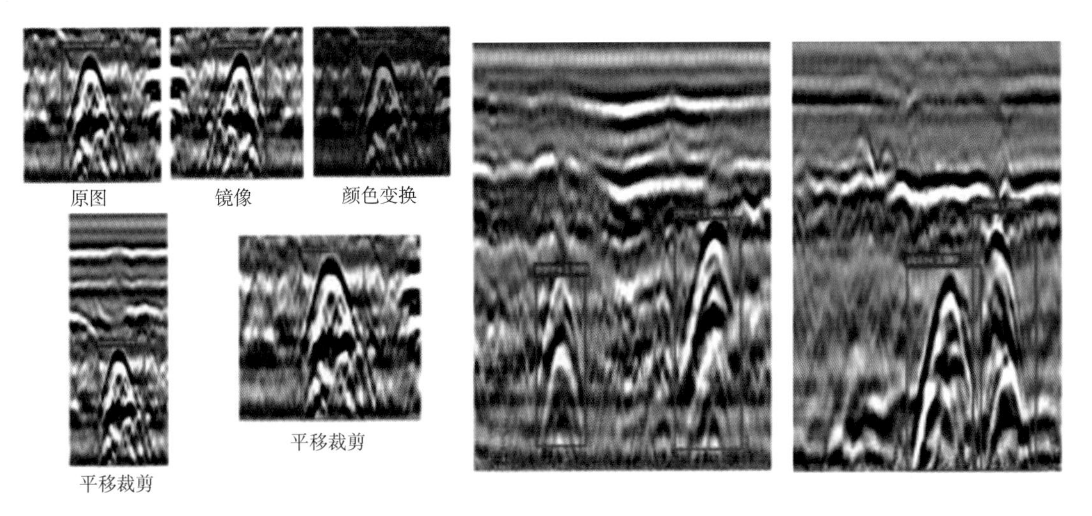

图 8.82 检测实例

2. 地下管道非开挖修复技术

采用注浆的方法在管道外侧形成隔水帷幕，或在裂缝或接口部位直接注浆来阻止管道渗漏的做法称为注浆法。前者称为土体注浆，后者称为裂缝注浆。注浆材料主要可分为无机浆和化学浆。前者价格较低，后者价格较高但效果较好，而且用量较少。

注浆法分为管内注浆法和管外注浆法。管外注浆法适用于各类排水管道，管内注浆法适用于管径不小于800 mm的排水管道。管内注浆法是在管道内部直接向裂缝或接口部位钻孔注浆来阻止管道渗漏，如图8.83所示；管外注浆法是在地面钻孔至管道周边进行注浆，形成管道外侧隔水屏障，如图8.84所示。

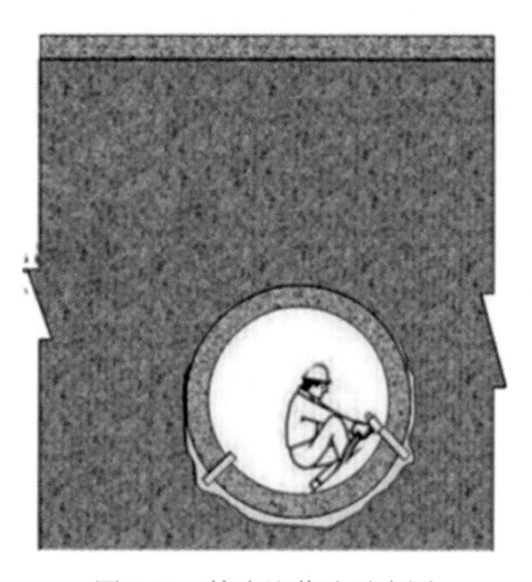

图 8.83　管内注浆法示意图

图 8.84　管外注浆法示意图

（1）地下管道渗漏不停水外部导管注浆技术。

地下排水干管运行负荷大，不具备停水维修条件。非水反应高聚物在土体中会自动沿管道与土体结合部薄弱层流动扩散，建立了高聚物浆液在充水土体裂隙和空腔中的膨胀扩散模型，分析了高聚物膨胀性、注浆量、水压力等参数对浆液扩散行为的影响规律，提出了高聚物注浆控制参数。在此基础上，提出了地下管道不停输外部修复高聚物精细注浆方法，地下管道接触渗漏不停水高聚物导管注浆技术施工艺流程如图8.85所示，其技术原理是，首先采用探地雷达（GPR）快速检测城市地下管道与土体接触渗漏病害，然后在渗漏位置两侧地表钻孔至隐患部位并设置导管，通过导管向渗漏部位注射高聚物材料，材料沿管道与土体结合部薄弱层扩散并迅速发生反应，膨胀固化，形成高聚物防渗层，实现不停水条件下快速封堵管道渗漏。

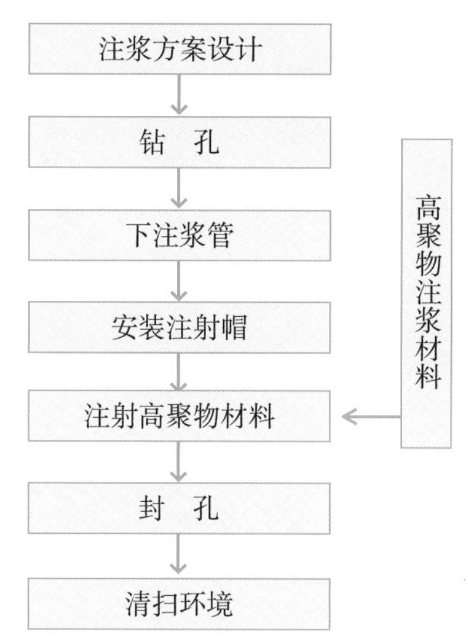

图 8.85 地下管道接触渗漏不停水高聚物导管注浆技术施工工艺流程

（2）地下管道沉降抬升膜袋桩注浆技术。

针对软弱土层等复杂地质条件下地下管道沉降导致的管段接缝处错位等病害，研发了地下管道沉降抬升膜袋桩注浆技术。地下管道沉降抬升膜袋桩注浆技术工艺流程如图8.86所示，利用成孔装置，沿沉降管段管径方向以一定间距钻孔，在孔内布置膜袋，并向膜袋内注射高聚物材料，高聚物材料在膜袋内发生化学反应后体积迅速膨胀，产生的膨胀力将沉降管段抬升修复；然后向管道下方土体中注射高聚物材料，材料发生反应后体积迅速膨胀，填充沉降管段抬升后产生的脱空区域以及加固软弱土层。

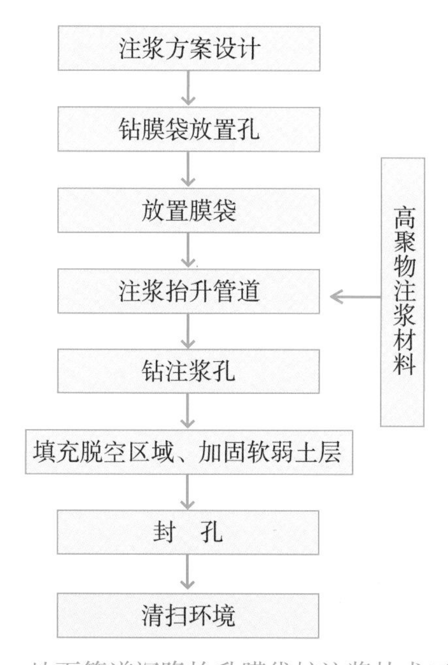

图 8.86 地下管道沉降抬升膜袋桩注浆技术工艺流程

参考文献

[1] 车伍，张鹍，张伟，等. 初期雨水与径流总量控制的关系及其应用分析［J］. 中国给水排水，2016，32（6）: 9-14.

[2] 张琼华，王晓昌. 初期雨水识别及量化分析研究［J］. 给水排水，2016，42（S1）: 38-42.

[3] 邓志光，吴宗义，蒋卫列. 城市初期雨水的处理技术路线初探［J］. 中国给水排水，2009（10）: 11-14.

[4] 郑瑞东. 港口初期雨水收集量探讨［J］. 市政技术，2012，30（3）: 81–83.

[5] 叶志辉，赵建梅. 城市初期雨水截排规模分析方法探讨［J］. 中国农村水利水电，2011（9）: 63-65.

[6] 路军. 城市道路雨水利用及初期雨水分离方案初探［J］. 市政技术，2011（2）: 103-105.

[7] MITTON G B，PAYNE G. Quantity and quality of runoff from selected guttered and unguttered roadways in northeastern Ramsey County，Minnesota［M］. US Department of the Interior：US Geological Survey，1997: 4284-4288.

[8] 王力玉，秦华鹏，谭小龙，等. 深圳大气湿沉降对典型屋面径流水质的影响［J］. 环境科学与技术，2013，36（2）: 60-64.

[9] BOULANGER B，NIKOLAIDIS N P. Mobility and aquatic toxicity of copper in an urban watershed［J］. JAWRA Journal of the American Water Resources Association，2003，39（2）: 325-336.

[10] 王建龙，车伍，李俊奇. 城市雨水径流中颗粒物冲刷迁移规律研究进展［J］. 中国给水排水，2012，28（24）: 35-38.

[11] 何佳，郑一新，徐晓梅，等. 滇池北岸面源污染的时空特征与初期冲刷效应［J］. 中国给水排水，2012，28（23）: 51-54.

[12] 李海燕，徐波平，徐尚玲，等. 北京城区雨水管道沉积物污染负荷研究［J］. 环境科学，2013，34（3）: 919-926.

[13] EGODAWATTA P，GOONETILLEKE A. Modelling pollutant build–up and wash–off in urban road and roof surfaces［J］. Proceedings of Water Down Under Conference，2008，33: 14-17.

[14] VEGA M， PARDO R， BARRADO E， et al. Assessment of seasonal and polluting effects on the quality of river water by exploratory data analysis［J］. Water Research， 1998， 32（12）: 3581-3592.

[15] 张蕾，周启星. 城市地表径流污染来源的分类与特征［J］. 生态学杂志，2010，29（11）: 2272-2279.

[16] CHARACKLIS G W， WIESNER M R. Particles， metals， and water quality in runoff from large urban watershed［J］. Journal of Environmental Engineering， 1997， 123（8）: 753-759.

[17] BHANGU I， WHITFIELD P H. Seasonal and long-term variations in water quality of the Skeena River at Usk， British Columbia[J]. Water Research， 1997， 31（9）: 2187-2194.

[18] LEE H， LAU S L， KAYHANIAN M， et al. Seasonal first flush phenomenon of urban stormwater discharges［J］. Water Research， 2004， 38（19）: 4153-4163.

[19] SOLLER J， STEPHENSON J， OLIVIERI K， et al. Evaluation of seasonal scale first flush pollutant loading and implications for urban runoff management［J］. Journal of Environmental Management， 2005， 76（4）: 309-318.

[20] SMITH E. Pollutant concentrations of stormwater and captured sediment in flood control sumps draining an urban watershed［J］. Water Research， 2001， 35（13）: 3117-3126.

[21] LEE J H， BANG K W. Characterization of urban stormwater runoff［J］. Water Research， 2000， 34（6）: 1773-1780.

[22] EGODAWATTA P， THOMAS E， GOONETILLEKE A. Mathematical interpretation of pollutant wash-off from urban road surfaces using simulated rainfall［J］. Water Research， 2007， 41（13）: 3025-3031.

[23] 王宝山，黄廷林，程海涛，等. 小区域雨水径流污染物输送研究[J]. 给水排水，2010（3）: 128-131.

[24] KANG J. Modeling first flush and particle destabilization: implications for design and operation of stormwater BMPs [D]. Princeton: Citeseer， 2005.

[25] ROMSTAD E. Team approaches in reducing nonpoint source pollution［J］. Ecological Economics， 2003， 47（1）: 71-78.

[26] 许志兰，廖日红，楼春华，等. 城市河流面源污染控制技术［J］. 北京水利， 2005（4）: 26-28.

[27] CARLETON J N， GRIZZARD T J， GODREJ A N， et al. Performance of a constructed wetlands in treating urban stormwater runoff［J］. Water Environment Research，2000，72（3）: 295-304.

[28] 卢文健，李军，刘斌，等. 城市初期雨水污染治理初探[J]. 浙江建筑，2010，27（10）: 72-75.

[29] 吴荣芳. 城市雨水径流污染控制技术[J]. 工业安全与环保，2006，32（2）: 41-42.

[30] 钱耀辉. 新型雨水排水系统关键技术问题的研究［D］. 成都：西南交通大学，2009.

[31] 车伍，李俊奇. 城市雨水利用技术与管理［M］. 北京：中国建筑工业出版社，2006.

[32] 何洪昌，车伍，王文海，等. 城市雨水管道径流污染控制小管截流方法研究［J］. 中国给水排水，2010（20）: 53-58.

[33] 尤作亮. 城市污水强化一级处理的研究进展［J］. 中国给水排水，1998，14（5）: 28-31.

[34] 陈刚，马赋. 谈小区雨水收集利用系统的初期雨水弃流[J]. 给水排水，2013，39（3）: 84-86.

[35] DREELIN E A，FOWLER L，CARROLL C R. A test of porous pavement effectiveness on clay soils during natural storm events［J］. Water Research，2006，40（4）: 799-805.

[36] GILBERT J K，CLAUSEN J C. Stormwater runoff quality and quantity from asphalt，paver，and crushed stone driveways in Connecticut［J］. Water Research，2006, 40（4）: 826-832.

[37] DAVIS A P. Field performance of bioretention: Hydrology impacts[J]. Journal of Hydrologic Engineering，2008，13（2）: 90-95.

[38] HATT B E，FLETCHER T D，DELETIC A. Hydrologic and pollutant removal performance of stormwater biofiltration systems at the field scale［J］. Journal of Hydrology，2009，365（3-4）: 310-321.

[39] DAVIS A P，SHOKOUHIAN M，SHARMA H，et al. Laboratory study of biological retention for urban stormwater management［J］. Water Environment Research，2001，73（1）: 5-14.

[40] DAVID D，SZENTAGOTAI A. Cognitions in cognitive-behavioral psychotherapies; toward an integrative model［J］. Clinical Psychology Review，2006，26（3）: 284-298.

[41] BERNDTSSON J C. Green roof performance towards management of runoff water quantity and quality: A review［J］. Ecological Engineering，2010，36（4）: 351-360.

[42] BACKSTROM M. Grassed swales for stormwater pollution control during rain and snowmelt [J]. Water Science and Technology，2003，48（9）: 123-132.

[43] DELETIC A，FLETCHER T D. Performance of grass filters used for stormwater treatment—a field and modelling study［J］. Journal of Hydrology，2006，317（3-4）: 261-275.

[44] 孙艳伟，魏晓妹，薛雁. 基于SWMM的滞留池水文效应分析［J］. 中国农村水利水电，2010（6）: 5-8.

[45] 潘国艳，夏军，张翔，等. 生物滞留池水文效应的模拟试验研究［J］. 水电能源科学，2012，30（5）: 13-15.

[46] 程江，杨凯，黄民生，等. 下凹式绿地对城市降雨径流污染的削减效应［J］. 中国环境科学，2009，29（6）: 611-616.

[47] 赵飞，张书函，陈建刚，等. 透水铺装雨水入渗收集与径流削减技术研究［J］. 给水

排水，2011（S1）: 254-258.
[48] 权全，罗纨，沈冰，等. 城市化土地利用对降雨径流的影响与调控［J］. 水土保持学报，2013，27（1）: 46–50.
[49] 王书敏，李兴扬，张峻华，等. 城市区域绿色屋顶普及对水量水质的影响［J］. 应用生态学报，2014，25（7）: 2026-2032.
[50] 苗展堂，王昭. 基于 LID 的干旱半干旱区城市雨水设施体系模式［J］. 中国给水排水，2013，29（5）: 55-58.
[51] SANSALONE J J，BUCHBERGER S G. Partitioning and first flush of metals in urban roadway storm water［J］. Journal of Environmental Engineering，1997，123（2）:134-143.
[52] MING F C, YUSOP Z. Sizing first flush pollutant loading of stormwater runoff in tropical urban catchments[J]. Environmental Earth Sciences，2014，72（10）:4047-4058.
[53] THOROLFSSON S T. A new direction in the urban run off and pollution management in the city of Bergen Norway［J］. Water Science and Technology, 1998，38（10）:123-130.
[54] BREZONIK D L，STADELMANN T H.Analysis and predictive models of stormwater runoff volumes，loads，and pollutant concentrations from watersheds in the twin cities Metropolitan Area，Minnesota，USA［J］. Water Research，2002，36（7）:1743-1757.
[55] GOFF K M，GENTRY R W. The influence of watershed and development characteristics on the cumulative impacts of stormwater detention Ponds[J]. Water Resources Management，2006，20:829-860.
[56] PARK J，YOO Y，PARK Y，et al. Analysis of runoff reduction with LID adoption using the SWMM[J]. Journal of Korea Society on Water Quality. 2008，24（6）:805- 815.
[57] THOMAS J. Lynn modeling denitrifying stormwater biofilters using SWMMS［J］. Journal of Environmental Engineering，2017，143（7）:67-76.
[58] 刘鹏，赵昕. 初期雨水弃流量的理论分析［J］. 给水排水，2004（7）:80-85.
[59] 徐贵泉，陈长太，张海燕. 苏州河初期雨水调蓄池控制溢流污染影响研究［J］. 水科学进展，2006，17（5）:705-708.
[60] 车伍，张伟，李俊奇. 城市初期雨水和初期冲刷问题剖析［J］. 中国给水排水，2011，27（14）:9-14.
[61] 苏义敬，王思思，车伍，等. 基于“海绵城市”理念的下沉式绿地优化设计［J］. 南方建筑，2014（3）:39-43.
[62] 车伍，赵杨，李俊奇，等. 海绵城市建设指南解读之基本概念与综合目标［J］. 中国给水排水，2015（8）:1-5.
[63] 万英，盖鑫. 基于海绵城市建设理念的城市易涝点整治案例［J］. 给水排水，2017（3）:55-58.
[64] VOLLAND S，KAZMINA O，VERESHCHAGIN V，et al. Recycling of sand sludge as a

resource for lightweight aggregates[J]. Construction and Building Materials. 2014，52: 361-365.
[65] BELLUCCI L G，FRIGNANI M，PAOLUCCI D，et al. Distribution of heavy metals in sediments of the Venice Lagoon：the role of the industrial area［J］. Science of the Total Environment，2002，295（1）:35-49.
[66] MATTEI P，ROBERTA P，GABRIELE R，et al. Evaluation of dredged sediment co–composted with green waste as plant growing media assessed by eco–toxicological tests，plant growth and microbial community structure［J］. Journal of Hazardous Materials，2017，333: 144-153.
[67] 彭祺，郑金秀，涂依，等. 污染底泥修复研究探讨［J］. 环境科学与技术，2007，30（2）：103-106.
[68] 张虎元，王宝，董兴玲，等. 固化污泥中重金属的溶出特性［J］. 中国科学，2009，39（6）:1167-1173.
[69] 陈良杰，黄显怀.河流污染底泥重金属迁移机制与处置对策研究［J］. 环境工程，2011，29（S1）:209-211.
[70] ROSGEN D L. A classification of natural rivers［J］. Catena，1994（3）:12-15.
[71] SEIFERT A. Naturnaeherer wasserbau［J］. Deutsche Wasser Wirtsehaft，1983（12）:35-39.
[72] 董哲仁.河流形态多样性与生物群落多样性［J］. 水利学报，2003（11）:33-36.
[73] 张明，曹梅英.浅谈城市河流整治与生态环境保护［J］. 中国水土保持，2002（9）:2-8.
[74] 谭炳卿，孔令金，尚化庄.河流保护与管理［J］. 水资源保护，2002（3）:48-52.
[75] CECH T V. Principle of water rehouse history development managementand policy［M］. New York：John Wiley&Sons，2003.
[76] ANN L R. Restoring streams in the cities：a guide for planners poliey makers and citizens［M］. Washington DC：Island Press，1998.
[77] MITSCH W J. Ecological engineerin g：a new paradigm for engineersand ecologists［M］. Washington DC: NationalAcademy Press，1996.
[78] MITSCH W J. Ecological engineering:the 7–year itch［J］. Ecological Engineering，1998（2）:111-124.
[79] 陈雁，冯效毅，田炯，等. 内秦淮河水环境整治方案探讨［J］. 江苏环境科技，2003（3）:73-76.
[80] 董哲仁. 生态水利工程原理与技术［M］. 北京：中国水利水电出版社，2007.
[81] 张建春，彭补拙. 河岸带研究及其退化生态系统的恢复与重建［J］. 生态学报，2003（1）:66-69.
[82] 汪明喜，蔡庆华. 长江三峡地区干流河岸植物群落的初步研究［J］. 水生生物学报，2000（5）:34-37.
[83] 王绍斌，林晨.从凉水河干流综合整治工程看城市河道的生态设计［J］. 北京水利，

2005（1）:45-49.
[84] 喻刚. 河道治理工程中的新思路［J］. 上海水务， 2008（1）:12-16.
[85] 张丹露. 市政污水管网的施工及质量问题防治分析［J］. 建材与装饰，2017（50）:34-35.
[86] 刘纪龙. 市政管网的研究现状和趋势［J］. 时代农机， 2016，43（2）:47-48.
[87] 郑维. 市政污水管网工程施工及管理［J］. 科技创新与应用， 2015（12）:141-136.
[88] 姚霭彬. 国内外清淤机械性能和应用状况［C］//黄河下游清淤减淤高级研讨会资料. 北京: 水利部科教司， 1997.
[89] 李昌宏. 结团絮凝浓缩河道底泥清淤技术研究［D］. 扬州：扬州大学， 2013.
[90] 张磊，李泽，邓远见，等. 机器人在暗涵清淤中的应用［J］. 云南水力发电，2017，33（6）:113-117.
[91] 赵巨尧. 广州城镇排水管道非开挖修复适用技术研究［D］. 邯郸：河北工程大学，2012.
[92] 马保松. 非开挖工程学［M］. 北京：人民交通出版社，2008.
[93] 陈家骏. 非开挖技术在排水工程中的应用研究［D］. 上海：同济大学，2008.

致　谢 Thanks

本书内容主要来源于中交第一公路勘察设计研究院有限公司科技创新基金科研项目的研究成果，编写人员均为参与项目研究和设计、采购、施工的一线骨干成员，殚精竭虑、通力合作、刻苦攻关，针对社会关注度高、历史欠账多、工期紧、任务重的项目特点，高强度参与工作，为本书的顺利完成付出了极大的艰辛和努力；研究试验工程依托单位、施工单位、相关协作单位以及其他技术服务单位和科研机构等的相关领导、专家、学者和工作人员为本书的编写亦提供了无私的帮助。谨在此一并致以崇高的敬意与诚挚的谢意！

本书在完成过程中以深圳前海铁石片区水环境综合整治EPC项目、2019年全面消除黑臭水体工程（前海铁石片区）、铁岗-石岩水库水质保障工程（三期）为基础，参考了国内外近年水环境治理工程研究成果，吸收工程相关的技术经验，对水环境综合整治过程中遇到的问题进行调研，受到中国交建前海铁石片区水环境综合整治项目EPC总承包项目经理部的大力支持和帮助，在此一并致以诚挚的谢意！

水环境综合整治责任重大、任重道远，我们按照上级水污染治理工作部署，深入践行习近平总书记“绿水青山就是金山银山”理念，坚持中交第一公路勘察设计研究院有限公司“特别能吃苦、特别能战斗、特别能奉献、特别能创新”的精神，为保护水生态环境、让“水清岸绿、鱼翔浅底、鸥鹭齐飞”的美景重回人们的视野献出一份力量！

作 者

2023年3月